はしがき

 ハイテクが日常化する中で,ふと「昔はのんびりしていたな」と思うことがあります。以前は便箋にペンなどで手紙を書き,封筒に切手を貼ってポストに投函していましたが,今では誰もが当たり前のように携帯やパソコンでメールをやり取りしているのですから,まさに隔世の感があります。

グローバル・コミュニケーションの主役

 メールは手紙と違って紙も筆記用具もいらず,電話と違って相手をリアルタイムに拘束するわけでもありません。送信ボタンを押せばすぐ届くスピーディーさも魅力です。

 そうした便利さと引き換えに,手紙の格調が失われた,と嘆く人もいるでしょう。ウイルスや迷惑メールといったマイナス面も確かにあります。

 しかし,郵便と違って引っ越し先や旅先へも瞬時に転送できるといった利点があり,長い間音信のなかった旧友や旅先で会った人ともアドレスさえ分かればすぐ連絡がつく,といったメリットも見逃せません。

 日本でも世界でも,メールを使わない人の数は確実に減りつつあり,メールはもはや世の中に不可欠とな

っています。

そのメールを英語で書くことができれば，英米をはじめ世界中の人とも簡単に対話できるので，世界はぐっと広がります。英語メールはまさにグローバル・コミュニケーションの主役なのです。

自分のメッセージを正しく伝える

メールは比較的新しく登場した通信手段なので，メッセージの書き方も今までの英文レターのスタイルとは違ってかなり自由です。

手紙と同じようにフォーマルに書きたいならそれも構いませんし，相手が誰であろうとインフォーマルで通すのもOKです。また，飲み友だちへのメールや取引先への連絡など，目的によっても当然スタイルは変わります。

どんな場合でも，大事なのは相手に自分のメッセージを正しく伝えることです。自分ではこの英語表現でいいと思っていても，案外相手には違うニュアンスで伝わっている場合があるものです。相手からのメッセージを誤解している場合もあるかもしれません。自分の英語感覚がブレていないか，本書のいろいろな例文でチェックしてみてください。

覚えた表現はどんどん使ってみよう！

　メールを書くのは，実践的な英語力を養うよいトレーニングにもなります。この例文のこの言い方は今自分が書こうとしている返事にも使えるな，とか，このタブーは今度のメールにも当てはまるぞ，というように，覚えたことを積極的に使っていくことが上達への早道です。

　英文執筆と英訳はMintonが，和文執筆と和訳は吉村が担当しました。共著を進める過程で，言葉に対する日英文化の意識の違いがいろいろと浮き彫りになったことも大きな収穫でした。

　これについては本書の随所にコメントを載せていますので，メール表現に限らず英語全般をより深く理解するために役立てていただければ幸いです。

2007年9月

T. D. Minton
吉村順邦

本書の5つの特長

1　ネイティブのカジュアルな英語表現をどうぞ!

　実際にネイティブが使っているメール独特の書き方を数多く収録しました。ネイティブの口語的な英語表現や，見慣れないスタイルに驚かれる方も多いのではないでしょうか？ ネイティブのカジュアルな英語表現に慣れて，外国の友だちとより親しくなりましょう。

　ただし，必ずしもくだけた言い方をお勧めしているわけではありません。正規の英語との違いもきっちりと示していますので，状況に応じてできるだけ正しい英語を使ってください。

2　eメールを始める人のための"Q&A"

　英語を勉強したことはあるけれど英語メールを書くのは初めて，という方の役に立つよう，Q&Aのセクションでは英語メールのスタイルについて解説しています。こうした基本事項の中には，メール経験のある方でも意外と間違えやすいポイントが多く含まれています。

3　上級者向けの詳しい解説

　英語力に自信のある方が書いたメールでも，案外ネイ

ティブにとっては読みづらいケースが少なくありません。これは日本人とネイティブとの意識のずれによるもので，そこに自分が気づくかどうかで上達度は大きく変わります。上級者向けにそうした詳しい解説も載せていますので，これを参考に相手をうならせるメールを書いてください。

4 場面別構成で書き方をサポート！

　場面別に文例をまとめてあるので，書きたい内容に見合う表現を拾って手を加えるだけでもメールが書けます。友人へのメールはネイティブ同士のレベル，そしてよく知らない人へのメールは日本人が初めて外国にメールを出す場面を想定して例文を編んでいます。

5 eメールで英会話のトレーニング！

　英語上達の秘訣は，ともかく使ってみること。メールは英語で自分を表現するトレーニングとしても最適です。メールの英文は話し言葉と書き言葉の両方の要素を備えているので，会話にも英作文にも応用できます。

英文eメール Make it!

CONTENTS

はしがき ……………………………………………………… iii

PART 1　eメールQ&A

Q 1　e-mailは単数・複数? ……………………………………… 2
Q 2　e-mailに冠詞をつけるのは? ……………………………… 2
Q 3　単にmailでもいい? ………………………………………… 3
Q 4　大文字でE-mailでもいい? ………………………………… 3
Q 5　e-mailのほかの言い方は? ………………………………… 3
Q 6　メール文書のくだけ具合のレベルは? …………………… 4
Q 7　用いる書体は? ……………………………………………… 5
Q 8　文字の大きさは? …………………………………………… 6
Q 9　文字に色をつけるのは? …………………………………… 6
Q10　初めて書く時の注意は? …………………………………… 7
Q11　文字化けしやすい箇所は? ………………………………… 8
Q12　多い初歩的なミスは? ……………………………………… 8
Q13　段落下げしたほうがよい? ………………………………… 9
Q14　「〜様」で始めたほうがよい? …………………………… 10
Q15　"-san"という呼びかけを使ってもよい? ………………… 13
Q16　"Konnichiwa"は通じる? ………………………………… 14
Q17　自己紹介の書き方は? ……………………………………… 14
Q18　旅行先で知り合った人にメールするときの注意は? …… 14
Q19　礼状を書くときの例は? …………………………………… 15
Q20　案内状の例は? ……………………………………………… 15
Q21　日本の風物を話題にするときは? ………………………… 15
Q22　ビジネスメールとプライベートメールの違いは? ……… 15
Q23　送信前の注意は? …………………………………………… 16
Q24　知らない外国人からのメールに対しては? ……………… 16
Q25　略語は多用してよい? ……………………………………… 17
Q26　絵文字は使ってもよい? …………………………………… 19
Q27　返信するときの注意は? …………………………………… 19

PART 2　友人へのメール

1. 久しぶりのメールへの返事 　　　　　　　　　27
2. しばらくぶりで相手に出すメール 　　　　　　33
3. 友人からの招待に応じる 　　　　　　　　　　39
4. 友人への誘い 　　　　　　　　　　　　　　　44
5. 待ち合わせ 　　　　　　　　　　　　　　　　51
6. 感謝メール 　　　　　　　　　　　　　　　　58
7. 感謝メールへの返事 　　　　　　　　　　　　64
8. 友人への悪い知らせ 　　　　　　　　　　　　68
9. 謝ってきた友人への返事 　　　　　　　　　　75
10. 情報・説明・案内を求める 　　　　　　　　　80
11. 情報・説明・案内を伝える 　　　　　　　　　84
12. 頼みごと 　　　　　　　　　　　　　　　　　91
13. 頼みごとに応じる・断る 　　　　　　　　　　98
14. アドバイスを求める 　　　　　　　　　　　102
15. 友人へのアドバイス/それとない示唆 　　　109
16. 友人へのよい知らせ 　　　　　　　　　　　115
17. 友人からのよい知らせへの返事 　　　　　　122
18. 友人に謝る 　　　　　　　　　　　　　　　128
19. 悪い知らせへの返事 　　　　　　　　　　　134
20. 不満を伝える 　　　　　　　　　　　　　　140

PART 3　よく知らない人へのメール

1. 初めての相手へのメール 　　　　　　　　　152
2. つきあいの浅い相手へのメール 　　　　　　161
3. 問い合わせ 　　　　　　　　　　　　　　　172
4. 情報提供 　　　　　　　　　　　　　　　　182
5. お礼状 　　　　　　　　　　　　　　　　　193
6. クレーム 　　　　　　　　　　　　　　　　207
7. 結びの言葉いろいろ 　　　　　　　　　　　226
8. ビジネス関連の通知 　　　　　　　　　　　235

1 ✉ e メール Q&A

Q1 e-mail は単数・複数？

A1 「郵便」を意味する mail という名詞は不可算なので複数の s は付けない，と習ったはずですね。それはそれで覚えておいてほしいのですが，e-mail のほうは英語圏では一般に可算名詞として扱われます。

したがって，*Thank you for your e-mails.* としてもまったく問題はありません。とはいえ，mails という言い方にはどうもなじめない，という人もいますから，その場合は代わりに message（これは可算名詞）を使えば OK です。

Q2 e-mail に冠詞をつけるのは？

A2 間違いではありません。前述のとおり e-mail は可算名詞として扱われます。

Q3 単に mail でもいい?

A3 構いません。ただし,「郵便」ではなく「電子メール」を意味することが文脈から明らかな場合に限ります。

Q4 大文字で E-mail でもいい?

A4 どちらも OK ですが,小文字の e を使ったほうがより一般的なようです。ハイフンなしの email もよく見かけます。

Q5 e-mail のほかの言い方は?

A5 e は electronic の略で,省略せずに electronic mail という言い方もできますが,あまり見かけません。e-mail の代わりとしては, Q-1 で紹介した message がよく使われます。Part 2 の例文の中でもいくつか違う言い方を示していますので,そちらも参照してください。

Q6 メール文書のくだけ具合のレベルは？

A6 ネイティブスピーカーが親しい友人と交わすメールの実例を Part 2 にいろいろと挙げていますので，表現を豊かにするための参考にしてください。正規の英文に比べて，だいぶくだけた言い方が多いことが特徴です。

手軽に出せる e メールは，レターよりも口語的になる傾向があります。親しい間柄やネット上のフォーラムなどではある程度くだけた言い方も必要ですが，一般にあまり知らない相手にはフォーマルな言い方を使ったほうが無難です。

Part 3 では，日本人がつき合いの浅い相手にメールを書く場合を想定した文例をまとめています。

Q7 用いる書体は？

A7 　風変わりな書体はなるべく避けてください。一番安心なのは書体を指定しない「テキストのみ」形式です。書体その他を指定できる HTML や RTF などの形式では受け取る側が困ることがあります。

　なぜかというと，せっかく書体を指定しても，相手のコンピューターにそのフォントがインストールされていなければ正しく表示されないからです（場合によっては文字化けしてしまう可能性もあります）。

　英文メールで HTML や RTF 形式のメールを書く場合は，日本語フォント（明朝，ゴシック，その他）の使用は避けてください。

　日本語フォントのアルファベットは，英語フォントに比べて英文の表示をあまり考慮していない傾向があり，クオーテーションマークの向きが逆だったり，単語の途中で改行してしまうケースもあります。中には日本語非対応のパソコンで表示すると文字化けするものもあるので，できるだけパソコンに標準搭載されている英語フォント（Times, Times New Roman, Arial, Century, Helvetica など）を使うようにしてください。

Q8 文字の大きさは？

A8 あまり細かい字や極端に大きな字を選ぶのはやめましょう。自分が意図したとおりのサイズで受信者の画面に表示されるという保証はありませんし，細かい字だと相手が読むのに肩が凝ってしまいます。

逆にあまり大きな字だと，相手を威嚇しているような印象を与えてしまいます（メッセージを全部大文字で書くのも，これと同じ理由でタブーです）。文字の大きさは **12ポイント**前後が無難な線ですが，常識で判断してください。

Q9 文字に色をつけるのは？

A9 これも，自分が意図したとおりの色で受信者側に表示されるという保証はありません。返信の際に元のメッセージの文字色を自動的に変えるよう設定されているメールソフトもありますが，何も色を変えなくてもよいはずです。

返信メッセージが元のメッセージの上に配置されていれば，色を変えなくても相手が読み間違うことはまずないからです。

どうしても色を変えたい時は，薄い色や読みにくい色は避けるようにしましょう。特に，本文に赤字を使うのは禁物で，怒っているように受け取られます（テキストの訂正箇

所などを示す場合は別ですが)。
　ついでながら,元のメッセージをコピーした後に返信を書くのはマナー違反です。まずあなたの返信メッセージから始めて,元のメッセージのコピーはその後に置きます。

Q10 初めて書く時の注意は?

A10

　文字化けしないよう,必ず文字入力を半角モードにして書くことです。相手のパソコンや携帯電話は日本語に対応していない場合が多いため,和文などの全角文字は化けて読めません。相手に対する最低限のマナーとして,「全角文字は使わない」よう注意しましょう。

　自分は大丈夫,と思っている方も,アルファベット以外の数字やカンマ,ピリオド,%記号などが全角になっていないかどうか再点検してみてください。特に見落としがちなのがスペースです。

　スペースは画面では表示されないので全角も半角も関係ないように思いがちですが,全角スペースは日本語非対応のパソコンなどで開くと文字化けします。相手に迷惑がかからないよう,全角文字はすべて排除しましょう。日本語入力はOFFにしておくのがいちばん確実です。

Q14 「〜様」で始めたほうがよい？

A14

必ずしもそうとは限りません。相手個人のメールアドレスに出す場合は誰宛かがはっきりしているので、相手の名前は省略して挨拶だけにしたり、あるいはいきなり本題に入ることもできます。

ただし、相手が家族で同じメールアドレスを共有しているような場合は、誰宛のメールかを冒頭ではっきり示すべきでしょう。

「〜様」に近い便利な書き方は "Dear〜" です。この言い方はフォーマルな場合にも、ややインフォーマルな場合にも使えます。フォーマルには Dear Mr./Ms./Dr. Anderson: のように書きます。この場合、ファーストネームは省略するのが鉄則です。*Dear Mr. Arthur Stokes* は間違いで、*Dear Mr. Stokes* あるいは *Dear Arthur* とするのが正解です。ご存じでしたか？

くだけた間柄なら Dear Jim のようにファーストネームを使って呼びかけます。もっと親しければ Hi Freddy などいろいろな言い方ができます。詳しくは本文(Part 2 全般と Part 3, Section 1)の文例を参考にしてください。

相手とのちょうどよい距離の置き方、あるいは間合いの取り方と言ってもいいでしょうが、これは日本人と英語国民とでは大きな開きがあります。

英語国民はよく知らない相手に対しても、

ファーストネームで呼びかけることにあまり抵抗を覚えません。しかも呼び捨てです。日本人同士ではまず考えられませんね。この違いは，メールを書く時にしっかり意識しておくべき点の1つです。

英語のネイティブスピーカーへのメールでは，まったく知らない相手に Dear [first name] とファーストネームで呼びかけても，相手が気分を害することはありません。ただし，ビジネスメールの場合は，相手がファーストネームで呼びかけてくるまで待ったほうが無難かもしれません。

日本語では二人称を相手との関係に応じて「あなた」，「君」，「お前」，「そのほう」などいろいろと使い分けますし，フランス語やドイツ語でも二人称の敬称(vous，Sie)と親称(tu，du)を使い分けます。

これに対し，英語圏では相手がだれであろうと you だけで済ませてしまいます。ファーストネームでの呼びかけに英語国民が抵抗を感じない理由も，その辺にあるのかもしれませんね。

なお，英語のネイティブスピーカーではない相手に初めてメールを出す場合には，"Dear Mr./Ms.等＋苗字"で呼びかけるほうが無難です。

また，相手があなたの名前を見ただけではどちらが苗字でどちらがファーストネームかわからない場合も多いでしょうから，メールへの署名ではちょっと工夫が必要です。

まず，署名をファーストネームだけにす

る，という方法があります。これは，相手に対して「自分をこう呼んでほしい」と呼びかける効果も持っています。

　逆に，あなたが受け取ったメールの署名がファーストネームだけだったなら，次回からは相手をその名で呼んであげるのが礼儀と心得てください。

　では，署名を苗字だけで済ませるのはどうでしょうか。英語圏でも，昔はレターに苗字だけで署名する人もいましたが，最近ではほとんど見かけません。むしろ奇人と受け取られる恐れもあるので，T. Tamura などと少なくともファーストネームのイニシャルだけは付け加えるようにしましょう。

　また，例えば Tamura Takuya と日本語の姓名順のまま署名すると，英語圏の人はほとんどが Takuya を苗字と受け取るので注意が必要です。苗字に下線を引いて <u>Tamura</u> Takuya としても向こうで下線が表示されない可能性もあり，効果はあまり期待できません。TAMURA Takuya と苗字を全大文字にするほうがまだ理解されやすいでしょうが，見た目がよくありません。

　誤解を防ぐベストの方法は，Takuya Tamura と英語式の順序で署名することです。Takuya Tamura (Mr.) など名前の後に括弧で Mr., Ms.などを添えるのも，自分の性別を相手に知らせるよい方法です。

　ビジネスメールの場合は，名前の<u>下</u>に会社名(＋住所)，連絡先情報(電話，Fax，メールアドレスなど)を書き添えるのが普通です。

以下に例を示します(結語の例は Part 3, Section 7 にまとめています)。

>Sincerely,
>Takuya Tamura (Mr.)
>Sales Department
>Shimomura Chemicals, Inc.
>Tel. +81-3-4545-1122
>Fax +81-3-4545-1121
>E-mail: ttamura@shimomura.co.jp

Q15 "-san" という呼びかけを使ってもよい?

A15 　相手にもよりますが,発信人が日本人であることを相手に意識させる効果はあるようです。使うかどうかは相手がどれだけ日本になじみがあるかで判断してください。
　日本びいきの人の中には,-san と呼ばれると日本人の仲間に入れた気がしてうれしい,という方も多いようです。
　なお,ファミリーネームに-san を付ける場合は問題ないのですが,ファーストネームに-san を付けると相手がやや抵抗を感じることもあるようです。その場合は「日本では苗字にさん付けするより,ファーストネームにさん付けするほうがより親しみのこもった言い方になる」ことを説明するとよいでしょう。

Q16 "Konnichiwa" は通じる？

A16 これも相手次第ですが，こうした簡単な日本語は英語圏でも理解されるようになってきているので，日本風の味付けとして使ってみてもよいのではないでしょうか。結びに Sayonara を使うのも同様です。

Q17 自己紹介の書き方は？

A17 自分がどういう者かをできるだけ簡潔に知らせることが必要です。ただし，英文メールでは文末に署名を置くのが普通で，読み手は必ずそれを見て相手が誰かを判断しますから，名前や会社名，役職名などは重複して書かないほうが自然です。

この辺の感覚は和文とだいぶ異なりますので，詳しくは本文の Part 3, Section 1 & 2 を参照してください。

Q18 旅行先で知り合った人にメールするときの注意は？

A18 Part 3, Section 2 以下にいくつか文例を挙げたので参照してください。デジカメの写真を添付したい場合は，あまりファイルサイズが大きくならないよう縮小するなどの配慮も必要です。

Q19 礼状を書くときの例は？

A19 Part 2, Section 6 と Part 3, Section 5 を参照してください。

Q20 案内状の例は？

A20 Part 2, Section 4 と Part 3, Section 4 を参照してください。

Q21 日本の風物を話題にするときは？

A21 Part 3, Section 4 にいくつか例を挙げています。

Q22 ビジネスメールとプライベートメールの違いは？

A22 簡単なお知らせ程度なら，気をつける点は**フォーマルなレターと同じ**です。Part 3, Section 8 に例を挙げましたので参照してください。

ただし実務での説明，交渉，説得，見積，契約などに使われる表現は本書では扱っていません。

Q23 送信前の注意は？

A23 あわてて送信ボタンを押さない習慣をつけましょう。送信する前に，必ず実行してほしいのは，メールソフトの**スペルチェック機能を使う**ことです。英文を書き慣れていない方はもちろん，書き慣れている方でもスペルチェックは必ずかけたほうがよいでしょう。やってみると，意外とスペルミスが見つかるものです。

スペルミスの1つや2つくらいあってもいいじゃないか，と思われるかもしれません。しかし，そうした気のゆるみは相手にだらしない印象を与え，せっかく書いたメッセージの真心が相手に伝わらない，という結果にもなりかねません。

ついでに，全角文字が紛れ込んでいないか，句読点の後のスペースは入っているか，相手のアドレスを間違えていないかも再度チェックします。

以上を確認したら送信 OK です。

Q24 知らない外国人からのメールに対しては？

A24 もし迷惑メール(**SPAM**)であれば**開かない**ほうがよく，開いても返事を出す必要はありません。下手に返信するとあなたのアドレスが有効だとわかって，ますます迷惑メールが来てしまいます。

まず件名をよく見てみましょう。よくあるのは，投資の勧誘，薬やソフトウェアの販売などです。記載されているリンク先をクリックすると，大手企業のサイトを装った偽サイトにジャンプしてフィッシング(phishing)詐欺に巻き込まれる場合もあります。

知らない人から返事を求めるメールが来たら，一般には返事せずゴミ箱に入れるのがベストです。

また，添付ファイルにウイルスが仕込まれていることもあるので，件名を見て怪しそうなら開かずに削除するほうが無難です。もし開いてしまった場合でも，添付ファイルは決してクリックしないことです。

Q25 略語は多用してよい？

A25

答えはノーです。特にビジネスメールの場合はなるべく使わないようにしましょう。相手が確実に理解してくれるなら別ですが，ほとんどの場合は相手を混乱させるだけです。

大抵のネイティブスピーカーが理解するであろう略語は，ASAP(as soon as possible)，BTW(by the way)，FYI(for your information)ぐらいのものです。下手に略語を使うと，先方はこの相手になら自分たちが使っている大抵の略語はOKと思いこみ，解読不能な略語だらけの返事をよこしてくるかもしれません。

私(Minton)もそうしたメールを受け取って閉口することがよくあります。
　先日，娘からのメールに TTYL とあって，頭をひねった末に本人に聞いてみると，Talk to you later の略だと言っていました。入力の面倒な携帯メールや（ちょっと古いですが）電報など字数制限のある場合ならいざ知らず，パソコンで打つメールなら多少面倒でもフルスペルで書いたほうが誤解されませんし，相手に対してもより親切ではないでしょうか？
　カジュアルなメールで意味不明の略語があった場合は，相手に意味を尋ねた上で，その相手とだけその略語を使うようにしましょう。「他の人もこの略語を理解するだろう」などという思い込みは禁物です。

　仮にビジネスメールに意味不明の略語が含まれていたとしたら，おそらく相手は気のきかない人ですから，そんな人に質問して気分を害されるよりも，インターネットその他を使って自分で意味を調べたほうが無難です。
　よく使われる略語の例を Part 2, Section 2 に挙げておきましたので，受け取ったメッセージに意味不明な略語が含まれている場合の参考としてください（決してこれを積極的に使えという意味ではありません）。
　この他にもインターネットで検索すれば略語はいろいろと見つかるはずです。

Q26 絵文字は使ってもよい？

A26 カジュアルなメールで使いたければ別に構いませんが，多少ともきちんとしたメールを書きたい場合はお勧めしません。

インターネットにも絵文字(smiley, emoticonなどという)を集めたサイト(例：www.smileycentral.com)がいろいろとあり，多くは無料でダウンロードできます。

記号や特殊文字を使った顔文字の例を以下にいくつか挙げておきます(頭を左に90度傾けないとわかりにくいかも)。

- :) Happy Face (幸せ顔)
- :(Sad Face (悲しい顔)
- ;) Winking (ウィンク)
- :-) Happy with nose (鼻のある幸せ顔)
- :-D Big Smile (ビッグスマイル)
- :-O Shocked (ショック)
- :-P Sticking Tongue Out (舌出し)

Q27 返信するときの注意は？

A27 メールならではの方法として，相手のメッセージの質問部分をコピーし，それに1問1答形式で答える方法があります。この場合は，p.6(A9)のマナー違反にはあたりません。もちろん英文レターのように*With* regard to your question about..., I think... / As for..., it might be a good idea to... などの言い方を使ってオーソドックスに書いても OK ですが。

　まずは受信したメールの例を見てみましょう。

Incoming mail（受信したメッセージ）:

Dear Kaz,
I've been thinking about the meeting scheduled for next Thursday. Anne has suggested that it be postponed to the following week so that we have more time to think about and investigate the proposals we're going to discuss. Would that be possible? She also points out that Terry's away on business next week.
Takashi has asked if he can use an OHP for his presentation, as he doesn't know how to handle PowerPoint. I don't think this will be a problem, will it?
And one other unrelated matter: the copy machine on the 4th-floor documents room seems to be on the blink. It's over five years old, so I think we should consider replacing it.
Best wishes,
Tony

カズ，
次の木曜の件だけど，アンがその次の週に延期できないかと言ってきたんだ。1人1人がもう少し提案の中身を検討してから集まったほうがいいんじゃないか，って。賛成し

てくれるかな？ それに，彼女によれば来週はテリーも出張で出られないしね。
あと，タカシがプレゼンに OHP を使いたいと言ってきた。PowerPoint は苦手なんだそうだ。OHP でも別に問題ないよね？
それから別件だけど，4階のコピー機がとうとう寿命みたいだね。5年以上も使ってるからもう換え時じゃないかな。
それじゃ。

《送信メールの例①》

　次に示す例は，フォントや文字色が相手の画面でも表示されることを想定したものです。1問1答の場合は，文字の色やフォントを変えてみるのもよいかもしれません。ただし，必ずしもそのとおりに再現される保証はないので注意してください。

Reply（返信）：

Dear Tony,
Many thanks for your mail.

I've been thinking about the meeting scheduled for next Thursday. Anne has suggested that it be postponed to the following week so that we have more time to think about and investigate the proposals we're going to discuss. Would that be possible? She also points out that Terry's away on business next week.

Not possible, I'm afraid—I've promised MacAllan's a provisional reply by next Friday. In any case, I've got to go to Europe the following week. As for Terry, he's going to mail me his thoughts in time for the meeting.

Takashi has asked if he can use an OHP for his presentation, as he doesn't know how to handle PowerPoint. I don't think this will be a problem, will it?

No problem, but tell him to get his finger out and learn how to use PowerPoint!

And one other unrelated matter: the copy machine in the 4th-floor documents room seems to be on the blink. It's over five years old, so I think we should consider replacing it.

Fine. Get a couple of quotes from the usual suppliers.
All best,
Kaz

トニー,
メールありがとう。

カズ,
次の木曜の件だけど,アンがその次の週に延期できないかと言ってきたんだ。1人1人がもう少し提案の中身を検討してから集まったほうがいいんじゃないか,って。賛成してくれるかな？ それに,彼女によれば来週はテリーも出張で出られないしね。

悪いけど答えはノーだ。次の金曜にはとりあえず回答するってマカラン社に約束しちゃったからね。それにその翌週僕はヨーロッパだから。テリーにはミーティングの前にメールで意見を出してもらおうよ。

あと,タカシがプレゼンに OHP を使いたいと言ってきた。PowerPoint は苦手なんだそうだ。OHP でも別に問題ないよね？

いいよ。でも PowerPoint の使い方ぐらい早く覚えろってあいつに言っといてくれ。

それから別件だけど、4階のコピー機がとうとう寿命みたいだね。5年以上も使ってるからもう換え時じゃないかな。それじゃ。

OK だ。いつもの業者2,3社から見積りをとってくれるかな。

《送信メールの例②》

元のメッセージの行頭に " > " などの記号を挿入して返信メッセージと区別する方法もあります。

Reply（返信）:

Dear Tony,
Many thanks for your mail.

> I've been thinking about the meeting
> scheduled for next Thursday. Anne has
> suggested that it be postponed to the
> following week so that we have more time
> to think about and investigate the
> proposals we're going to discuss. Would
> that be possible? She also points out that
> Terry's away on business next week.

Not possible, I'm afraid—I've promised MacAllan's a provisional reply by next Friday. In any case, I've got to go to Europe the following week. As for Terry, he's going to mail me his thoughts in time for the meeting....

ほとんどのメールソフトでは，返信ボタンを押すと元のメッセージにこうした記号が自動的に追加されるはずです。

《送信メールの例③》

　例②では，元の質問が比較的短いので全文を返事にコピーしても問題ありませんが，原文が長い時はその抜粋だけにとどめるほうがよいでしょう。

　長さをカットしつつ，回答の内容がどの質問に対応するかを明確に示せば OK です。長いパラグラフでも，返信では，次のように必要な箇所だけコピーする要領です。

Reply（返信）：

Dear Tony,
Many thanks for your mail.

> ... postponed to the following week so
> that we have more time to think about and
> investigate the proposals we're going to
> discuss. Would that be possible? She also
> points out that Terry's away on business
> next week.

Not possible, I'm afraid—I've promised MacAllan's a provisional reply by next Friday. In any case, I've got to go to Europe the following week. As for Terry, he's going to mail me his thoughts in time for the meeting....

2 友人へのメール
Communicating with friends by e-mail

　友人へのメールでは，ビジネスメールほど形式を気にする必要はありません。肩の力を抜き，自分らしさを前面に出せばよいでしょう。ふだんから会う機会の多い相手には，いつも話しているような調子で書けばOKです。若い人がメールで独特の略語を使うのは，日本に限らず英語圏でも同じです。

　たとえばyou を u, you are を ur と省略したり，:)などのアイコンを使う人もいれば，大文字をまったく使わずに文頭や固有名詞の語頭まで小文字で書く人もいますし，ピリオドやコンマをまったく使わない人もいます。ただし，すべて大文字だけでメッセージを書くのは禁物です。大文字だけで書かれた文章は，頭ごなしに怒鳴っているような威圧感を与えるからです。

　もっとも，こうしてくだけた書き方に相手がどう反応するかは，前もって見きわめておいたほうがよいでしょう。英米人でも年長の保守的な人は礼儀を欠いたメッセージを嫌いますし，逆に若い人は距離を置かれると反発するかもしれません。

相手からのメールのトーンをよく見て、どの程度くだけた返事にするか判断しましょう。
　無理にくだけた表現で個性を出そうとすると、かえってしらけたり逆効果になることもあります。背伸びせず、知っている範囲の表現で自然に個性をアピールするのがベストです。

1 知人からの久しぶりのメールへの返事

宛先：lizzie@go-shun.co.jp

件名：RE: Hello!

Hey Lizzie!
Thanks for your email. It was great to hear from you! Glad to hear things are going well for you and that u're enjoying uni. I promise to come and visit you there soon. Wow, sounds like you've got a brilliant summer planned! You going to France with your family?

Please give them my love. At home at the mo but will be going to Spain for a holiday in a couple of weeks. Will be topping up the tan no doubt! I'm really looking forward to it.

Anyway thanks for writing and keep in touch. Can't wait to hear all about France.

Loads of love,
Erix

リジー
メールありがとう。元気そうでよかったわ。大学生活をエンジョイしてるみたいね。私も今度そっちへ遊びにいこうかな。夏は家族のみんなとフランスに行くの？ いいわね。皆によろしく伝えてね。私は今うちにいるけど，もうすぐ旅行でスペインに行くんだ。思いっきり日焼けするぞ！ またメールしてね。フランスの話聞かせてほしいな。
じゃあね。エリ x

この表現に注意！

- ▶ uni＝university
- ▶ u're＝you're
- ▶ You going to France＝Are you going to France
- ▶ At home at the mo＝I'm at home at the moment
- ▶ Erix＝Eri は名前。x はキスマークで，女性がメールの最後に自分の名前に続けて書くことが多い。スペースを空けて Eri xxxxx などとすることもある。

メールありがとう。お元気そうで何よりだわ。	Dear Amy, Thank you very much for your mail. It was good to hear from you again.
メールもらってとてもうれしいよ。	Hi Lennie, Thanks for your email. Great to hear from you! ● Great to=It was/is great to の文頭の It was/is を省略した形。このように決まり文句が口語的に短縮されることはよくある。
わーい！ 久しぶりのメール，うれしかったよ。	Hey Lizzie! Wow! Thanx for the mail. Long time no hear! ● Thanx＝Thanks のくだけた表記。Long time no hear!＝久しぶりに会った人に使う Long time no see! (ずっと会わなかったね)という決まり文句をメール用にもじったもの。

連絡ありがとう。ごぶさたしてごめんね。	Hello Clare, Thanks for getting in touch. Sorry I haven't contacted you for so long.
メールありがとう。おかげで朝から元気が出たよ。	Mark, Many thanks for your mail. It really cheered me up this morning to find your message waiting for me.

● 友人へのメールの書き出しには、上記5つの例文にあるような呼びかけ(「Dear〜」、「Hi,〜」、「Hey,〜」、「Hello,〜」、「名前のみ」)が使われることが多い。また、呼びかけなしでいきなり本文から始めることも珍しくない。

様子を知らせてくれてありがとう。しばらくメールしなかったけどごめんなさい。	I'm really pleased to hear all your news + I'm sorry I haven't been in touch for so long.

● +=and のくだけた表記。

昇進したそうだね、おめでとう！	Great news about your promotion. Congratulations!
離婚したんだって? 元気出せよ。	Very sorry to hear about your divorce. I hope you're getting over it.

| 君からメールなんてびっくりだよ。 | Ed, what a wonderful surprise to hear from you! |

| ハーイ、順調そうね。 | Hey there, glad to hear life's been treating u well. |

| この間のメール、おもしろすぎて大笑いしちゃったわ。 | Hi J,
Thanks for sharing your amusing story—you had me in stitches! Lol. |

> ● share a story (with someone)＝～に話を伝える。
> ● be in stitches＝おかしくてお腹の皮がよじれる。
> ● lol＝laugh out loud(大声で笑う)。和文メールの(笑)に相当。

| 君が少しも変わっていないので、とてもうれしかったよ。 | Dearest Vicky,
Lovely to know you haven't changed one bit! |

> ● not one bit＝ほんの少したりとも(強調)。

| ご無沙汰だったね、どうしてた？ | Hello there,
About time! Where have you been?! |

- About time!＝It's about time (you contacted me)! ずいぶん待たせたな(やっと連絡してきたか)。
- Where have you been?＝どこに隠れていたんだ？(なぜ連絡をくれなかった？)の意。What have you been up to? という言い方もある。

メールありがとう。

Hey! Cheers for the email.

- Cheers＝Thanks

気にかけてくれてありがとう。メールうれしかったわ。

Laura,
How kind of you to think of me. I loved your mail.

連絡もらって本当にうれしいよ。

Thank u for getting in touch—means a lot.

- means a lot＝It means a lot (to me)

メールをいただいて感激しました。

I was very touched when I saw I had an email from you.

2 しばらくぶりで相手に出すメール

宛先: marcus@go-shun.co.jp

件名: Summer Plans

Hi Marcus,
How r u?? Haven't heard from u in ages. I hope u'r well. I'm busy working @ the mo' as I'm planning on traveling round Europe this summer. The job's cool too, which is always a bonus! I'm working in a skiing resort teaching kids how to ski. They r so sweet and r surprisingly good! Only had a couple of slip-ups, nothing serious tho'.
Get in touch soon. I miss u sooooo much! I want to hear everything u've been up to.
Loadsa luv,
Becky xox

マーカス,
どうしてる？ しばらく連絡がないけど元気？ 私は夏にヨーロッパ旅行しようと思ってバイトしてるところ。楽しいバイトなのよ。スキー場で子供にスキーを教えてるの。子供はかわいいし，それにみんな結構上手なの。仕事で少しミスはしたけど，すぐ立ち直れたわ。
連絡してね，待ってるから。様子を聞かせて。愛してる。
ベッキー　xox

この表現に注意！

- ▶ @＝at
- ▶ planning on traveling＝planning to travel
- ▶ The job＝My job (the job I have at the moment)
- ▶ cool＝very good
- ▶ r＝are
- ▶ slip-up＝ミス（スキーの転倒とかけた言い方になっている）。
- ▶ tho(')＝though
- ▶ sooooo＝ "so" を強調した言い方。主に女性が使う。o はいくつでも可。
- ▶ loadsa luv＝loads/lots of love
- ▶ xox: キス，ハグ，キス

だいぶご無沙汰してるけど，元気？	Pete, It's been ages since I last heard from you. How ru? ● How ru?=How are you?
しばらく連絡がなかったのでどうしてるかなと思って。どう，調子は？	Dear Jen, Haven't heard from you in ages, so I thought I'd drop you a line. Is everything OK? ● in ages=for ages/for a long time ● drop ~ a line=send ~ a short letter 短いレター（メール）を送る。 ● Is everything OK?=Is everything OK with you?
昨夜ジェーンに会って，ふとあなたのことが気になったの。ずいぶん会ってないけど，どうしてる？	Hi Marie, I met Jane last night, which reminded me I haven't seen you for a very long time. How have you been?
しばらく会っていない友人達が急になつかしくなって，まっ先に頭に浮かんだ君にメールを送ります。元気でやってますか？	John, I'm just trying to catch up with some friends I haven't been in touch with for a while, and you're at the top of the list! How's everything going?

- Just trying to＝I'm just trying to
- How's everything going?＝going は省略してもよい。

やあ，お久しぶり。覚えてる？	Hey there stranger! Remember me?
どう，調子は？	How're things going?

- How're things? How's things?なども使われる。

どうしてる？	How's it going?
何してるの？	What have you been up to?
どう？	What's up?
変わったことは？	What's new?
ニュースはない？	Any news?

何かおもしろい話は？	Any goss?

- goss＝gossip（Any news?とほぼ同じ意味）

どうですか？	How's life?
お変わりないでしょうか。	I hope life is treating you well.
お元気でしょうか。	Hope all is well with you.
連絡してよ。待ってるから。	Give me a buzz sometime. I'd love to hear from you.

- Give me a buzz は本来「電話してくれ」の意味だが，メールにも使える。

たくさん話があるんだけど，まずアドレスが変わってないかどうか返事してほしいな。	I've got loads to tell you, but I'll wait till u confirm u're still at this address.

- loads＝a lot of things
- u confirm u're still at this address＝…you confirm you're still using this e-mail address

返事，待ってるからね。	Get in touch soon—missin' ya!

- missin' ya＝I'm missing you

調子どう? だいぶご無沙汰しちゃったね。

Everything all right? We have a lot of catching up to do!

- Everything all right?＝Is everything all right?
- catch up on someone ('s news) は、しばらく連絡の途絶えていた相手に近況を伝えること。

今度会ってたっぷり話そうよ。

We need to have a big catch up soon!

3 友人からの招待に応じる

宛先: tom@go-shun.co.jp

件名: Party Directions

Tom,
Thanx for your invitation. I'd love to come to your party. A black tie dinner—sounds fun, but I'll have to look for my tuxedo! If you could possibly give me directions to the venue, that'd be great.
Look forward to seeing you.
James

トム,
招いてくれてありがとう。パーティーには喜んで行くよ。正装でディナーなんて面白そうだね。でもタキシードを探さないと…。会場までの行き方を教えてくれるとうれしいな。
楽しみにしてます。
ジェームズ

この表現に注意！

▶ black tie 単に「黒のネクタイ」と誤解されがちだが、実は「黒の蝶タイにタキシードという準正装で来てください」という意味。
▶ that'd be great＝I'd be grateful

21歳の誕生パーティーに招いてくれてありがとう。もちろん喜んで出席します。

Dear Jay,
Thank you very much for the invitation to your 21st. I'd love to come, of course.

- your 21st＝your 21st birthday party 日本では20歳で成人となるのに対し、欧米の多くの国では伝統的に21歳の誕生日を成年のしるしとして大きく祝う（ただし法的な成人年齢は18歳）。

ご招待に家族ともども感謝します。喜んで出席します。

Hello Carl,
Your invitation was much appreciated by me and my family. We're glad to accept.

招いてくれてうれしいわ。もちろん行きます。

To Makiko,
How sweet of you to invite me round. Course I'd love to come.

- invite me round/over＝invite me to your place
- Course＝Of course

ありがとう。いくよ！

Thanx 4 ur invite, Ellie — I'll b there!

- Thanx 4 ur invite＝Thanks for your invitation
- I'll b there!＝I'll be there!

もちろん顔を出します。一杯やりましょう，楽しみですね。

Hi Catherine,
I'll definitely pop round for a drink—can't think of anything better!

招いてくれてうれしいわ。その日は先約があったけどキャンセルするね。

Hey Christina! Kind of you to invite me. Have actually got plans for that day but will cancel just for you!

- Kind of you＝It is/was kind of you
- Have actually got＝I have actually got
- will cancel＝I will cancel them

6時まで仕事だけど，できるだけ早く行くよ。それじゃ。

Matt, I'm working till 6 p.m. but will join you asap. Looking forward to it.

- asap＝as soon as possible
- Looking forward to it.＝I'm looking forward to the event/seeing you.

明日？ いいね。絶対行く。

Sounds great 4 2moro—how could I resist?!

- 4 2moro＝for tomorrow, i.e. The plan for tomorrow sounds great.
- How could I resist?＝抵抗なんかできっこない

おもしろそうだね。そっちに向かう前に電話するよ。	Sounds like it's gonna be fun. Will give you a bell when am on my way. ● Will give you a bell＝I will call you ● when am＝when I am
招いてくれてうれしいな、ありがとう。	Dear Charlie, I was touched that you invited me. Thanks.
今から心待ちにしています！	I'm looking forward to it already!
パーティーがまちどおしい！☺	I can't wait for your party! ☺
バーベキュー大賛成！ 何を持っていったらいいかな？	I'm definitely up for the BBQ. Is there anything you'd like me to bring? ● be up for ～＝喜んで ～ に参加する。 ● BBQ＝barbecue

もちろん乗るよ, その話。	**I'm definitely on for it.** ● be on for 〜＝喜んで 〜 に参加する。
乗った！	**Count me in!** ●参加の意思表示に使われる決まり文句。
喜んで行きます。	**Absolutely love to go.** ● Absolutely love to... 　＝I would absolutely love to...

4 友人への誘い

宛先: laura@go-shun.co.jp
件名: Jess's 21st

Dear Laura,
Please come to my 21st party on November 9. It's at my house in London and the dress code is black tie with a splash of pink! Arrive 7 – 8ish for dinner at 8:30 p.m.
I hope you can make it.
Much love,
Jess xxx

ローラ,
11月9日に21歳の誕生日を迎えるので,パーティーにご招待します。場所はロンドンの自宅です。服装はディナードレスにちょっとピンク系をあしらった感じで。7時〜8時頃に集まって8時半からディナーです。ぜひ来てください。

この表現に注意！

▶ *-ish* は「〜的な」を意味するくだけた表現。時間と組み合わせて *eightish*（8時頃）などと使うほか,*pinkish*（ピンクがかった）,*heavyish*（ちょっと重い）などのようにも使う。

PART2 友人へのメール

8月1日に両親の銀婚式があるので、ぜひ出席してください。

Dear Sam,
Please come to my parents' 25th Anniversary Party on August 1st.

- August 1st, August 1, 1st August などとしてもよい。月は最初の3文字に省略可（Jan., Feb.など）。

今年の夏、うちの家族とクルーズに行きませんか？

Hi Charlotte,
Would you be able to come on a holiday cruise with our family this summer?

お二人とご家族を我が家の新年パーティーにご招待します。

Dear Dave and Jess,
We are pleased to invite you and your family to a new year's party at our house.

ニューイヤーパーティーするんだけど、来れる？

Hey Seb! I'm having a new yr's party—will U B able 2 make it?

- yr's＝year's
- will U B able 2＝will you be able to

来週の週末に友だちを呼ぶんだけど、あなたも絶対来てね。

Eleanor—you must come over next weekend—I'm organizing a little get-together with some friends!

4 友人への誘い

- ぜひ来て欲しい、という気持ちは must で表せる。この言い方は失礼にはあたらない。こうしたらどうでしょう、という場合にも使える。(例：You must see the Louvre while you're in Paris.)
- come over＝come (over) to my place (come over といって特に場所の指定がなければ、会場は送信者の家とみなされる)
- next weekend：来週の週末を指すのが一般的 (今週末なら this weekend と書いた方が誤解がない)。

こんどの金曜はうちでパーティーだよ！ 来てくれないとがっかりだからね。

Party @ mine next Fri—be there or be square!

- @ mine＝at my house
- square＝堅苦しい。be there or be square は、来ないのはよほどの堅物だ (来ないなんて言わせない)、という決まり文句。
- next Fri：一般に来週の金曜日を指す場合が多い。ただし、メールが月曜か火曜に出されている場合は、今週の金曜と受け取られる可能性もある。今週の金曜という場合は this Friday としたほうが誤解を避けられる。

明日授業の後で飲みに行くんだけど、一緒にどう？

Hey buddy! Fancy joining us for a drink tomorrow after class?

- Fancy joining us…＝Do you fancy joining us… これは Would you like to… よりくだけた言い方(英)。アメリカ英語では Do you want to… となる。

後で何か食べに行かない？	**Do you wanna grab something to eat later?** ● wanna＝want to：going to が gonna と省略されるのと同様。くだけた言い方なので使う場面に注意。 ● grab＝get（この場合は go for と言い換えてもよい）
観劇の後で何か食べに行きませんか？	**Shall we grab a bite to eat after the play?** ● grab a bite to eat＝grab something to eat
パパとママが来週末にハロウィーンパーティー開いてくれるんだけど、来ない？	**My parents r organizing a Halloween party next weekend—u wanna come?** ● u wanna come?＝Do you want to come?

大学の仲間たちから週末に山奥の温泉へ行こうって誘われてるんだけど、あなたも行かない？

My university friends are suggesting an onsen weekend up in the mountains. Can you come too?

- are suggesting an onsen weekend＝are suggesting a weekend trip to an onsen
- Can you come too?：日本語では「行かない？」「来ない？」の両方が言えるが、英語ではこうした誘いの場合 come のほうが自然で、go はまず使わないと思ってよい。

来週スコットランドに行きますが、よろしかったらご一緒にいかがでしょう？

We are off to Scotland next week. I'd love it if you could join us!

- We are off to＝We are going to
- I'd love it if you could＝I'd love you to（前者のほうがより遠回しで丁寧）

PART2 友人へのメール

友人への誘い

今度の日曜に家族と演劇を見に行くのですが、ご一緒しませんか？

My family and I are going to the theater this Sun, and you're invited!

- Sun=Sunday
- invite という言い方には注意。日本語で「ご招待」というと誘った側が費用を負担することを意味するが、invite と言っただけでは必ずしもそうは受け取られない。「ご招待」したい場合は、例えば We'll treat you. などとはっきり書くとよい。

ちょっと仕事を中断して、どこかで休憩しようか？

Hi! Do u want to take a break from work and go chill somewhere?

- chill=relax（この口語表現はわりと新しく、定着しない可能性も高いが、同様の chill out という表現はかなり長い間使われている）

ちょっと都会を抜け出してみませんか？

Feel like escaping the city for a little while?

- Feel like...=Do you feel like...
- escape the city=escape from the city

来月少し休暇をとって出かけませんか？

How would you feel about a getaway sometime next month?

- getaway：動詞句の get away から派生した言い方（ここでは街を逃れてリラックスしよう、という意味）。

今度の夏，ヨーロッパ巡りなんかどう？	What would you say to traveling around Europe next summer?
前からニューヨークへ行ってみたかったんだけど，どう？	I've always wanted to go to NY. How about it?

5 友人との待ち合わせ

宛先: jack@go-shun.co.jp

件名: Dinner?

Hey there! How'z you? It was great seeing you the other day. I'm glad you got me into soccer, as I've loved it ever since the match! I s'ppose the fact that I understand the rules now helps. ☺
I was wondering if you fancied another meet up sometime? I'm free basically anytime next week, so just give me a buzz when you're free. Maybe we could go for dinner somewhere.
Chat soon. Miss ya! ☺
Hugs and kisses, Charlotte

ハーイ，元気？ こないだは久しぶりだったわね。サッカーの試合に誘ってくれてありがとう。あれからすっかりはまっちゃったわ！ ルールが少しわかったせいもあるかな。☺
今度また会わない？ 来週はだいたい空いてるから，ひまだったら電話してね。食事にでも行こうよ。
じゃあね。会いたいな！☺
ハグとキスをこめて，シャーロット

この表現に注意！

- ▶ Hey there: 親しい人への気さくなあいさつ。
- ▶ How'z you?＝How are you? 原型は *How is you*，もちろん正しい英語ではない。
- ▶ get me into: *be into...*（～にはまっている）というイディオム（例：*I'm really into Mozart right now.*）の変形。
- ▶ s'ppose＝suppose
- ▶ fancy: p.46 の（注）参照。
- ▶ meet up: 本来は動詞句だが，名詞句として使われている。正当な用法ではない。
- ▶ give me a buzz: セクション 2，p.37 の注参照
- ▶ Chat soon＝Let's chat soon
- ▶ Miss ya＝I'm missing you.
- ▶ Hugs and kisses: ごく親しい人にしか使わないインフォーマルな結語。ほかに Love なども使われる。

5 友人との待ち合わせ

ねえ，こんどの週末空いてたらちょっと飲みに行かない？

Hello Ben,
How are you? Are you free this weekend? What do you say we meet for a drink or two?

- What do you say we... : What would you say to -ing（〜しない？）を崩した形。標準英語からはやや外れているが，わりとよく使われる。

明日の晩ひま？会おうよ。返事待ってる。

Hi Bernie! Any plans tomorrow evening? If not lets meet! WB

- Any plans...＝Do you have any plans...
- If not＝If you don't have any plans
- Lets＝Let's（アポストロフィの省略は厳密には正しくないが，カジュアルな文章ではよく見かける）
- WB＝write back

元気？ 来週空いてたら，積もる話でもしようよ。

Dear Tess,
Hope u'r well. I wonder if u'r available next wk sometime for a catch up?

- u'r＝you're
- wk＝week
- for a catch up: 近況を知らせ合う。catch up on friends, catch up on news/events などをインフォーマルにした言い方。

よかったら5日にテニスしに来ませんか？	Hannah, would you like to come + play tennis with me on 5th? ● +＝and
明日だけど，待ち合わせは午後1時にフィットネスクラブの前でどう？	About tomorrow—is 1 pm outside the health club good for you? ● 1 pm：正式には p.m.とピリオドが必要だが，省略する人も多い。P.M.と大文字にしても可。a.m.も同様。 ● Is ... good for you?＝Would ... be convenient for you?/Would ... suit you? ● 否定形の Wednesday's <u>no good</u> for me. という言い方もごく普通に使われる。I can't make [it on] Wednesday. とも言う。

PART2 友人へのメール

朝の10時半に軽いブランチでどうでしょうか？

Shall we say 10.30 am for a light brunch?

- Shall we say...? 何か提案するときに使うイギリス英語の決まり文句。アメリカ英語では Let's say...。

新作映画，見に行かない？

Do u fancy going to c that new film that's out?

- Do you fancy...?：p.46 の(注)参照。
- C=see
- that's out=that has (just) come out

よう，昼過ぎにちょっと寄ってくれないか。

Yo! Can you stop by this afternoon?

- Yo: 日本語の「よう」とほぼ同じくらい馴れ馴れしいあいさつ。
- stop by(米)=drop in/by
  =pop round(英)

今度ゴルフに行こうかと思うんだが、君も一緒にどうだい。	Hi Tim, I'm thinking of going to play golf sometime soon. Do you want to join me?
ねえ、近いうちに会って話したいな、どう？	Hey you! It'd be good if we could get together sometime in the near future. What do you think?

- Hey you!：相当親しい友人にしか使わない。ためぐち系。

よかったら23日にぜひお会いしたいのですが。	I'd love to see you on 23rd if that's ok with you.
こちらは5日から8日が空いてますが、そちらはどうですか。	Checking my diary, I've no plans between 5th and 8th. How about you?
今週ひまを作れない？会いたいんだ！	please tell me you're free this weekend—i want to see you!

- 大文字を使っていないことに注意。これは厳密には正しくないが、カジュアルなメールでは時々目にする。

急で悪いんだけど、明日空いてる？	i know this is sudden, but r u available tomorrow?

- r u＝are you

やあ，原宿駅前で午後1時はどう？	Hiya, would 1pm outside Harajuku Station suit?

- Hiya＝Hi
- 1pm：正しくは1とpmの間にスペースが必要だが，実際はつなげる人も多い。
- Would...suit?＝Would...suit <u>you</u>?/ Would...be convenient for you?

今度の金曜はどう？ 絶対来てよ！	How about this Fri? Don't let me down!
土曜にパーティー？ もちろん行くよ！	There's a gathering on Sat? Count me in!

- Count me in: section 3, p.43の（注）参照。

6 友人への感謝メール

宛先: samantha@go-shun.co.jp

件名: A big thank-you!

Samantha... I just want to say a big thank you for helping me get this job. It was really kind of you to introduce me to the company and give me advice about the interview. I wouldn't have stood a chance of getting hired without you. You also gave me a lot of moral support, which is always appreciated! I really think you're a star. I'm here if you ever need anything xxx

サマンサ，就職を手伝ってくれて本当にありがとう！
会社を紹介してくれた上に，インタビューのアドバイスまでもらって，本当に助かったわ。あなたがいなかったら絶対うからなかったでしょうね。いろいろとはげましてくれて感謝してるわ。あなたって最高ね！ 何か私にできることがあったらいつでも力になるからね。xxx

この表現に注意！

- ▶I want to say a big thank you＝I want to thank you very much
- ▶I wouldn't have stood a chance of...＝It would have been completely impossible for me to...
- ▶moral support: encouragement
- ▶You're a star.: 以前は「あなたに感謝する」の意だったが，最近では「あなたは素晴らしい」の意味にも使われる。

ブライアン、ありがとう。本当に助かったよ。	Hi Brian, Thanks a lot—I really appreciated your help.
ありがとう、ローレン。こんなに親切にしてくれるなんて、僕にはもったいない友人だよ！	Thank you Lauren. You're way too kind. You're too good to me—I don't deserve a friend like you!
ご親切が心に染みいりました。	Your generosity was much appreciated.

● 通常は I greatly appreciated your generosity. でよいが、このように受動態で婉曲に表現するとより丁寧に聞こえる。

ジョッシュ、僕のために時間をさいてくれてありがとう。	Josh, I'm so grateful that you took time out for me.

● take time out for someone:（困っている）誰かのために特に時間をさく。

来てくれてうれしかった。ありがとう。	Was good of you to come over. Thanks a lot.

● Was good of you＝It was good/kind of you

すばらしいプレゼントだね。ありがとう！	What a great present. Thanx mate!

- mate=friend（友人への気さくな呼びかけに使われるイギリス英語。特にオーストラリア人がよく使う。アメリカ英語では buddy, bud, pal など）

遠出は本当に楽しかったです。誘ってくれてありがとう。	I really enjoyed our outing—thank you very much for taking me!
楽しい休日をありがとう。決して忘れません。	Thank you so much for the holiday. I'll never forget it.
ベッキー，宿題手伝ってくれてサンキュー！ おかげで徹夜せずに済んだよ！	Cheers 4 helping me with my homework Becky—I would've been up all nite if it weren't 4 u!

- Cheers 4（英）=Thank you for の意。イギリス英語で cheers は goodbye! や乾杯！の意でも使われる。
- all nite=all night
- 4 U=for you

私のことを気にかけてくださって、とてもうれしいです。

It was so kind of you to think of me. It made my day.

● make someone's day＝make someone particularly happy（〜にとっていい一日にする、転じて〜を大いに喜ばせるの意。クリント・イーストウッドの Make my day!というセリフはご存じだろうか？）

君の助けなしには生きていけないよ！ ほんとにありがとう！

What on earth would I do without you! Thanks a bunch.

● Thanks a bunch.: Thanks very much. とほぼ同じだが、「たくさん」を別の言い方にしたもの。Thanks a bundle, Thanks a million などとも言う。

友人への感謝メール

親切にしてもらってちょ——うれしい！

I'm soooo grateful for what you did for me.

- soooo: so を強調したいときは、o を好きなだけ追加する（もちろんインフォーマルな場合に限る）。
- 単語を強調する方法としては、ほかに下線、太字、大文字（CAPITALIZATION）にしたり、フォントに色を付けたりする。

永遠に感謝します。

I'll be forever grateful.

積もる感謝の思いと愛をこめて

Heaps of thanks and love.

- heaps of = many/much

ピンチの時に勇気をくれてありがとう！

Thanx for being there for me just when I needed u!

- be there for someone: 困った時にそばにいてはげますこと。
- u = you

7 友人からの感謝メールへの返事

宛先： john@go-shun.co.jp

件名： RE: Thanks for your help

Hey John,
Thanks for your message — I'm pleased to have been of help. I only wish I could have done more, but you know about the problems I've been having at work! Remember that you're welcome to drop by anytime for a chat or whatever. Just give me a bell.
See you around. x

ジョン,
メールありがとう。お役に立ててうれしいわ。もっと何かしてあげたいんだけど、ご存じのとおり今は会社のトラブルでそうもいかないの。おしゃべりとかしたくなったら、いつでも寄っていいのよ。でもその前に電話してね。
じゃあね。x

この表現に注意！

▶ drop by: セクション5，p.55 参照
▶ give me a bell: セクション2，p.42 参照

どういたしまして。	You're very welcome. ● このほかの標準的な言い方には You're welcome./Don't mention it./It is[was] a pleasure./Not at all. などがある。
いつでもどうぞ。	Anytime.
こっちこそうれしいよ、リッチ。	It's my pleasure, Rich. ● Rich: Richard の短縮形。ほかに Richie, Dick などがある。
お越しいただいてうれしいです。	It's always a pleasure to have you over. ● have someone over: 自宅へ招くこと。同様の表現に have someone to dinner/have someone (to) stay など。
何でもないさ。	No problem. ● No probs. とも言う。
いいってことよ！	No worries mate! ● You're welcome./Don't mention it. などと似ているが、かなりくだけた言い方。元はオーストラリア英語だが広く使われている。
どうってことないさ、フィル。	Don't worry Phil — it was nothing.

当然のことですよ。	It's the least I could do.
お礼なんか言わなくていいよ，何でもないんだから。	U really don't need to thank me for that, Jack—it was nothing at all.
お礼はいいよ，サリー，こっちこそ役に立ってうれしいんだ。	No need whatsoever to thank me, Sally. I'm glad I could help. ● No need=There's no need
何でもやりますよ。	Anything for you. ● Anything for you.=I'll do [I'm happy to do] anything for you.
あなたのためなら何でもありません。	For you it's nothing. ●あなた以外なら話は違うが，あなたは特別だ，という意味がこもっている。for you の代わりに in your case としてもよい。この前と後の例文も同様の意味。

君には特別サービスするよ、ステファニー。	I make exceptions for you, Stephanie!
どういたしまして。ピンチになったらまた呼んでくれよ。	You're welcome. If you're ever in a tight spot again just let me know.

● be in a tight spot＝be in a difficult (or dangerous) situation

助けが必要な時は、電話してくれればすぐ飛んできますよ。	I'm always just a call away if you need any help!

● be just a call away：(電話で)すぐ連絡がとれる、すなわちいつでも助けるという意味。

何か必要なものがあったら遠慮しないでまた連絡してね。	Don't hesitate to get in touch again if you need anything.

8 友人への悪い知らせ

宛先: milly@go-shun.co.jp
件名: Necklace

My dearest Milly,
I hope you're well. I'm so sorry to have to tell you this, but I can't find the necklace you lent me anywhere. It must have fallen off while I was in town this morning. If no one hands it in I'll get you a new one, of course. But I know very well how precious it was to you and that I won't be able to replace it properly. All I can say is sorry, and I hope you can forgive me. I'll call you soon. Bye for now.
With love from Rosa

ミリー,
お元気？ すごく言いにくいんだけど，あなたに貸してもらったネックレスがどうしても見つからないの。きっと今朝町へ出かけた時に落としたんだと思う。もし誰かが拾って届けてくれなかったら，必ず新しいのを買って返すからね。もちろん，あなたにとってかけがえのない大事な物だということはよくわかってるの。ほんとうにごめんなさい。どうか許して。あとで電話するわ。それじゃまた。ローザ

ゴメン m(_ _)m

Sorry :-(

● :-(はしかめっ面を表す顔文字 (emoticon, または smiley)。グラフィックの顔文字では ☹ に相当。日本語メールなら土下座して謝る様子を表した m(_ _)m あたりだろうか。顔文字については Part 1, p.19 を参照。

申し訳ないんだけど，例のものを受け取ってくるのを忘れちゃったんだ。

Sorry about this, but I forgot to pick those things up for you.

● 自分のせいで何か問題が生じたことを謝る時は、Sorry about this, but... で書き出すことが多い。いくつかバリエーションを以下に示す。

すまん！

Soz mate!

● Soz＝Sorry
● mate: セクション 6，p.61 を参照。

ほんとに悪いんだけど，金曜は都合がつかなくなってしまったんだ。

I feel very guilty about it, but I'm gonna have to cancel Friday.

申し訳ないけど,今夜のパーティーには行けそうにもありません。	Hope you don't mind too much, but I won't be able to make the party tonight. ● Hope you don't mind＝I hope you don't mind
ほんとうにごめんなさい。	Please accept my apologies. ●このフレーズは,不都合をかけたことを説明した後に来ることが多いが,次の例のように説明の前に置くこともできる。 ●このフレーズ自体は改まった言い方で,友人に対してこれを使うと,自分が非常に深く反省していることを伝える意味になる。
ほんとうにごめんなさい,貸していただいたお皿を2枚割ってしまったの。	Please accept my apologies, but I'm afraid I've broken two of the plates you lent me.
申し訳ないが,今月号に君の書いた記事は載せないことにしたよ。	I apologize for this, but I'm afraid I've had to cut your article from this month's newsletter.

怒らないでほしいんだけど、またタバコを吸い始めたんだ。

Don't get annoyed, but I've started smoking again.

- I hope you won't be/get annoyed [upset/angry], but...という言い方もよく見られる。

また君に宿題を送るのを忘れてしまって、ほんとにごめんね。

I forgot to send you our assignment again. I'm sorry—I have no excuse.

今日はすっぽかしてしまってゴメン！ 申し訳ない！

I'm so sorry I didn't turn up today—it was inexcusable.

- turn up = show up (come でもよい)

お友達のこと笑ってしまって悪かったわ。深く反省してます。

It was wrong of me to laugh at your friend today. I feel very bad about it.

- I feel bad about it. = I feel guilty about it.

授業でしぼられて気の毒だったね、悪いのは僕だよ。

Sorry you got into trouble in class—it was my fault.

- It was all [completely] my fault. とも言う。

さっきはごめん。僕の勘違いだった。	Sorry about earlier — my mistake.

- Sorry about earlier.=Sorry about what happened/what I did earlier.
- my mistake=it was my mistake |
| 週末の約束, なしにしていい? ゴメンね。 | do u mind if I cancel this wkend? sorry about that.

- wkend=weekend |
| ちょっと遅れるけどいいかな? 悪いけど。 | Is it ok if I'm a bit late? Sorry to be a nuisance.

- a nuisance: troublesome よりこのほうが普通に使われる。よりくだけた言い方は a pain (in the neck) (Sorry to be a pain)。 |
| 言いにくいけど, チケットをピックアップするの忘れちゃったんだ, ついうっかりして… | I hate to say this, but I forgot to pick up those tickets... totally slipped my mind...

- totally slipped my mind=It totally slipped my mind (i.e. I totally forgot) |

あまり言いたくないんだけど、きのうの夜ジョンと出くわしたらキャロルも一緒だったよ。

I hate to be the one to tell you this, but I bumped into John last night and he was with Carol.

● I hate to be the one to tell you this: 別の言い方としては、I hate to be the one to have to tell you this/I hate having to be the one to tell you this/I'm very sorry to be the one to tell you this など。

● より改まった言い方（友人同士ではあまり使わない）に、I regret to inform you that... がある（後の例を参照）。

8 友人への悪い知らせ

がっかりさせて悪いんだけど、10月にボストンへ引っ越さなきゃならないの。

You're going be disappointed when I say this, but I'm afraid I've got to move to Boston in October.

> ● You're going be disappointed when I say this = You're going be disappointed to hear this
> ● I've got が I have と同じ意味でよく使われるのと同様、I've got to も I have to の意味でよく使われる。

悪くとらないでほしいんだけど、休暇は君と一緒に行けなくなっちゃったんだ。

Please try not to get too upset, but I'm not going to be able to go on holiday with you after all.

せっかくご応募いただきましたが、残念ながら不合格となりました。

I regret to inform you that your application has not been successful.

> ● 上述のとおり I regret to inform you that は改まった言い方で、ビジネスメールなどには適しているが、友人同士ではあまり使わないことに注意。

参った、飛行機に乗り遅れちゃったよ。ほんとにゴメン！

I can't believe this! I missed my flight! I'm SO sorry!!

> ● I can't believe... 他人のとんでもない行為をあげつらうとき(I can't believe [that] he said that.)だけでなく、このように自分の失態を嘆くときにも使える。

9 謝ってきた友人への返事

宛先: sam@go-shun.co.jp
件名: RE: Sorry, can't make it

Sam,
Thanks for your message—I just got it. It would've been great to see you, but never mind—there's always a next time. Let me know when you're free and we'll sort something out.
Gill

サム,
メールありがとう。今受け取ったところよ。会えたらうれしいと思っていたんだけど, いいの, 気にしないで。また今度ね。ひまができたら教えてね, どこかで会おうよ。
ジル

この表現に注意！

▶ There's always a next time.: また今度ね, という決まり文句。
▶ sort something out＝make an arrangement (to meet)

▼無条件で謝罪を受け入れるとき

気にしなくていいよ。	Don't worry about it.

> ● 比較的改まった言い方には Don't mention it. と Not at all. の2つがある（この2つはお礼への返事にも使える）。このほか、くだけた言い方の例をいくつか以下に示す。

気に病むなよ！	No worries!
もう忘れよう。	Forget about it.

> ● セクション7には書かなかったが、この言い方もお礼への返事に使える。

どうってことないよ。	It's not a problem.
平気さ。	No probs.

> ● No probs.＝No problem.

気にしてないよ。	I really don't mind.
いいんだ、何でもないから。	It's ok. It doesn't matter at all.

> ● ok: 大文字だけ(OK)、小文字だけのどちらでも可。okay とも書く。セクション2参照。

だいじょうぶ。	It's fine.

謝ることはないよ。	**No need to apologize for it.** ● No need to...＝There's no need to...
謝らないでください，問題ないですから。	**Please don't apologize—it's not a problem.**
たいしたことじゃないから。	**It's really not a big deal.** ● It's not a big deal.＝It's not important./It doesn't matter.（big dealは「大ごと」の意味だが，Big deal!と単独で使うと，「へっ，それがどうした」という皮肉な言い方になる。So he lives in Beverly Hills. Big deal! 次の例も参照）

9 謝ってきた友人への返事

大げさに考えすぎだよ。

You're making a big deal out of nothing!

> ● この言い方は謝罪への受け答えだけでなく、つまらないことにこだわりすぎる相手をたしなめる場合にも使える。
> ● 「針小棒大に言う」は, make a mountain out of a molehill あるいは create a storm/tempest in a teacup など。

▼やや不満だが謝罪を受け入れるとき

謝罪を受け入れます。

I accept your apology.

> ● 一見すると無条件で謝罪を受け入れているようだが、友だちにあえてこうした改まった言い方をするのは、まだ多少わだかまりがあることを意味する。
> ● 少しトーンを和らげたい場合は、続けて Let's forget about it. あるいは Let's put it behind us. などと書けばよい。

当然よ！

So u should be!

> ● So u should be!=You should be sorry!「悪いと思っている」というメールの返事などに使う。許さない、という意思表示にも使える。

次からは気をつけてね。

Just be more careful next time.

> ● just を入れることでトーンが柔らかくなっている。

謝ってきた友人への返事

二度としないようにしてくれよ。

Just make sure it doesn't happen again!

● 別の言い方としては, Don't let it happen again./Make sure this is the last time. や次の例などがある。

もうするなよ。

You'd better not do it again.

間違いを自覚してくれてほっとしたよ。

I'm glad you realized.

● that 節は省略されているが, I'm glad you realized that your behavior was unacceptable. [that you upset me./that you did something wrong.] などを続けることができる。

今回は大目に見ておくよ。

Well, I guess I'll forgive you this time.

まあ大変な騒ぎになったけど, なんとか収まるんじゃないかな。

Yeah, well it did cause a lot of hassle, but I guess it'll work out.

● hassle(s)＝trouble
● It'll work out.: It は問題/騒ぎを指す。[The situation] works out/works itself out は, 問題が「うまく片づく」。

10 友人に情報・説明・案内を求める

宛先：charlie@go-shun.co.jp
件名：Help!

Hey Charlie! Help! The Tokyo train system is mind-boggling! I can never get anywhere without getting lost. Do you think you could help me out? Are there any good tourist books you could recommend?
Emily x

チャーリー，お願い助けて。東京の電車ってわかんなくって…いつも迷ってばかりなんだ。助けてくれる？ 旅行者向けのいいガイドブックはないかしら？
エミリー x

この表現に注意！

▶ mind-boggling＝very difficult to understand（場合によっては *very surprising* という意味にもなる）

PART2 友人へのメール 81

クララ，悪いけどこの間話してくれた美術館までの道順を送ってもらえないかな？	Hey Clara! Could you do me a favor and send me directions to that museum you were talking about?
トム，今度の宿題ぜんぜん理解できないや。いったい何のこと？	Tom—really don't understand the homework we were set. What's it all about?! ● really don't＝I really don't
ジミー，ちょっと助けて。東京にいるんだけど完全に迷っちゃったよ。	Jimmie! Please help me—i'm in the middle of Tokyo and totally lost! ●携帯メールのメッセージ。
次の宿題/仕事について情報を教えてください。	Please can you give me info on our next assignment? ● info＝information（厳密には省略の後にピリオドが必要）
この添付は何なの？ わけがわからないんだけど。	Hi! Can you explain the attachment to me please? I don't understand it at all!

10 友人に情報・説明・案内を求める

この電話使い方がわかんなくって。今度会ったら教えてくれる？	I don't get how to use this phone—can you show me next time we meet?

● I don't get＝I don't understand

助けて！ ちんぷんかんぷんだよ。＞＜	Help! It's going way over my head. ＞＜

● ＞＜は困惑した目を表す絵文字。

今晩の予定は？	What's the plan for tonight?
今夜演奏するバンドは誰？	So which band is it that's playing tonight?
君とボビーの仲はどうなの？	What's the story with you and Bobbie then?

● What's the story with… はゴシップを聞き出そうとする時の言い方。書き手は相手とボビーがつき合っている/けんかしたなどの噂を聞いて（あるいは察して），探りを入れている。

渋谷ってどんな感じなの？	Tell me—what goes on in Shibuya?

● go on＝happen（渋谷で何が起こっているか，すなわち渋谷はどんな街かを尋ねる言い方）

PART2 友人へのメール 83

| ラーメンのおいしいところ知ってますか？ | Can you tell me where's a good place to go for *rahmen*? |

● Can you recommend a good place for *rahmen*? でもいいが、やや硬い。

| 日本史について詳しく知りたいんだ。君に聞くといいって言われたんだけど。 | I really need to find out more about Japanese history—i've been told you're the one to ask. |

● you're the one [person] to ask＝you're a good person to ask

| 今晩着ていくものをどっちにしようか迷ってるの。アドバイスしてくれる？ | I'm in two minds about what to wear tonight—I need your advice! |

● I'm in [of] two minds about what to wear＝I can't decide what to wear

10 友人に情報・説明・案内を求める

11 友人に情報・説明・案内を伝える

宛先：	bill@go-shun.co.jp
件名：	Part-time Job

Hey! About that part-time job I was telling you about: first go to their website (http://www...) and fill out the registration form. You'll hear from them within a week or so. Then you'll probably be asked to go for an interview, so just take it from there! Good luck, and if you're unsure about anything ask me anytime.
Mike

どう，調子は。例のバイトの話だけど，ホームページ (http://www...) で登録フォームに書き込んで送信すれば，1週間くらいで返事が来ると思うよ。たぶんまず面接があって，あとは成り行きだね。がんばって！ わからないことがあったらいつでも聞いてよ。
マイク

この表現に注意!

▶ fill out（主に米）＝fill in（主に英）＝complete（よりあらたまった言い方），いずれも「必要事項を記入する」の意。なお，*fill up* というとまったく違う意味（満タンにする，など）になってしまうので注意。

▶ *Take it from there.* は慣用句で，「あとは臨機応変にやりなさい」ぐらいの意味。

▶ Ask me anytime.＝Don't hesitate to ask me.（このほうがより丁寧）

このホームページ (http://www...) を見れば知りたいことは全部載っているよ。

If you go onto this website (http://www...), you'll find everything you need to know.

- go (on)to this website＝access/visit this website: 同じ言い方に take/have a look at this website などもある。

簡単さ，その道をまっすぐ進んで突き当たりを右だよ。

It's simple! Just follow the road ahead and turn right at the end.

- 携帯電話でのメッセージ例。
- turn right/turn left: turn to the right/left が正しいのでは，と思いがちだが，ネイティブはむしろこの言い方をする。

この間話したお茶会は銀座で8月24日にあるんだって。日にちが近づいたら行き方を送るね。

The tea ceremony I was telling you about takes place on August 24 in Ginza. I'll send you directions nearer the time.

- take place は比較的あらたまった言い方。こうしたカジュアルなメッセージでは is で済ませることも多い。

迷っちゃった？XYZデパートを通り過ぎて最初の角を左に曲がって，2，3分いくと大きな交差点に出るから，そこを右に曲がって。僕のアパートは左手の並びで，パン屋と本屋の間だよ。ついたら6階に上がって。

Having probs? Walk past XYZ Department Store, take the first turning on the left, walk for 2 or 3 mins, and when you get to the main junction turn right. My apartment's on the left-hand side, between the bakery and the bookstore— 6th floor.

- これも携帯メールメッセージの例。
- Having probs?＝Are you having problems?
- mins＝minutes
- junction＝intersection

自動車教習所の件だけど，いいところを知ってるから電話番号教えてあげようか？

Driving lessons? I can give you the number of a good company if you like.

- Driving lessons?: この簡潔な疑問文で，さっとトピックを切り替えている。「それはそうと，この間のあの話ね」といった感じ。もちろん，driving lessonsといっただけで相手がピンときて理解してくれるような状況がなければ使えない。
- もっと長い言い方をするなら，As for (your question about) driving lessons,.../ In answer to your question about driving lessons,.../ On the question of driving lessons,.../ About driving lessons,...など。
- number＝phone number

明治維新？ まかせなさい！ 明日一緒にコーヒーでも飲もうよ，みっちり教えてあげるから。	The Meiji Restoration? You've asked the right person! Let's meet for coffee tomorrow and I'll tell you all about it. ● the right person: うってつけの人物。ここでは「明治維新について何でも知っている人」ぐらいの意味。
楽勝よ！ その話なら何でも私に聞いて！	Easy peasy! Ask me anything u like about it! ● Easy peasy.＝That's (a) very easy (question). もともとは幼児語だが，有名シェフのジェイミー・オリバーが料理番組などで使って，はやり言葉になった。
いいとも，詳しく説明してあげるよ。	okey dokes! I'll explain the whole story to you. ● okey doke(s)＝okey-dokey（主にイギリス英語で，OKの意。） ● the whole story＝everything that happened（full story とも言う）
ケータイのことなら，ジェフが詳しいから聞いてみたら？	If you wanna know about cell phones, Jeff's the one to ask. ● wanna: セクション4, p.47を参照 ● the one: セクション10, p.83を参照

その本を探してるんなら、新宿のXYZ書店がいいよ。場所を知らなかったら道順を送ってあげるよ。	If u wanna get that book, I suggest u go to XYZ bookstore in Shinjuku. I'll send u directions on how to get there if you don't know.
向こうに着いたら受付でサインして、あとは呼ばれるのを待つだけです。	When you get there just sign in at the reception and wait till your name's called. That's all you have to do!
チケット売り場は4階だからね。	To get a ticket you need to go to the 4th floor.
そちらの都合さえよければいくらでも状況を説明してあげるわよ。	As long as you have time I'm more than happy to explain the situation to you.
うーん、ちょっと複雑で説明しにくいけど、トライしてみるよ。	Hmm... it's a bit complicated, but I'll do my best to explain it to you.

いいかい，じゃあ話すよ。ちょっと長くなるけど…。

Right, are you listening? It's a long story...

> ● Are you listening?: これは普通なら会話で使う言い方だが，すでにお気づきのとおり，メールでは会話体をそのまま踏襲するケースが多い。Are you ready? もこんな場面でよく使われる。

妙な話と思うかもしれないけど，事情はこうなんだ。

I dunno if it'll make sense to you, but here goes anyway.

> ● dunno=don't know

「スタート」ボタンを押して，「コントロールパネル」をクリックし，「プリンタ設定」フォルダを開きます（たぶんダブルクリックが必要）。

Go to Start, click on Control Panel and then open the Printer Settings folder (you'll probably have to double click on it).

> ● このセクションの最初の例にも似ているが，go to はマウスを〜に動かしなさい，という意味でよく使われる。URL の場合は go onto とも言えるが，メニューバーの項目については go to しか使えない。
> ● 道順や指示を示すには「命令法」(imperative mood)が使われるが，この名称は(英和いずれも)誤解を招きやすい。上に示した例はいずれも命令というより「誘い」(Come in and take a seat. など)や「提案」(Have another cup of tea. など)に近いといえる。

12 友人への頼みごと

宛先： beth@go-shun.co.jp

件名： Arriving 5.30 tomorrow

Hello Beth! How's it going? I need to ask a big favor. If you're not too busy, would you be able to pick me up from the station tomorrow afternoon? My train gets in at half 5. I'd appreciate it so much!
Love Georgie

ハロー，ベス！ 元気？ 実はぜひ頼みたいことがあるの。明日の午後もし時間があったら，駅まで車で迎えに来てもらえないかな？ 列車は5時半に着く予定なの。恩に着るわ。
愛してる。ジョージー

この表現に注意！

- How's it going: セクション2, p.36 参照。
- get in (to Shinjuku Station)＝arrive (at Shinjuku Station)
- half 5＝half past five (5.30)
- Georgie は男子の名としている辞書を見かけるが，女子の場合も多いので注意。ここでは女子とみなした。

フレディー,帰りがけにちょっと買ってきてほしいものがあるんだけど,いいかしら。	Hi Freddie! I was wondering if you could do a bit of shopping for me on your way home. ● I was wondering [I wonder] if you could...頼み事をするときの丁寧な言い方。could のあとに possibly を付け加えるとさらに丁寧になる。
ジェームズ,この前話に出た本を貸してもらえないかな?	would you mind if i borrowed that book you were telling me about James? ● <u>Would</u> you mind if I <u>borrowed</u> と <u>Do</u> you mind if I <u>borrow</u> のニュアンスがどう違うかお分かりだろうか。前者のほうがより婉曲(遠慮がち)で,丁寧な感じになる。 ● なお例文の about の後には,厳密にいえばコンマが必要。
アリシア,ジョンに電話して遅れるって伝えてもらえないかな?	Alicia—could you poss call John 4 me + tell him i'm gonna B late? ● きちんと書くなら,Could you <u>possibly</u> call John <u>for</u> me <u>and</u> tell him I'm <u>going to be</u> late? (possibly が入っていることで丁寧さが増す)。

| URL を転送してくれる？ | **Send the URL on over, will you?** |

- Will you で始まる要請はぞんざいな感じを与える。ただし親しい友だち同士なら使っても問題はない。同じ will you でも、文頭に持ってくるよりこの例のように付加疑問文にするほうがやや印象が柔らぐ。
- とはいえ、教科書でよくあるように「してくれませんか」と訳すと丁寧すぎて、まったくニュアンスが間違っているので注意。
- over の前の on は特に必要ではなく、省略してもよい。
- over: セクション 3, p.40 とセクション 4, p.46 を参照。

| 早めに消えてもいいかな？ | **Would it be cool for me to leave a bit early?** |

- cool は本来の冷たいという意味に加えて、口語的には「OK」や「してもかまわない」、あるいは「かっこいい」「すげえ」などの意味にまで幅広く（しかし常に肯定的に）使われる。
- この例文では cool を all right と言い換えてもよい。Would it be [Is it] all right for me to...? は何か許可を求める時の普通の言い方。

12 友人への頼みごと

| 私が行っても構わないでしょう？ | You wouldn't mind me going, would you? |

- You wouldn't mind..., would you? 相手がノー（もちろん構いませんよ）と答えることをなかば見越したような言い方で, Would you mind に比べると有無を言わせない感じが漂う。
- 厳密には動名詞の前は所有代名詞(my)とすべきかもしれないが, やや古くさい感じがするので, 現代のネイティブスピーカーはあまり使わない。Would you mind <u>my</u> going?などという言い方はすたれていて, 代わりに<u>Would</u> you mind if I <u>went</u>?などが使われる（多少カジュアルに言うなら <u>Do</u> you mind if I <u>go</u>?)。

| やるひまが全然ないんだ。君がやってみたら？ | i really don't have time to deal with this. do you wanna give it a go? |

- give it a go = try to do it (i.e. try to deal with it)
- Do you want to...? 人に何かしてほしい時によく使われるインフォーマルな言い方。人を誘う時などにも使える (Do you want to go to the movies with me?)

今晩は9時からうちで見たいドキュメンタリー番組があるんだ、気を悪くしないでね。また別の晩に出かけようよ。

i really want to stay in and watch a documentary on TV at 9 tonight—that ok with you? we can always go out some other night.

- That OK with you?=Is that OK/all right with you?（いいだろ、と同意を求める一般的な言い方）似たようなフレーズに Do you have a problem with that? という言い方もあるが、こちらはやや挑戦的な響きがある。
- can/could always...は、「〜する手もあるさ」という言い方。（例：If the pizza joint is full, we can always eat at the sushi shop next door. ピザ屋がいっぱいだったら隣の寿司屋に行けばいいよ）

土曜日にクルマを貸していただけますか？

Please may I borrow your car this Saturday?

サマンサ、手間かけてほんと悪いんだけど、その写真こっちに送ってもらえないかな？

hey Samantha. could you do me a massive favor and send those photos over?

- massive favor=huge/great favor

| 今日の午後うちの子たちを預かっていただけると本当に助かるんですが。 | I'd be ever so grateful if you could look after my kids this afternoon. |

- ever so＝very/really
- look after＝take care of（ここでは子守をするの意）

| 今夜のテレビ映画、録画しておいてもらえると本当にうれしいんだけど。 | i'd really appreciate it if you could tape the film thats on tonight. |

- tape＝videotape
- thats＝that's（ここでアポストロフィを省略するのは正しくないが、カジュアルなメールではよくある）
- on＝on TV/showing on TV

| もう少し早く来てもらえますか？ | Would you be able to arrive a little earlier? |

| もしお差し支えなければ、息子も連れていってよろしいですか？絶対に騒いだりさせませんから。 | Hope I'm not asking too much, but could I possibly bring my son along? I promise he won't make a noise! |

- Hope I'm...＝I hope I'm...

| もしお手数でなければ、午後に発送していただけますか？ | If it's not too much trouble, could you send it this afternoon? |

たいへんだったらいいのよ，でも一緒に来ていただけるとほんとに助かるわ。	If it's an effort don't worry, but I'd really appreciate it if you could come with me.
できたらこれをやってもらえますか？	Can I ask you to do this for me?

13 頼みごとに応じる・断る

宛先: sunny@go-shun.co.jp
件名: RE: Books

Hello Sunny. I'll be able to pick those books up for you. Was going to the library today anyway, so it's not a hassle, no worries. Let me know when would be a good time to drop them off.
Love Angela

こんにちは、サニー。その本だったら私がとってきてあげる。どっちみち今日図書館に行くついでがあるから、気にしないでいいよ。いつ届けて欲しいか教えてね。
アンジェラ

この表現に注意！

▶ Was going…=I was going…（*I was going to the library today anyway* でも *I am going to…* でも特に問題はない）
▶ drop them off=deliver them (to you)

エリコ，今メール届いたよ。もちろんOKさ，今日の午後やるよ。

hi eriko — just got your message. That's fine. I'll do it this afternoon!

- just got...=I've just got/received...

いいわよ，サミー。今晩までにやればいいかしら？

Not a problem Sammie! If I do it by this evening will that be ok?

OK，今日はちょっと忙しいけど，今週中でどう？

OK—I'm a bit busy today, but perhaps later on in the week?

- but perhaps later (on) in the week?=... but would it be all right if I did it later in the week?

いいとも，いつ行きたい？

For sure—when do you want to go?

翻訳？ あまり自信ないけどやってみるよ。

Translation? I may not be very good but I'll give it a shot!

- I'll give it a shot!=I'll try! 別の言い方に I'll give it a try/go. などもある。

できる範囲でやってみるよ。

I'll see what I can do.

できるだけ行くようにするよ。

I'll do my best to be there.

いいとも,陽子。	Sure thing yoko!
約束はできないけど,トライしてみるよ。	can't promise anything, but I'll give it a go neway.

> ● can't promise＝I can't promise; neway＝anyway

明日なら都合よかったんだけど,今日はだめなのよ。	Tomorrow would've been fine but today's not possible I'm afraid.
悪いけどできないね。	No can do I'm afraid!

> ● No can do（正規の言い方ではないので注意）＝I can't do it

悪いけど,予定がつまってるんだ。	Sorry mate...I'm all booked up.

> ● I'm (all) booked up.＝My diary [schedule] is full./I'm completely tied up. とも言える。

今忙しくって。来月なら時間がとれるかも。	Really busy at the mo'—perhaps next month?

> ● Really busy at the mo'.＝I'm really busy at the moment. (mo の後のアポストロフィーは省略されることが多い)

子守は苦手なんだ…お役には立てないと思うよ。	**Babysitting's not a strong point of mine... dunno if I'd be of any help to u.** ● Babysitting is not a strong point of mine.＝I'm not good at babysitting.（あるいは I don't like babysitting.）；... is not one of my strong points.（または my strengths）とも言う。 ● dunno＝don't know
悪いけど答えはノーだね。	**Going to have to say no to you Ali—sorry about that.** ● Going to have to＝I'm going to have to (I have no choice but to)
とても時間に間に合わないと思うな。	**Just won't be able to make it in time I don't think.** ● think を否定文で使う時は，not は一般にthinkの前に来る。(I think he won't come[誤]→ I don't think he will come[正]) ● 同じ特徴を持つ動詞には believe, imagine, suppose, consider, regard などがある。 ● この例文をより標準的な言い方に直すと I don't think I will be able to make it in time. となるが，これを強調のため倒置する場合はどちらの句も否定形にする必要がある。

14 アドバイスを求める

宛先：jenny@go-shun.co.jp

件名：Advice, please

Dear Jenny,
How's it going? I'm having a dilemma and need ur help. I'm thinking of going abroad as an exchange student next yr, but money's a bit tight at the mo'. I know I'll be much better off financially if I decide not to go, but at the same time it's such a great opportunity and I don't want to let it pass me by. u took a year out while u were a student so thought u might be able to help me out with some advice. Could u give me any tips? It'd be great if u could.
KT x

ジェニー，
調子はどう？ ちょっと悩んでいることがあって，助けてほしいの。来年交換留学を考えてるんだけど，今ちょっと財政が厳しいのよ。行かないことにすればずいぶん楽なんだけど，せっかくのチャンスを逃すのも惜しいし。あなたも学生時代に1年間行ってたでしょ，だからいいアドバイスがもらえるんじゃないかと思って。何かヒントになることがあったら教えてくれない？ よろしくね。
KT x

この表現に注意！

▶ next yr＝next year
▶ Money's a bit tight at the mo'.＝I don't have much money at the moment.
▶ pass me by: そばをすり抜ける。
an opportunity *passes you by*＝you miss the opportunity
▶ take a year out＝take a year off

やあ、ジンボー、歴史のクラスをとるんだけど、どの参考書がいいか教えてくれないか？	hiya Jimbo, I need your advice on which reference books to get for the history course I'm taking. ● Hiya: セクション５, p.57 参照。
悩んでるんだ、クレアの申し出を受けるべきかどうか決心がつかなくて。どうしたらいい？	I'm being indecisive and can't make up my mind whether to accept Claire's offer... help! ● I'm being indecisive と I can't make up my mind は基本的に同じ意味。
赤か青か、どっちがいいと思う？	The red or the blue—what do u reck? ● ここでは red と blue は代名詞(赤/青のドレスやクルマなどを指すものと想像される)。 ● What do u reck?＝What do you reckon? Reckon は次の例のように think で置き換えることもできる。
来週ジョンとクリフのどっちのディナーパーティーに行こうか迷ってるんだ。どう思う？	I'm in two minds about which dinner party to go to next week, John's or Cliff's—what do u think? ● be in two minds: セクション10, p.83 参照。

2つのうちどちらを勧めますか?	## Which would you recommend out of the two?

- Which would you recommend out of the two?
  ＝Which of the two would you recommend?

いさかいをやめさせるにはどうするのが一番だろうね。	## What d'you think's the best way to settle the argument?

- What d'you think's...
  ＝What do you think is [would be]...

何か思いつかない？	## Any suggestions?
いいアイデアはないの？？	## Any recommendations??

●このように強調の意味で?や！を2つ重ねることがある。

あなたならどうしますか？	## What would you choose to do?

● What would you choose to do?＝What would you choose to do if you were me? [...if you were in my position?]（文法の教科書には if you were I と載っていても、ネイティブスピーカーの大多数はそうは言わない）

14 アドバイスを求める

私の身にもなってください。毎晩10時まで残業しろって言われたらどうしますか？	Put yourself in my position... what would you do if you were expected to stay in the office till 10 every night?
決心がつかないので助言してください。	Can you help me make up my mind?
自分ではどうしたらよいか判断がつかないので、アドバイスをいただけると大いに助かります。	Your advice would make a big difference as I really can't work out what to do. ● make a (big) difference:(大いに)役に立つ。
会社のクリスマスパーティーの幹事をすることになりました。ご意見やアドバイスは大歓迎です。	I've been put in charge of the office Christmas Party this year. Any suggestions or advice would be much appreciated. ● Any suggestions or advice would be...＝Any suggestions or advice (that) you might have would be...

助けてくれるだろ？

Surely you can help me out!

- Surely はこのように相手を説得する場面でよく使われる。相手への信頼をアピールして同意を求める言葉で，「だよね」「でしょ？」に近い。(「きっと助けてくれる」，ではニュアンスが違う)

こうした問題の扱いには慣れていらっしゃるので，ぜひアドバイスを伺いたいです。

I know you're good with these sorts of problems, so I really would appreciate your advice.

ねえ，考えてよ，私の立場ならどうする？

Come on ... if you were in my shoes?

- Come on にはいくつかの用法があるが，ここでは気のない相手にその気を出してもらう(アドバイスしてもらう)ための言い方。
- What would you do if you were in my shoes?
  =... if you were in my position?/... if you were me?

こんな時はどうしたらいいか悩みますね。何かぱっと思いつくことはありますか？	It's really hard to know what to do in a situation like this. Is there anything that springs to mind?

> ● Is there anything that springs to mind?: あまり深く考えずに、思いつくまま言ってください、という意味。come to mind も同じ意味に使える。(mind の前に your など所有格代名詞を付けるのは間違い。決まり文句なので何も付けず、spring to mind, come to mind などとするのが正しい)

最後通告を突きつけてやろうかと思ったんだけど、今になってみると決心がつかなくて。どうしたらいい？	I thought of giving him an ultimatum, but now I'm not so sure. What would you suggest?

> ● think of -ing＝consider -ing

これはどう処理するのが一番だと思う？	What would be the most ideal way to deal with this, do u think?

15 友人へのアドバイス/それとない示唆

宛先： bella@go-shun.co.jp

件名： Anna＋Greg's fight

Afternoon Bella!
Sorry to hear about the nasty position you've been put in. It's difficult when you get stuck between two people arguing. But I really don't think you should feel it's your job to sort out their problem. I think you should take a step back from the whole situation and tell them to talk directly to each other. Don't you think that'd be best? There's no point in getting too involved. Really hope it works out x x

こんにちは，ベラ！
かわいそうに，たいへんな目にあってるみたいね。2人の板挟みで身動きが取れないんでしょう。でも，あなたの問題じゃない，って割り切ったほうがいいんじゃないかな。少し距離を置いて，2人に直接話し合うように言うべきだと思うんだけど，どう？ あまり首を突っ込んではだめよ。うまく解決するよう祈ってるわ。xx

この表現に注意！

- ▶ Afternoon＝Good afternoon（同じく *morning, evening, night* についても good は省略できる）
- ▶ nasty は nice の反対語。

もしふところが厳しいんなら，夏にバイトなんかはどう？	If you're pushed for cash, how about getting a part-time job over the summer? ● be pushed for cash＝be short of money
じゃ，ディナーに招いたらどうかな。	What about having them round for dinner, then? ● have someone round for dinner ＝invite someone to your house for dinner ● then＝in that case
無視しちゃえば？	Why don't you just ignore him?
上司に相談したらいいんじゃないの？	Why not consult your supervisor about it? ● Why not...?＝Why don't you...?
ほんとに言葉を覚えたかったら，その国で暮らすのが一番だよ。	If u really want to learn a language u should spend time in a country where it's spoken.
正しいと思うことをしたらいいんじゃないですか？	I would say you should just do whatever feels right.
君に一番合ったことをしなさい。	Do what's best for you.

その申し出はぜひ受けたほうがいいと思うよ。	I say you should accept the proposal.

- I say you should…=In my opinion, you should…(I'd [I would] say you should ともいう。次の例を参照)

僕は断ったほうがいいと思うけど、結局は君が決めることだよ。	I'd say u should refuse, but at the end of the day its up to u.

- at the end of the day=in the end/when all is said and done
- its: 本来は s の前にアポストロフィーが必要。

結局判断するのは君なんだ。	Only you can make the decision in the end.
そういう状況なら、ぜひ医者に診てもらったほうがいいよ。	If that's the case, I really think you ought to go see the doctor.

- go see=go and/to see(and/to を省略してよいのは原形不定詞 go の後に限られる。したがって I went see…などとは言わない)
- the doctor: 論理的には <u>a</u> doctor が正しいのだが、ネイティブスピーカーの大半は慣用的に the を選ぶ。go to <u>the</u> bank, read <u>the</u> newspaper なども同様。

あまり騒ぎ立てないほうがいいよ、あいつはへそを曲げるだけだから。

I don't think you should make a fuss about it—you would only put his back up.

- put someone's back up＝annoy someone/make someone angry

ちょっとあぶないな。先生に詳しく説明して意見を聞いたほうがいいと思うよ。

That's a tricky situ! I suggest you explain it thoroughly to your teacher and see what she says.

- tricky situ＝difficult/problematic situation

うーん，むずかしいな。でも確かにいいチャンスだし，無駄にするのは惜しいね。

That's a tough one! It's a good opportunity though—it'd be a shame to waste it.

- That's a tough one!: 文脈がないとone が何を指すかは分からないが，相手からの質問を指しているとみてまず間違いない。
- though＝however（though をこの意味で使う場合は文頭には置けない。though は however よりくだけた言い方）
- It's a shame＝It's a pity/It's too bad（残念，という意味で，「恥ずかしい」ではない）

そのオファーなら乗らなきゃもったいないよ，OK しろよ！	It'd be a waste not to take the offer—go for it! ● a waste＝a wasted opportunity ● Go for it!: 相手を応援するときの言い方。「がんばれ」「やっちゃえ」「行け！」などに近い。
今やらないと，あとで後悔するかもしれないよ。	If you don't do it now you may regret it later.
迷いがあるなら，しないほうがいいかもね。	If u have doubts, maybe it's not meant to be. ● It's not meant to be. は，「そうならない運命にある」の意。
気にかかるのは，たぶん何かのお告げじゃないかしら。	If you're worried about it, perhaps that's a sign. ● perhaps that's a sign [that you shouldn't do it]: 相手に何かを思いとどまらせようとする遠回しな言い方。

16 友人へのよい知らせ

宛先: mark@go-shun.co.jp

件名: Good news

Mark,

I'm pleased to say that my wife's just had a baby. He was born yesterday evening and he's beautiful. We've named him David after his grandfather. You must come and visit soon—next weekend perhaps?

I hope all is well with you.

Chris

マーク,
お元気ですか？ 妻が昨夕出産したのでお知らせします。かわいい男の子です。名前はこの子の祖父と同じデビッドにしました。こんど遊びに来てください。来週の週末はどうですか？
クリス

この表現に注意！

▶ 「子供を産む」は *have a baby* というのが普通。*bear a child* や *give birth to a child* はフォーマルな場面でしか使わない言い方。

セリーナ, さっき医者に診てもらったけど, 順調に回復してるって言われたよ。

Dear Serena,
I've just been to see the doctor, who says I'm recovering fast.

ニック, 今度の週末のコンサート, チケット予約しといたからね。

Hello Nick! Just to let you know I've booked our concert tickets for next weekend!

- Just to let you know (that)...=(The purpose of) this (message) is to let you know (that)... 用件だけざっと伝える時の書き出しでよく使われる表現。次の例もその一種。

試験終わったよ。ぜんぜん問題なし。

Letting u know that my exams r over now + they all went fine.

- 厳密には+(and の意味)の後に *that* が入るのが正しい。あるいは *know* の後の *that* を省略してもよい。

マーサ, 心配かけたね。事故のあった列車には乗っていなかったから大丈夫だよ。

Hi Martha—thanks for your concern. Luckily I wasn't involved in the train crash.

アル，聞いて，雑誌の懸賞に応募したらカップル旅行が当たっちゃった！

No jokes Al—I've won a holiday for two just by entering a magazine competition!

- No jokes＝I'm not joking/This is not a joke（マジな話, …）

マイク，
実は娘が婚約したんだ。もううれしくって。

To Mike,
I'm pleased to tell you that my daughter's getting engaged! I'm very happy for her.

- I'm pleased to tell you/say that…＝I'm pleased to inform you that; ただし後の言い方は友人に使うには堅苦しい。*I am pleased to announce that* … も同じくやや硬い。

母がこのあいだ退院できたので、ほっとしてます。

My mother recently got out of the hospital, which is terrific.

- セクション18のメール全文例(p.128)にも出てくるが、イギリス英語ではhospitalの前の定冠詞を省略して「入院」の意味を持たせることができる (*He's in hospital*[入院中] vs. *He's in the hospital*[病院にいる])。ただしアメリカ英語ではこれを区別しない。
- terrific＝wonderful／fantastic／great／marvelous(よかった、大喜びだ)といった意。
- これに対し、*terrible* や *terrifying* は字面が似ているが「ひどい」「おぞましい」などの悪い意味になるので、混同しないこと。

ルーク、聞いてくれ、うちの親が誕生日にクルマ買ってくれたんだ。こんど乗りに来いよ！

Hey Luke! Guess what—my parents bought me a new car for my b'day, so you'll have to come for a spin soon!

- b'day＝birthday
- come／go for a spin＝come／go for a ride／drive

キャティ,
仕事見つかったよ！ あと数週間で晴れて社員だからね。やったー！

Katty,
I got the job!! I start in a few weeks. I'm so excited!

- 「あと数週間で」というと,日本人はつい *a few weeks later* とか *after* a few weeks と訳す傾向があるが,正しくはこの例のとおり *in* a few weeks であることに注意。

ロジャー, スー, 主人と私はこんど北のほうに新しく家を買いましたの。ぜひ泊まりに来てくださいませ。

Dear Roger and Sue,
My husband and I have bought a new house up north, so please come and stay sometime.

- up north＝in the north (of the country)(国の)北部に；ちなみに南部の場合は down south, 東部,西部の場合は out east/west という。

リズ, 信じられないかもしれないけど, この間読んだダイエット法ってほんとに効くのよ！ 1カ月で3キロ痩せたもの。

Liz, you'll never believe it, but the diet tip we read about actually works! I've lost 7 pounds in a month!

- tip は役に立つアドバイスのこと。
- 1ポンド＝454グラム(英語圏では重さの単位はポンドが一般的。ただしグラムやキロで書いても理解されなくはない)

ハリー, すごいぞ, この間リリースした俺のアルバムがもうヒットチャート1位に入ったんだ!	Harry, Listen to this: the latest album I released has gone straight to the top of the charts!

- Listen についてはセクション11, p.90参照。
- the charts: ヒットチャート。

| マーティン, 試験の結果が届いたよ。全部合格だ! | Hello Martin! I've just received my exam results and I passed them all! |

- 合格は pass an exam で, *succeed in an exam* とは言わない。不合格は *fail an exam* で, *fail in an exam* は標準英語ではない。

| クララ, 昇進したよ! もううれしくって。 | Clara, I've just been promoted and I'm sooo pleased!! |

- sooo: セクション2, p.34 を参照。

| クレア, 聞いてくれ, 秋に昇進するんだ! やったぞ! | Clare, guess what?! I'm going to be promoted in the fall! Woohooooo!! |

- Guess what?: いい知らせ(悪い知らせ)の前置きとしてよく使われる。
- fall=autumn
- Woohoo: 歓喜の叫び。この例では o を増やしてさらに強調している。

PART2 友人へのメール

16 友人へのよい知らせ

そうそう，クリスマスに子犬をプレゼントしてもらったわ，もううれしくて。メスで名前はティギーよ。こんど見に来て。じゃあね。E x

Oh yeah, I got a puppy for X'mas, which I'm really happy about! She's called Tiggi—you must come and see her sometime! Lol, E x

- Oh yeah: 話題を変える時の口語的な言い方。ふと何かを思い出した，というニュアンス。
- Lol=Lots of love(セクション1 p.31で示したように *laugh out loud*(笑)を意味する場合もあるが，ここでは「愛してる」の意)

ずっと探してたあのCD，ついに手に入れたよ！

U know the CD I've been searching for for ages—I've finally managed to get my hands on it!

- You know ... : *Do you remember...* に似た言い方。
- get/lay one's hands on: find/obtain something と同様だが，入手しにくいものを手に入れた，というニュアンスがある。

ねえ聞いて，宝くじを当てたんだ！

Get this—I won the lottery!!

- Get this.: 相手の注意を引く言い方。上記の *Listen to this./Guess what.* と同様。

17 友人からのよい知らせへの返事

宛先：tom@go-shun.co.jp
件名：Wedding Bells!!

Tom! I nearly fell off my seat when I heard the news! I can't believe you're getting married! I'm ever so happy for you. So when's the wedding? I hope I'm invited! Many, many congrats to you and Jane.
TomokoX

トム，知らせを受けて椅子から転げ落ちそうになったわ，あなたがもう結婚するなんて！ おめでとう。式はいつ？ 招待してくれるわよね。あなたとジェーンを心から祝福するわ。
トモコ x

この表現に注意！

▶ I nearly fell off my seat when...＝I was very surprised when...
▶ congrats＝congratulations

いやー，よくやったね。実にいい知らせだ。	Wow, well done! That's really good news.
昇進されたそうですね。僕も心から喜んでいます。	Great news about your promotion. I'm really happy for you.
婚約おめでとう。私もうれしいです。お二人が末永く幸せでいられますように。	Congratulations on your engagement. I'm delighted for both of you, and I wish you all the best for your future together.
それはよかったですね。いい知らせをありがとう。	Glad to hear it. Thanks very much for letting me know. ● Glad to＝I'm glad to

それは素晴らしい！ 5社から就職の誘いを受ける学生はそういないよ。でも、君なら当然だとは思うけどね。	What an achievement! I don't suppose many students get job offers from five major companies. But you deserve it, of course!
ほんとによくやったね。おめでとう。叔父さんも私もあなたを小さい頃から見てきたけど、そのあなたがもうお医者さんだなんて、時間の経つのは早いものね。あなたを誇りに思うわ。	You've done brilliantly. Congratulations. Your uncle and I have watched you grow up, and it makes us feel a little old (but very happy, of course) to know that you're now licensed to practice medicine! We're so proud of you.

● practice medicine＝work as a medical doctor（医業を営む）；cf. *practice law*（弁護士として働く）

やったね！ 僕もゴルフ歴は30年以上になるけど、まだホールインワンはないんだ。惜しいチャンスは1, 2度あったけどね。	Nice one! I've been playing golf for more than thirty years, and I've still never got a hole in one! I've come close a couple of times, though.

よかったじゃないの。あんなぐうたらとは別れたほうがいいのよ。今までよく我慢して一緒にいたわね。

Good one! So you're finally rid of the old slob! I don't know how you stood being married to him for so long.

- be rid of somebody/something＝be free of somebody/something（追っ払う、やっかい払いする）
- *slob*: 怠け者

1試合で3ゴール決めたんだって？すごいぞ、バンザーイ！

Three goals in one match?! Three cheers for you!

- *Three cheers for...* 日本なら万歳三唱だが、イギリスでは *Hip, hip, hooray!* と皆で続けて3回叫ぶ。

よくやったね。契約受注おめでとう！

Two thumbs up! I'm really glad to hear you won the contract.

- Two thumbs up!: 親指を上に立てた握りこぶしを前に突き出すのは、「いいぞ」というサイン。両手でやるとさらに意味が強調される。逆に親指を下に向けると「引っ込め、へたくそ」ぐらいの意味になる。
- ついでに *give something the thumbs up/down*（OKする/駄目出しする）という言い方も覚えておこう。(例: *Our application for planning permission has been given the thumbs up.* 建築許可申請が認められた)

ほんとかい？ ずっと抵抗していたあの連中が折れたなんて信じられないよ。まさか悪い冗談じゃないだろうね。	Is that for real!? It's difficult to believe they've finally agreed after all this time. You're not playing some cruel joke on me, are you?

> ● *Is that for real?* うっそー, ホント？ という驚きを示す言い方。以下の2つの例も同様（どちらもくだけた言い方）。

うそ！ トスカーナ10日間の旅が当たったって？ 調子よすぎるぞ，お前！	Are you kidding me!? You won a 10-day vacation in Tuscany for two? I hate you!

> ● *I hate you!* はこの場合「憎む」ではなく *I envy you.*（うらやましい）の意味。多少やっかみがこもっている。

まさか！ 冗談じゃないだろうな？	No way! This isn't some kind of joke, is it?

本当にいい知らせですね。まさにあなたにふさわしいと思います。	That's exceptionally good news. It couldn't have happened to a better person.

● It couldn't have happened to a better person.: この幸運にあなたほどふさわしい人はいない、の意。

土曜にうちに来るようアレックスを説得してくれてありがとう。あなたって頼りになるわ！	I was so pleased to hear that you persuaded Alex to join us on Saturday. Only you could've done that!
こんな大事なイベントで演奏する機会をもらえるなんて素晴らしいとは思いますが、まだ実感がわいてこないんです。	Well, it's certainly wonderful news that we've been asked to perform at such an important event, but I'm still finding it hard to believe that it has really happened!

18 友人に謝る

宛先： sue@go-shun.co.jp

件名： Call your mother

Hello Sue,
How are you? Hope well. I regret being the one to tell you this, but your grandmother has been taken ill and is in hospital. I wasn't told the details, but I think it's heart-related. Your mother wants you to call her asap. Really sorry—hope you'll be ok. I'm here if you need anything. Tess xx

こんにちは，スー。
調子はどうですか，元気よね？ ちょっと悪い知らせなんだけど，あなたのおばあちゃんが病気で入院しました。詳しいことは聞いていないんだけど，心臓が悪いみたい。すぐ電話するように，ってお母さんが言ってます。
心配だけど，気を確かにね。私に何かできることがあったら言ってください。テス xx

この表現に注意！

▶ Hope well.＝I hope you're well. または *How are you?* の後なら *Well, I hope.* とも言い換えられる。

本当に申し訳ないんだけど、今晩は行けなくなってしまった。仕事のあと会議があるのを忘れてたんだ。明日電話するから別の日を決めようよ。

I'm terribly sorry, but I'm afraid I won't be able to join you this evening after all: I'd forgotten about a meeting I have to attend after work. I'll call you tomorrow to fix up another time.

- fix up＝arrange

こんな知らせで悪いんだけれど、昨晩お宅に泥棒が入ったらしい。詳しくはもう少し事情を聞いてまた連絡するよ。せっかくの休暇中なのに気の毒だったね。

I'm very sorry to have to tell you this, but I've just heard that your house was broken into last night. I'll find out more and let you know what the situation is. Sorry to spoil your vacation with this news.

- セクション 16, p.117 で触れた *I'm pleased to inform you that...* と同じく、ここも *I regret to inform you that...* だと友人同士にしては硬すぎる。

悪い知らせで残念だけど、お祖父さんが今朝亡くなったよ。

I wish I didn't have to be the one to tell you this, but I'm afraid your grandfather passed away this morning.

| 信じられないかもしれないけれど、イベントは全部中止になったよ。 | You won't believe it, but the entire event's been cancelled. |

- event's been = event has been

| ねえ、聞いて。うちの主人たら新車をおシャカにしちゃったのよ！ | guess what's happened. my husband's written off our brand new car! |

- *Guess what's happened.*（あるいは単に *Guess what*）は、よい知らせと悪い知らせのどちらの前置きにも使える。
- write off a car: 車をぶつけて駄目にしてしまう、という意味のイギリス英語。なお、英米どちらにも共通した同様の言い回しとして、total を動詞で使う用法がある。(例：*This is the second car he has totaled this year!*)
- brand new: completely new

| 悪い知らせだ。ずばり言うと、妹さんが流産してしまったんだ。 | I have some bad news, I'm afraid. Not to beat around the bush, your sister's had a miscarriage. |

- beat around/about the bush: 遠回しに言う、の意。ずばり言おう、の意味では *To come straight to the point* という言い方もある。ただし「遠回しにせずにはっきり言うが」ということ自体すでに遠回しなので、いきなり本題に入るほうがよいかもしれない。
- your sister's had＝your sister has had

いい知らせではないが、いずれ耳に入ると思うので僕から伝えておこう。君の狙っていたポストにはデイヴィスが選ばれたよ。

You're not going to like this, but as you're going to hear it anyway I might as well let you know right away: the position you applied for has gone to Davies.

- a job *goes to somebody* というのは、その人物が仕事(役職)を得るという意味。

落ち着いて読んでくれ。あまりいい知らせではないんだ。

Try to stay calm, but I've got to tell you something you're not going to like to hear.

- have got to(セクション 8, p.74 参照)

あまりがっかりしないで読んでくれ。

Don't get too down about what I'm going to tell you.

- down＝upset/depressed

きっと君も頭にくると思うけど、ジョンソンの奴、君に問題があると社長に訴え出てるんだ。	You're going to hit the roof when you hear this! Johnson's made a formal complaint against you to the president.

> ● *hit the roof:* 漢文風にいえば「怒髪天を突く」、怒りが屋根を突き抜ける、激怒するの意味。*go through the roof* も同じ。どちらも「急激に増加する」の意味でも使われる。(例：*The price of oil has gone through the roof.* 石油が急騰した)

ゴメン、謝るよ。君のMDプレーヤー壊しちゃったんだ。	Apologies for what's coming next: I'm afraid I've broken your MD player.
これから言うことはあまりいい知らせじゃないので、そのつもりで読んでほしい。	I'm warning you in advance... you won't like this.
実は…	Be prepared...

聞きたくないとは思うけど、僕はハリエットとつき合い始めた。君と別れたいんだ。

You're gonna hate me for this, but I've started dating Harriet and I want to break up with you.

- dating＝going out with＝seeing（デートする, つき合う）
- break up with＝split up with（別れる）

言いにくいんだが、仕方がない。要するに、君にはチームを辞めてもらうことになったんだ。

If only this could be easier! I've no choice but to tell you, and I don't know how to put it more gently: you're going to be dropped from the team.

君はさぞ不快に思っているに違いない。僕に何かしてあげられればいいんだが。おそらく君自身が時間をかけて克服する以外ないだろう。

I know how awful you must feel, and I really wish there was something I could do to make you feel better. I'm afraid you're just going to have to try to get over it in your own time.

19 友人からの悪い知らせへの返事

宛先: chrissie@go-shun.co.jp

件名: My condolences

Dear Chrissie,
Thank you for your email. I was devastated to hear about your grandmother, and I hate to think how upset you must be. I know it won't be much help to you now, but I can tell you from experience that you will get over the grief eventually and be left with many pleasant memories. If you want a chat or a shoulder to cry on, you know I'm here.
Much love and hugs, Jane

クリシー,
メールありがとう。お祖母さまのこと、ほんとに残念だったわね。あなたがどんなに気落ちしてるかと思うと気の毒で。あまりなぐさめにならないかもしれないけど、私にも経験があるの。きっと悲しみは今に消えて、いい思い出だけが残ると思うわ。話したくなったり泣きたくなったらいつでも連絡してね。
じゃあね。愛してるよ。 ジェーン

この表現に注意!

▶ *devastated*:うちひしがれるの意

| 残念だったね、気持ちは察するよ。 | **I'm really sorry to hear that. I can imagine how you feel.** |

- 日本人は「気持ち」を feeling と訳しがちだが、たいていの場合これは正しくない。複数形の feelings を使うほうがまだ問題は少ないが(*I understand your feelings* など)、それよりも how you feel としたほうがよい。p.133 の例文も参照。

| たいへんだったね、同情するよ。 | **Must've been awful—I feel for you.** |

- Must've been...＝It must have been...
- I feel for you.: *I have sympathy for you.* と同じ。*I feel sorry for you.* の sorry を省略したもの、というわけではないが、実質的に同じ意味。

| 話を聞いてがく然とし、申し訳なく思っています。 | **I couldn't believe it when you told me. I was mortified.** |

- *be/feel mortified*: 自分がしたことを恥ずかしく思い、自分を責めさいなんでいる、という意味。何か意図しない結果を招いてしまって済まない、という場合に使える。

| 何と言っていいか, 言葉もありません。 | I don't know what to say. I'm speechless. |

- 2つの文は同じことの繰り返しだが, 言葉を失ってしまった時に間を持たせる表現なので, どちらも覚えておくとよい。

| 話を聞いてすごくショックだったよ。 | It was a real kick in the teeth when I heard! |

- *A kick in the teeth*: 文字どおりには, 前歯が折れるほど顔面を蹴られる, という感じだが, ニュアンスとしてはひどい扱いや裏切りによる精神的ダメージを指す。日本語で「ガーン」とか「ショック」という類のもの。

| あきらめちゃだめよ。きっと最後にはうまくいくから。 | Don't give up! I'm sure things will work out in the end. |

- work out: 成功する, なんとかなるの意。

気を落とすなよ！

Hang in there!

● つらいのはわかるがあきらめるな、しっかり持ちこたえろ、という時に使う口語的表現。より丁寧な言い方は *Don't give up.*

あんまり気にかけるなよ。この程度で済んでよかったじゃないか。

Don't worry about it too much. It could've been much worse.

忘れちゃえよ、たいしたことじゃないから。

Try to forget about it—it's not the end of the world.

● It's not the end of the world. は、気落ちした相手をなぐさめる時によく使われる表現。次の例も同様。

気を落ち着かせてね。人生もっとつらいことだってあるんだから。

Don't fret about it—there are worse things that can happen in life.

● fret=worry（心配する、落ち着かない様子を見せる）；*fret over something* という言い方もある。

聞いたよ、大変だったね。大丈夫？

Hey, just heard what happened —are you ok??

● just heard...＝I've just heard...

| 心中お察しいたします。 | **I offer my deepest sympathy.** |

● これはフォーマルな言い方で、友人同士ではまず使わない。*You have my deepest sympathy.* としたほうが多少柔らかい言い方になる。

| 風邪引いちゃったんですか？ お気の毒に。早くよくなってください。 | **I'm very sorry to hear you've picked up a cold. I hope you recover from it soon.** |

● pick up a cold＝catch a cold
● recover from a cold＝get over a cold

| くよくよするなよ。 | **Always look on the bright side of life!** |

●「いつも楽天的に考えなさい」という意味の決まり文句。of life は省略してもよい。*Every cloud has a silver lining.*（不運に見えても何かいいことはある）という言い回しもよく使われる。以下に同様の例文を2つ挙げる。

いつも笑顔でいてね。☺	Keep smiling, whatever happens ☺
ポジティブでいようよ。	Try to stay positive.
気晴らしに何かしてあげようか？	Is there anything I can do to make u feel better?
僕にできることがあったら遠慮なく言ってくれ。	Let me know if I can help in any way.

20 不満を伝える

宛先: dom@go-shun.co.jp

件名: University blues

Hello Dom,
How are you doing? I'm not too good to be honest, as work at university is really stressing me out. :(I like the subject but we get given way too much work and I can never keep up. My friends agree with me that the teaching is not good either, which is worrying since we have exams coming up soon. If I don't pass these exams, I will have to come back for re-sits in the summer, which would be a hell of a nuisance as I've already made plans to go away. Anyway I'm considering getting extra tutoring from another teacher, which will hopefully help.
I hope you're well and enjoying yourself.
Love Anna X

ドン,
元気でやってる? 私は正直ちょっと落ち込んでるの。大学の勉強がつらくて。:(教科の内容には興味があるんだけど,進むのが速すぎてついていけないのよ。教え方もあまりよくない,って友だちも言ってるわ。それにもうすぐ試験でしょ? 落第したら夏にもう一度受講するっきゃないけど,もう遊びに行く計画も立てちゃったし。で,別の先生にも個人指導してもらおうかと思ってるんだ。これでうまく行くといいけどね。
あなたも元気で楽しく過ごして。
じゃあね。
アンナ x

この表現に注意！

▶ good は口語で well の意味に用いられることが多い。
  例：A: How are you?
    B: I'm good.
▶ way too much＝far too much
▶ a hell of a ...：a great ... の口語的表現。a helluva ... と書かれることもある。

ストレスたまっちゃった──最近仕事がきつすぎるんだもの。☹

I'm so stressed — work's getting too much these days. ☹

> ● too much というのは，自分の能力や技量を超えていることを指す。単に「多すぎる」だけでなく，「難しすぎる」の意味もあることに注意。

遠距離通勤が毎日続いてうんざりだよ。考えただけで気が重い。

I'm completely fed up with commuting so far every day. Just thinking about it stresses me out.

> ● 嫌さ加減の表現に序列をつけると，be fed up with＝have had enough of＝be tired of（うんざりする）＜be sick of（嫌でげんなりする）＜be sick and tired of（我慢できないくらい嫌），となる。
> ● (something) *stresses you out*: （何かから）強いストレスを受けること。同様に，(something) *tires you out* は何かにぐったりさせられることを言う。

もうあの娘には我慢できないわ。生意気なんだもの！

I've had it up to here with her! She's so stuck-up!

- I've had it up to here with her!＝I'm sick and tired of her.（鬱積したものがのどまで出かかっている,爆発寸前,というニュアンス）
- *stuck-up*: つんとしてお高くとまっている, の意。*arrogant* に似た意味だが, より口語的。*snooty, snobbish* などとも言う。

いつも口論が絶えないの。ああいえばこういうんだから, あの人は。

We never resolve our arguments — it's a no-win situation with him.

- a no-win situation: どう転んでも勝ち目はない状態のこと。のれんに腕押し。

することは山積み, なのに時間がない！

So much to do, so little time!

- 省略せずに言えば, I have so much to do and so little time to do it in.

上司のぐちばっかり聞かされて、ほんといら立つのよ。もう気が狂いそう！

My boss is always complaining, and it's really getting on my nerves. I'm gonna go crazy soon!

- *(something) gets on your nerves*: いら立たされる。
- I'm going to go crazy.: *It's driving me crazy/mad*. とも言う。

悪いけど今はちょっと手伝えないな。6通も報告書を読んで明日の午後までに報告書を1通書かなきゃならないんだ。もう頭がいっぱいだよ。

I'm sorry, but I can't help you right now: I've got six reports to read and one to write by tomorrow afternoon. My head's going to explode!

子供の世話に家事にパートですごいプレッシャーを感じてるの。もう切れちゃいそう。

What with taking care of the kids and all the housework on top of my part-time job, I'm really feeling under pressure. I'm not sure I can handle it anymore.

- *what with* は理由（主にネガティブな理由）を列挙するときに使う言い回し。
- handle something＝cope with something

ジムは毎晩飲んで帰ってくるのよ。そろそろ我慢も限界だわ。

Jim comes home drunk almost every night. I don't think I can take it much longer.

- I can't take it.＝I can't put up with it.（我慢できない）。これと似た表現に *I can't stand it* があるが、こちらは *I hate it*（嫌いだ）の意味で使われることのほうが多い。

何かあるとすぐ私をこき使って手伝わせるくせに、私には何もしてくれないじゃない！もういや！

You're always expecting me to drop everything at a moment's notice to help you, but you never do anything for me! Enough is enough!

- *drop everything*: していることをすべて中断すること。
- *at a moment's notice*: 予告なく、準備の余裕も与えずに。at short notice に近いが、より口語的で切迫感も強い。
- *Enough is enough!*: もういい加減にやめろ、という意味でよく使われるフレーズ。

先月マリコとコウジと一緒に食事したとき，僕が君の分を立て替えたけど，まだ払ってもらってなかったよね。翌日返すって約束じゃなかったっけ。

I've just realized you still owe me your share for the dinner we had with Mariko and Koji last month. You promised to pay me back the next day!

確かに僕が悪い。でももう謝ったし，そう何度もむし返さなくてもいいじゃないか。いい加減にしてくれよ。

I know I was wrong, but I've already apologized, and it's unreasonable of you to keep bringing it up. Please stop it—it's upsetting me.

● bring something up: 話題に出すこと。

そうしつこく言われるといら立つんだよね。

It really gets to me when you keep nagging.

● something *gets to you*: 何かにかっとなる。to を省略しても同じ意味に使える。

実は、息子さんがいつも友だちと道路脇で夜遅くまでしゃべっていて、正直なところ迷惑しています。ご注意願えませんでしょうか。

I'm sorry to be so blunt, but your son's habit of chatting in the street with his friends till all hours is getting unbearable. Would you please do something about it?

● till all hours = until late at night

土曜のバーベキューを皆楽しみにしています。幹事を申し出ていただいて感謝していますが、もっとしっかりしていただけませんか？ 場所も時間も不明だし、何を持っていけばいいのかもわかりません。ちゃんと指示を出してもらわないと混乱するだけですから。

Everyone's looking forward to the BBQ on Saturday, and it was very kind of you to offer to organize it. But please do organize it—no one knows where they're supposed to go or when, or what they're supposed to bring! Please sort it out, or it'll be chaos!

2日間出かけるくらいいいじゃないか，何ぐちってるんだ？

I'll only be gone for two days. What's your problem?!

- be gone＝be away
- *What's your problem?* は相手の不合理をなじる時に使う言い方。「何すねてんだよ」という感じ。
- 似たような表現に *Do you have a problem with that?* という言い方がある。こちらは「どう,何か文句ある？」と有無を言わさず自分の意思を通してしまうごり押し型のフレーズ。

ああしろこうしろって，いちいちうるさいのよ。あー頭に来る！

I wish you wouldn't tell me what to do all the time. Can't you see it's irritating?

マイクから聞いたよ。まだオーストラリア行きのビザを申請してないんだって? どうしていつもぎりぎりまで何もしないんだ? みんなに世話を焼かせるのもいい加減にしろよ。ぼんやりしてちゃだめだぞ。

Mike tells me you still haven't applied for a visa to visit Australia. Why do you always leave everything to the last minute? It's unreasonable to make everyone else run around after you making sure you get things done. You should get your head out the clouds!

- leave things to the last minute: ぎりぎりまで放っておく。
- *run around after someone*: 誰かのために奔走する(させられる)。
- get your head out the clouds: 現実に戻れ, 夢見てるんじゃない, ぼんやりするな(have one's head in the clouds[夢想する]の逆)。

3 よく知らない人へのメール

Writing to someone you do not know

　Part 2 ではネイティブの友人同士のメールを主に見てきましたが,この章では日本人が外国のよく知らない相手にメールを出すさまざまなケースを想定して例文を編んでいます。実際にメールを書く際の参考としていただければ幸いです。

　旅先で出会った人に写真を送りたい。海外のホテルに忘れ物をしてしまった。外国のサイトでショッピングして届いた商品が頼んだものと違う。留学している子供のステイ先にごあいさつしたい…。よく知らない相手に英文メールを出す場合の事情はいろいろですが,一般にはどんな点に気をつけたらよいでしょうか。

　まず,相手の身になって考えてみましょう。もし知らない人から突然メールが来たら,あなたはどう反応するでしょうか。世の中には迷惑メールや怪しい勧誘メールが大量に飛び交っていますから,皆さんも件名や書き出しを見て迷惑メールかどうか判断しているはずです。

　大事なのは,相手に怪しいメールと思われない件名を書くことです。相手が一目で用件を把握で

きるよう, 件名はなるべく簡潔にすべきですが, 例えば Hello とか Request だけでは漠然としすぎていて, 迷惑メールと区別がつきません。相手になじみの深い名称や項目を書き加えて, 不特定多数のメールではないことを印象づけるのが効果的です（例：Question on E-Mail Writing Workshop）。

　また, 本文の書き出しで自分を手短に紹介することも必要です。変な勧誘ではないことを冒頭で理解させ, なるべく早く本題に入るようにします。和文の手紙でよく見られる紋切り型の長いあいさつや前置きは, 相手にとっては時間の無駄でしかありません。ばっさり切り捨てましょう。

1 初めての相手へのメール

まず自分がどういう者かを，最小限にしぼって知らせましょう。日本語で冒頭にくる〜様，〜御中などは，そのまま英語にしようとするといくつか落とし穴があるので注意が必要です。

宛先： patch@go-shun.co.jp

件名： Your patchwork quilt site

Hello.
I was surfing the Net looking for patchwork quilt sites, and happened to come across yours. I was amazed at your works. They are simply beautiful! They are so richly colored, and the design is at once unique and pragmatic. I was truly inspired.
Actually, I love making patchwork quilts myself, too, although I am not as talented as you are! I wish I could produce works like yours. By the way, I have my own Web page, too. The address is www.#####.ne.jp. Please drop by and take a look whenever you have time.
If it is all right with you, I would like

> to add a link to your site. Please let me know.
> Sincerely,
> Keiko Tamiya

こんにちは。
インターネットでパッチワークのサイトを探しているうちに、あなたのホームページにたどりつきました。すばらしい作品の数々にほんとうに驚きました。色彩が豊かな上に、デザインもユニークで実用性があり、とても参考になりました。
私も下手なパッチワークをやっていますが、いつかあなたのような作品を作れたらと思っています。私のホームページはwww.#####.ne.jp です。おはずかしいですが、一度のぞいてみてください。
それから、あなたのページへリンクを貼りたいのですが、よろしいでしょうか？ ご返事お待ちしています。
田宮敬子

この表現に注意！

- ▶I happened to come across your site の代わりに I found your site through a search engine でもよい。
- ▶be amazed at＝be amazed by
- ▶web page＝web site（*website* と1語でつづることもある）
- ▶(web) address＝URL
- ▶Please drop by my site.＝Please visit my site.

初めてお便りします。	Hello. I am writing to you for the first time.
XYZ 社に勤めている者です。	Dear Sirs: I am an employee of XYZ Co., Ltd.
大阪で証券会社の役員を務めている川野まゆみです。	Dear Mr. Steel, My name is Mayumi Kawano, and I am an executive at a securities firm in Osaka.

> - I am an executive at/of/in a securities firm.
>   =I am a securities company/ firm executive.

主婦で子供が2人います。主人は単身赴任でロサンゼルスにいます。	Hello. I am a housewife with two children. My husband is a company employee and is temporarily assigned to his firm's Los Angeles office.

> - He is temporarily assigned to...
>   =He is on temporary assignment at...

フリーターです。名前は伏せておきます。	Hi, I am a part-time worker. I wish to remain anonymous.

PART3 よく知らない人へのメール

1 初めての相手へのメール

引退して仙台に住んでいる者です。以前は乳製品の会社に勤めていました。

Allow me to introduce myself. I am a retiree living in Sendai. I used to be with a dairy company.

- I used to be with...
  =I used to work for...

東京でレストランを経営している小西泰三と申します。

My name is Taizo Konishi, and I run a restaurant in Tokyo.

- レストランの経営者がオーナーを兼ねている場合は，I own a restaurant. とも言える。

杉本和夫, 38歳, 現在無職です。

I'm Kazuo Sugimoto, 38 years old. I am currently unemployed.

- unemployed=out of work

先日貴社のHP-UX 1000ヘッドホンを買いましたが，改良してほしい点に気づいたのでお知らせします。

Hello. I purchased your HP-UX1000 headphones the other day, and I would like to report something that needs to be improved.

- needs to be improved
  =needs improving
  =is in need of improvement

| 貴番組を過去3年間楽しみにしてきた視聴者ですが、なぜ番組を打ち切られたのでしょうか。 | First of all, let me tell you how much I have enjoyed your show for the past three years. I'd really like to know why you have decided to cancel it. |

| 貴社の雑誌を購読している者ですが、5月1日号の記事についてお尋ねしたいことがあります。 | I am a subscriber to your magazine. I have a question about an article in the May 1 issue. |

| Imaginary Corporation 御中：はじめまして。貴社のインターネットサイトで何度も DVD を買っている者です。 | To Imaginary Corporation:
I have ordered DVDs via your website several times. |

- はじめまして：レターやeメールでは How do you do? は使わない。この言い方は相手と対面したときだけに限られる。
- ordered: bought あるいは purchased でも可。
- via＝through
- DVDs：複数形のsの前にアポストロフィーを打つ人が多いが（DVD's など）、これは正しくない。元来アポストロフィーは文字の省略を意味するもので、文字が省略されていない複数形や年代表記 (in the 1980s など) には適用しないのが正しい。

- 冒頭は Messrs. Imaginary Corporation: とする手もあるが、これには2つ問題点がある。
  (1) やや言い方が古めかしい。また、Messrs.は男性だけを指すので、男女平等の観点から好ましくないとの見方もある。ちなみに、Messrs.は Mister のフランス語複数形[Monsieur → Messieurs]を省略したもの。
  (2) 会社のオーナー名を冠した企業名（例えば Brown and Co.など）であれば Messrs. Brown and Co.としても不自然ではないが、この Imaginary Corporation の場合は人名が入っていないので違和感がある。
- 一般には、このように企業名を書かずに Dear Sir/Madam, で始めるほうが無難だろう。

ストレンジラブ博士：こんにちは。私はいつも先生の本を愛読していますが、新作を読んでとても感動したので、初めてお便りします。

Dear Dr. Strangelove,
I always enjoy reading your books, but I was particular impressed by your latest one and felt moved to write to you.

デビッド・ベッカム様
静岡の中学校でサッカーをやっている芦田タカシです。あなたのプレーをいつもテレビで見ています。

Dear Mr. Beckham,
My name is Takashi Ashida, and I play football at a middle school in Shizuoka, Japan. I often watch you playing on TV.

- 和文では書き出しが「デビッド・ベッカム様」でもまったく問題ないが,英語では Dear Mr. David Beckham とは言わない。Dear～という場合,Mr., Mrs.その他にはすぐ姓を続け,ファーストネームは挟まないのが原則。
- なお,ファーストネーム単独に Mr.や Mrs.などを付けること(Mr. David など)は間違いなので,気をつけてほしい(例外的に,King や Sir などの称号にはファーストネームだけを続ける)。
- middle school＝junior high school

PART3 よく知らない人へのメール

初めての相手へのメール

シドニー・マネジメント・カレッジ Admission係御中
私は貴校への入学を検討している者です。

To the Sydney Management College Admissions Officer:
I am considering applying for a place at your college.

> ● considering＝thinking of
> ● 入学して何を勉強したいかを書きたいときは以下を参考に：
> I am considering applying for a place to study ［イギリス英語ではread］ Economic Theory./
> I am considering applying for a place on the Economic Theory course./
> I am considering applying to study [read] Economic Theory at your college.

ワールドトラベル社御中
私は4月にカイロへの旅行を予約した者ですが、ピラミッドホテルから出ている観光ツアーについてお尋ねします。

World Travel
Dear Sir/Madam:
I am booked on one of your packages to Cairo in April, and I have a question about the sightseeing tour departing from the Pyramid Hotel.

AtoZマガジン編集部御中
Web版の7月14日付け記事"ラズベリー賞受賞者"についてお尋ねします。

AtoZ Magazine Editorial Department
Dear Sir/Madam:
I have a question about the July 14 web version article, *Raspberry Award Recipients*.

ウェブマスター殿 貴サイトをときどき訪れているカミラです。	Dear Webmaster, This is Camilla. I'm an occasional visitor to your site.
オークション・ドットコム御中 こんにちは。会員の菅原一雄（会員番号A-0511）です。	Auction.com Dear Sir/Madam, I am Kazuo Sugawara (membership number: A-0511).
英国大使館御中 愛知万博の英国パビリオンがとてもすばらしかったので、お便りします。	The British Embassy Dear Sir/Madam, I am writing to say how wonderful I thought the UK Pavilion at Expo 2005 Aichi was.

2 つきあいの浅い相手へのメール

まずは相手に自分を思い出してもらいましょう。

宛先：laurageorge@go-shun.co.jp

件名：Memories of Loch Ness

Dear Laura and George,
Perhaps you remember us? We're the Japanese couple (Ryosuke and Hanako Tashiro) who were on the bus tour to Loch Ness with you.
You were kind enough to take a photo of us at that time. It's a really good memento—thank you very much. I'm attaching a photo we took of you, but I'm afraid Nessie isn't in it!
We very much hope we'll be able to meet you again somewhere or other. Let's keep in touch.

ローラさん，ジョージさん，
私たちはこの間ネス湖へのバスツアーでご一緒した日本人の田代亮介と華子です。覚えておいてでしょうか。
その節は私たちの写真をとっていただき，ありがとうございました。ほんとうによい記念になりました。
その時とったお二人の写真を添付します（ネッシーは写ってい

ませんでした。残念)。
またどこかでお会いできることを祈っています。

この表現に注意！

▶英語では最後に *Let's keep in touch*（お互い連絡し合いましょう）と入れたほうが締まりがあり、よそよそしくならない。

先日メトロポリタン歌劇場のボックス席でご一緒した吉田貴夫と智江です。覚えておいででしょうか？

Perhaps you remember us? We shared a box with you the other day at the Metropolitan Opera House (Takao and Tomoe Yoshida).

去年静岡へ出張で見えたときに工場をご案内した高田はるかです。

This is Haruka Takada — I showed you around the factory when you came to Shizuoka on business last year.

- 少しでも知っている相手に英文レターやメールを出す場合には、冒頭で自分の名前を出すことはあまりない。差出人が誰かは、最後の署名を見ればわかるからだ。ただしこのセクションの例のように、ずっと音信のなかった相手に自分を思い出してもらう、というシチュエーションでは名乗ってもおかしくない。
- ただし名乗る場合は、対面で話すようなスタイル（I am Haruka Takada.）は間違いではないものの違和感がある。むしろ電話で話すようなスタイル（This is Haruka Takada. など）が適切で、後の例で出てくる My name is... などもよい。
- よく知っている相手なら、Haruka here. などとする手もある。全然知らない相手には、セクション1で見たように My name is... や I am... を使って自己紹介してもまったく差し支えない。

札幌のお宅でお隣に住んでいた重村達彦です。	I used to be your next-door neighbor in Sapporo — Tatsuhiko Shigemura. ● I used to be your next-door neighbor.＝I used to live next-door to you.＝I used to live in the house next to yours.＝We used to live next-door to each other.
東京オフィスのサッカー部で一緒にプレーしたことのある坂本一です。	Hajime Sakamoto here — we played together in the Tokyo office soccer team. ● Hajime Sakamoto here.：相手とある程度親しかった場合は、このようにカジュアルに電話で話すようなトーンがふさわしい。フォーマルな言い方だと、遠慮というよりは相手を遠ざけているように受け取られかねない。 ● in the soccer team＝on the soccer team
先月ダラスの学会のレセプションでお会いした矢島まさるです。	My name is Masaru Yajima. We met at the Dallas convention reception last month.

藤田裕子です。おととし息子の昌樹がリバーサイド中学でジェイソン君とクラスメートだったのですが、ご記憶ですか?

This is Yuko Fujita. My son Masaki was a classmate of Jason's at Riverside Junior High the year before last. Do you remember us?

- Junior High＝Junior High School
- the year before last＝two years ago (cf. 再来年：the year after next/in two years)

ソウルの焼肉店で先月お会いした平林友和です。その節は親切にどう注文したらよいか説明していただいてありがとうございました。

We met at a yakiniku restaurant in Seoul last month, and you very kindly explained to me how to order. My name's Tomokazu Hirabayashi.

トニー&シェリーご夫妻
このたびは私たちの娘のホームステイ受け入れ先になってくださるとのこと，ありがとうございます。浩子はこの夏イングランドへの語学留学をとても楽しみにしています。

Dear Tony and Cherie,
We have been informed that you have kindly agreed to accept our daughter into your family while she is studying in England this summer. We are very grateful to you for this, and Hiroko is very much looking forward to studying English in England.

- ご夫妻：あえて「ご夫妻」と言いたければ Mr. and Mrs.を使うしかないが，前述のとおりこれにファーストネームを続けることは通常しないので，Dear Mr. and Mrs."姓"とする。
- 受取人が英国人ならば，We have been told that you have kindly agreed to host our daughter on her homestay programme this summer.といった具合にイギリス式のスペルを(もちろんアメリカ人にはアメリカ英語のスペルを)使うのがより好ましいが，違いはそれほど大きくないのであまり気にしなくてもよい。

PART3 よく知らない人へのメール 167

こんにちは。福岡シンフォニーコーラスで第九を一緒に歌った丸岡勝治です。覚えていますか？ 香港でも歌っておられることと思います。	Hi. This is Katsuji Maruoka. Do you remember me? We sang Beethoven's Ninth together in the Fukuoka Symphony Chorus. I hope you are also singing in Hong Kong.
和歌山の高校で英語を教えていただいた沢田大輔です。	This is Daisuke Sawada. You taught me English when I was at [in] high school in Wakayama.
ベイエリア・リアルエステート ジョン・ソーヤー様 大日本商事サンフランシスコ支社の小山さんからのご紹介でお便りします。アパートを探しているのですが、力になっていただけないでしょうか。	Bay Area Real Estate Dear Mr. Sawyer, Mr. Koyama of Dai Nihon Shoji's San Francisco Branch gave me your contact details. I am looking for an apartment in San Francisco and am wondering if you can help me.

● 前述のとおり、Dear Mr. John Sawyer とは言わないように。Dear Mr.〜にファーストネームは付けない。

パンヨーロピアン大学 学生課御中
昨年9月に貴校に入学した山下宏一の父，宏泰と申します。息子がいつもたいへんお世話になっております。

Student Affairs Department, Pan-European University
Dear Sir/Madam,
My name is Hiroyasu Yamashita, the father of Hirokazu, who entered your university in September last year. Thank you for taking care of him.

- in September last year＝last September（last September のほうが簡略でよいが，書いた時点によって今年の9月か去年の9月かが不明になる恐れがある。たとえば11月か12月に書く場合は last September＝今年9月と受け取られかねないので注意）。

J. シンプソン先生
先月ニュージーランドを旅行中に先生に腹痛を治していただいた波多野武です。

Dear Dr. Simpson,
This is Takeshi Hatano. You took care of my stomachache while I was on holiday in New Zealand last month.

- Dr. のあとにも，すぐ姓が来る。ミドルネームやイニシャルも不要。
- 「治す」を cure と訳せる場合もあるが，cure は完治させるという意味合いが強いので，旅先で痛みを止めてくれた程度であれば「診ていただいた」というニュアンスに訳したほうがよい。
- You treated me for a stomachache I suffered while... という言い方もできる。

Ricoです。去年私のホームページをみてメールをくださったことを覚えておいででしょうか？	This is Rico. I wonder if you remember that you sent me a mail after looking at my homepage last year.
エステル・イグレシアス様 先月旅行でそちらの修道院を訪れた際には、親切に中を案内していただいてありがとうございました。	Dear Ms. Iglesias, Thank you very much for showing me inside your convent last month. I greatly appreciated your kindness.

- Dear Ms.～のあとのファーストネームはどうするか…もうおわかりだろう。
- showing me inside your convent よりも showing me <u>around</u> your convent のほうが自然。特に「中を」を強調する必要がなければ around のほうがよいだろう。

おととし渋谷の生け花教室に一緒に通った足立ひとみです。	This is Hitomi Adachi. We took Ikebana lessons together in Shibuya the year before last.

アーサー・デコ様
以前東京であなたの個展をお手伝いしたことのある者です。

Dear Mr. Deco,
I once helped out at one of your exhibitions in Tokyo.

● しつこいようだが、ここも Mr.のあとのファーストネームは不要。
● once：日本語だと「以前」で違和感はないが、英語ではわりと具体性を重んじるので、本来ならこのように漠然と以前（once）とするよりも、具体的に「何年」「何月」とか「何年前に」などと書いたほうが落ち着きがよい。

PART3 よく知らない人へのメール　171

2 つきあいの浅い相手へのメール

新潟地震の時ボランティアで一緒に清掃を手伝ったタクヤです。お元気ですか。

Takuya here. We worked together as volunteers after the Niigata earthquake to help clear up the mess. How're things?

あなたと同じカレッジを卒業した者です。

We graduated from the same college.

> ●あるいは I graduated from the same college as you. としてもよい。

フォルティ・タワーズ御中
去年の8月にそちらに宿泊した大竹健二です。今年もできれば同じローズルームに滞在したいのですが、7月28日は空いているでしょうか。

To the Manager, Fawlty Towers:
I stayed in the Rose Room at your hotel last August and would like to stay in the same room again this year if possible. Is it available on July 28?
Yours faithfully,
Kenji Otake

> ● Is it available/free....: it はもちろん Rose Room を指す。
> ●部屋を指定しない場合は, Are (there) any rooms available [free] on [for the night of] July 28?/Do you have any rooms available on July 28?/Do you have any vacancies on July 28? などの言い方ができる。

3 問い合わせ

話を切り出した後は，何を知りたいのかをはっきり伝えましょう。

宛先： abchotel@go-shun.co.jp

件名： Inquiry about missing watch

Dear Sir/Madam :
I spent the nights of May 20 and 21 at your hotel in room 1613. When I got back to Japan I noticed my watch was missing, and I think I must have left it in my room. It's a gold Maxtime watch with my name inscribed on the back.
If it has been handed in, I would be very grateful if you would send it to the address below, shipping charges payable on delivery. I look forward to hearing from you.
Ichiro Takashima

支配人殿
5月20日から22日まで貴ホテルの1613号室に滞在した高島一郎です。

日本に帰国してから腕時計がないことに気づきました。どうやら部屋に置き忘れたようです。メーカーはマックスタイム，色は金です。裏に私の名前が彫ってあります。
もし遺失物でフロントに届いていたら，お手数ですが受取人払いで下記まで送っていただけないでしょうか。よろしくお願いします。
ご返事をお待ちしています。

この表現に注意！

▶ Dear Sir/Madam の代わりに To the Manager としてもよい。

お尋ねしたいことがあります。	**I have a question.** ● この他にもいろいろな言い方がある。(I have an inquiry./There is something I would like to ask you about./I wonder if you could give me some information. など) ● こうした前置きで文章を切ってしまわず,すぐ質問を続けるほうがより自然。(I have a question <u>about</u>... / Could you give me some information <u>about</u>...)
ちょっと教えてほしいことがあるのでメールします。	**There's something I'd like you to help me with.** ● There's something I'd like you to tell me [explain to me]. としたほうが適切な場合もあるが,ここで「教えてほしい」を teach とするのは間違い。I need your help with [advice about] something. などとすべきだろう。 ● 「メールします」は英語では特に言う必要はないが,あえて言うなら I am writing to ask you if/about...など。
メールで失礼とは存じますが,ご教授ください。	**I probably should not be making this kind of request by e-mail, but I would be very grateful for your advice/help.** ● 前の例よりはやや堅苦しいが,英語(特にイギリス英語)ではこういう遠回しな言い方も珍しくない。

来月シンガポールを旅行する予定ですが、（シンガポール在住の）貴方のおすすめの観光スポットはありますか？

I am visiting Singapore next month and since you live there, I was wondering if you could give me some sightseeing recommendations.

- give me some sightseeing recommendations
  ＝recommend some tourist attractions [places to see]
  ＝tell me what I should see while I'm there

私がそちらに行く頃、何か特別なイベントやお祭りはあるでしょうか。

Will there be any special events or festivals around the time I visit?

地元の人がよくいく海鮮料理のレストランを紹介してください。

Could you recommend a seafood restaurant that the locals often go to?

- the locals：地元の人
- that the locals often go to＝where the locals often go
- レストランを紹介：この文脈でintroduce は使わない。introduce someone to seafood/to the pleasures of seafood などとは言えるが、introduce someone to a restaurant は不可。

ハワイ島のホエールウォッチングはどのツアーがおすすめですか。	Which tour would you recommend for whale-watching in Hawaii?

- whale-watching＝whale-spotting

先日インターネットでレンタカーを予約した者ですが（予約番号：RXX-XXX），グラスゴー営業所の所在地がわかる地図はないでしょうか。	I booked a car via the Internet the other day (booking reference: RXXXXXX). Could you provide me with a map to your Glasgow office?

- a map to your Glasgow office は a map showing where your Glasgow office is でも可。
- 「ないでしょうか」をそのまま英語で否定疑問文にしてしまうと，詰問しているように聞こえるので注意。

PART3 よく知らない人へのメール

カーナビのついたオートマチック車を手配してもらえないでしょうか。だめならキャンセルしたいのですが。

Would it be possible to have an automatic with a carnavigation system? If not, I'd like to cancel my booking.

空港からレンタカーでそちらのホテルまで行きますが、道順を教えてください。

I'm going to rent a car at the airport and drive to your hotel, so could you please send me directions?

- レンタカーは a rented [rental] car だが、I'm going to drive to your hotel in a rented car. は不自然に聞こえる。和文でレンタカーというと車を指すが、英文で rent-a-car というと車そのものではなくレンタカー業務を指すのが一般的。
- もちろん例文のように「車をレンタルする」という意味で rent a car という場合も多い。

そちらのホテルでは部屋にドライヤーはあるでしょうか。部屋でインターネットは使えますか。

Do your rooms have hairdryers? And do they have Internet access?

- Are your rooms equipped with hairdryers and Internet access? としてもよい。ホテルにメールしているので、わざわざ your hotel's (guest) rooms と書く必要はない。

9月のキャンペーン料金について教えてください。	I would be grateful if you could send me some information about the special rates for September.
そちらのホテルから国立美術館へは歩いて行けますか。スーパーマーケットかコンビニは近くにありますか。	Is it possible to walk from the hotel to the National Art Gallery? And are there any supermarkets or convenience stores nearby?
そちらのイリュージョン公演のチケット予約方法を教えてください。	How can I book tickets for the illusion show?
営業日と営業時間を教えてください。	Could you tell me what your business hours are?

- When are you open for business? も可。オフィスではなくショップやレストランの場合は business hours より opening hours のほうが適切。
- 英語では business hours を聞かれたら営業日についても答えるのが普通なので、「営業日」にあたる語は省いている。

ハリケーン被災者救援のための寄付/ボランティア活動に参加したいのですが、どこへ連絡したらよいか教えてください。

I would like to get involved in some kind of voluntary work for the victims of the hurricane or make a donation to help them. Can you tell me who I should contact about this?

しばらく仕事でそちらに滞在することになりましたが、腰痛持ちなので現地のよいお医者さんを紹介していただけないでしょうか。

I am going to be there for a while on business, but I have a problem with my back. Could you recommend a good doctor in the area?

- a problem with my back＝a back problem＝back pain
- Could you introduce me to a good doctor? としても不可ではないが、これだと自分をその医者のところへ連れていって引き合わせてほしい、あるいは医者への紹介状を書いてほしい、という特殊なニュアンスになってしまう。単に「教えてほしい」という程度なら introduce は避けたほうがよい。

娘の佐知子と先週から電話連絡がとれないので心配しています。大学には通っているでしょうか。来ていたらすぐ家に電話するよう伝えてくださいませんか。

I am concerned about my daughter, Sachiko, as I have been unable to contact her since last week. Is she coming to school? If so, could you possibly tell her to call home as soon as possible?

- I am concerned about＝I am worried about
- I have been unable to contact her 「電話連絡がとれない」は I have been unable to contact/get her <u>on the phone</u> としても間違いではないが、英文では下線部が蛇足。

そちらに入学を希望している者ですが、ホームページではわからなかったことがいくつかあるので教えてください。

I wish to apply to your school, but there are several points on your homepage that I am unsure about. I would be grateful if you could clarify them for me.

- …there are several points… I <u>do not understand</u> という言い方もできるが、これだと相手のホームページがわかりにくい、と批判しているように受け取られかねない。
- clarify them for me の代わりに explain them to me としてもよいが、後者はやや高飛車なニュアンスにとられる場合がある。

横浜のアマチュアオーケストラでチェロを弾いている者です。4月にボストンに転勤するので、そちらの市民オーケストラに入団を希望していますが、募集予定はありますか。

I play the cello in an amateur orchestra in Yokohama. I am moving to Boston in April and would very much like to join your orchestra. Do you have any plans to recruit new members?

- I am <u>being transferred to</u> Boston...と「転勤」を強調してもよいが、メールの趣旨にはあまり関係のない部分なので、I am moving to Boston とさらりと流したほうがスマート。
- 市民オーケストラ：Civic Orchestra としても無論よいが、受け取る側にとっては蛇足なので省略。

4 情報提供

伝えたい情報をあらかじめよく整理して簡潔に書きましょう。

宛先: john@go-shun.co.jp

件名: Your visit to Japan

John,

I'm really pleased to hear you're coming to Japan. You say you would like to experience things Japanese, so how does the idea of an *onsen* (hot spring bath) sound? There are separate baths for men and women, but it's a time-honored tradition in Japan for everyone to get into the bath naked together. The hot water revitalizes you, and it's full of minerals that are good for the body. Nothing is better than a cold beer afterwards, and if you stay in a Japanese-style *ryokan* (hotel), you can also enjoy a full-course traditional meal. To find out more, take a look at the following website I've just found—

> it gives an overview of *onsens* in English: www.onsen###.com/english/
> We haven't met yet, but I hope you'll be able to find time to visit me at home.
> Takuya Shimoyama

ジョンさん，
日本へ旅行にいらっしゃると聞いて喜んでいます。日本らしい風物を見たい，とのことですが，温泉はいかがでしょうか。男湯と女湯に分かれてみんな裸で入るのが日本古来のスタイルです。熱いお湯は疲れをとってくれますし，体によいミネラル分も含まれています。風呂あがりの冷たいビールも格別ですし，和風旅館ならフルコースの懐石料理も楽しめます。温泉を紹介した英語のWebサイト（www.onsen###.com/english/）を見つけたので，ご参考まで。
まだお会いしたことがありませんが，時間があったら拙宅にもぜひお立ち寄りください。
下山 拓也

この表現に注意！

▶「拙宅」は英語になりにくい。*Please drop by my humble home if you have time.* などということもできるが，あまり耳慣れない言い方だ。*My house is pretty shabby, but it would be a pleasure to welcome you nonetheless.* と付け加えるほうがよいかもしれない。

英語でも遠回しな言い方は丁寧さと受け取られるケースが多いが，これに対し自分を卑下するへりくだった言い方には抵抗感が大きいようだ。

メールアドレスが変わりました。新アドレスは###@###.com です。旧アドレスも来月末までは有効ですが、なるべく早めにアドレスブックを更新していただけるとうれしいです。

My email address has changed to ###@###.com. My old address will be valid until the end of next month, but if you could update your address book sooner rather than later, I'd appreciate it.

- My old address will be valid until...
  =My old address will still work until...
  =I will still be able to read messages sent to my old address until...

ブログを開設しましたので、よかったらお立ち寄りください（www.###.co.jp/###.html)。UFO との遭遇体験についていろいろと情報を交換しましょう。書き込みをお待ちしています。

I've set up a blog and hope you'll be interested in taking a look at it: www.###.co.jp/###.html. I look forward to reading your input and to exchanging lots of information about UFO encounters!

クリスマス・コンサートのお知らせです。12月15日午後7時からで、場所は中央ヒルズ教会です。プログラムと出演者は添付のチラシをご覧ください。地図もそちらに載っています。

Our Christmas Concert will be held at the Central Hills Chapel on December 15th at 7 p.m. For directions to the venue and information about the program and performers, please see the attached flier.

安藤広重展が来月の10日から国立美術センターで始まるそうです。浮世絵に興味があるとおっしゃっていたので、ご参考までにお知らせします。

I've heard there's an Ando Hiroshige exhibition starting on 10th of next month at the National Arts Center. You mentioned you were interested in *Ukiyoe*, so I thought I'd let you know.

> ●「〜そうです」を It seems that や Apparently などとすると、「この情報が確かかどうか私は知らないけれど」というニュアンスに受け取られてしまう。ついでながら、apparently は「明らかに」という意味では使わない。

英語で狂言をやっている友人が発表会を開くことになったので、よかったらいらっしゃいませんか。招待券が3枚余っているので、先着順で差し上げます。

A friend of mine is putting on a *Kyogen* play in English, and I have three free tickets to give away to anyone interested in coming along. First come, first served!

> ● First come, first served! だけでセンテンスを完結させるのはややくだけた言い方。「先着順ですよ！」といった感じ。
> ● より丁寧にいうなら I have three free tickets, which I will distribute on a first-come-first-served basis to those interested in attending.

兄の所属する大学ラグビー部が東京地区の決勝に勝ち残りました。日曜日はできるだけ多くの人に応援していただきたいので、ご案内を差し上げます。

The university rugby team my brother plays for has made it through to the finals in the Tokyo Tournament. I hope as many of you as possible will be able to come and cheer them on on Sunday, so here are the details:

> ● as many of you as possible:同じメッセージを複数の人に送っていることを意味する。
> ● cheer them on＝support them＝root for them

| 趣味で日本画をやっておりますが、このほど仲間と展覧会を開くことになりました。詳細は下記のとおりです。お誘い合わせのうえお越しください。 | I do Japanese painting as a hobby and am holding an exhibition along with the rest of my group. The details are shown below. Please do come along. |

| 島田さんご夫妻が5年間のシンガポール生活を終えて来週帰国されるそうです。みんなで集まって歓迎パーティーを開きませんか？ | Mr. and Mrs. Shimada are due to return from Singapore next week after living there for the past five years. Why don't we all get together and hold a welcome-back party for them? |

- 最後は How about putting on a party to welcome them back/home? としてもよい。

日本へいらっしゃるのなら、桜の季節がおすすめです。正月前後とお盆はどこもひどく混雑するので、できれば避けたほうがいいです。

If you would like to visit Japan, I suggest you come during the cherry blossom season. I think you should avoid the period around New Year and *obon* (mid August), since it's terribly crowded everywhere at those times.

伝統芸能に興味がおありでしたら、歌舞伎はいかがですか。色とりどりの衣装と踊りを見ているだけでも楽しいですし、イヤホンで通訳も聞けるので筋もわかります。

If you are interested in seeing a traditional show, may I suggest kabuki? Even if you don't understand what's going on, the colorful costumes and dancing are fun to see, but there are also earphones you can rent to get a running commentary on the plot.

- a traditional show: some traditional entertainment

浅草も人気スポットの1つです。気取りのない庶民的な町で、古い日本の風情が残っているからでしょう。

Asakusa is also a popular area, undoubtedly because it is an unpretentious haunt of the common man and retains the atmosphere of old Japan.

- a haunt of someone：よく訪れる場所。
- 「庶民的な町〜」はこのほか…, because it is an unassuming working-class neighborhood and/that retains... などとしてもよい。

スシはもう世界的に有名ですが、日本の寿司、それも回転しないやつをぜひ一度食べてみてください。びっくりするほど高いですけど。

Although *sushi* has become well known worldwide, I highly recommend you try it in Japan (but not the stuff that goes around on a conveyer belt). I'm afraid you'll be shocked by the prices, though!

日本一おいしい焼き鳥の店を知っていますから、日本へ来られる機会があったらご案内しますよ。

I know the best *yakitori* restaurant in Japan, so if you ever get the chance to visit I'll take you there.

● yakitori はいろいろな国で店が出ているのでそのまま使っても差し支えないが、やや説明的に barbecued chicken on sticks としてもよい。ただし yakitori restaurant のように簡潔な言い方ができないのが難点。

朝夕の電車は信じられないほど混むので、「通勤地獄」などと言われています。東京に来たら一度体験してみると面白いかもしれませんね。

The rush hour trains are unbelievably crowded, so we talk in terms of *commuting hell*. If you come to Tokyo, you might find it interesting to try them out.

カラオケは日本から世界に広がりましたが、人によって好き嫌いはあるようですね。あなたはどうですか。

Karaoke is something Japan gave to the world, but I suppose there are also quite a few people who don't like it. What about you?

ニンテンドー（テレビゲーム）やアニメなども、日本文化の一部といえるかもしれません。そのメッカが秋葉原です。

I suppose you could say that *anime* and video games like Nintendo are part of Japanese culture. The Mecca for this kind of thing is Akihabara.

昔はお見合いというのがあって、結婚相手を親同士が決めるのが当たり前だったようです。今は交際相手を自分で選ぶのが普通ですが、カジュアルな出会いの場を作る「合コン」などというのも開かれています。

In the past, it was normal for parents to arrange marriages for their children in a system called *omiai*. Nowadays, most people choose their own partners, but there are still things like *goukon*—small parties where prospective partners can get to know each other in a casual atmosphere.

5 お礼状

「楽しかった」，あるいは「プラスになった」ことを具体的に伝えましょう。

宛先： rohling@go-shun.co.jp

件名： Thank you so much for looking after Shuzo

Dear Ms Rohling,

I'm sorry not to have written before, but I wanted to say how grateful I am to you for having my son as a lodger in your home until last month. He is now back in Japan and has been telling us about the year he spent studying in America. He says that staying in your home gave him a taste of American family life, and that it was a wonderful experience. He tells us about all the kindness you showed him and that you once had to get angry with him! He's very sorry for any trouble he caused.

I don't know how to thank you for all the care you took of Shuzo. I doubt he properly expressed his gratitude to

you, but I am so glad he stayed with such a nice family. Thank you so much.
Please convey my thanks and very best wishes to your family.
Sincerely yours,
Kazuko Uchiyama

Elaine Rohling 様
はじめまして,内山修三の母です。息子は先月までお宅に間借りしていましたが,このほど1年間の留学生活を終えて帰国しました。話を聞くと,ローリングさんのお宅に滞在したことでアメリカの家庭生活の一端に触れることができ,とても楽しくよい経験になったようです。息子が何度も親切にしていただいたことや,一度ローリングさんに叱られて深く反省したことなども聞きました。それほど修三のことを心配してくださっていたのだと思うと,どうしてもお礼が言いたくなってしまいました。息子が感謝の気持ちをローリングさんにうまく伝えたかどうかは存じませんが,よい方にお世話になってほんとうによかったと私も喜んでいます。あらためて深くお礼申し上げます。これからもどうぞお元気でお過ごしください。
内山和子

この表現に注意！

▶ 「一端に触れる」という場合には動詞の touch は使わない。touch は具体的な物に触れることを指すからだ。

先週の土曜日はパーティーにお招きいただき、ありがとうございました。いろいろな方と知り合うことができ、とても楽しい時間を過ごすことができました。

Thank you very much for inviting me to your party last Saturday. I had a wonderful time, and it was a great pleasure getting to know everyone else there.

このたびは思いがけず素晴らしいギフトをお送りいただき、感激しています。

Thank you very much for your kind gift. I wasn't expecting it at all, so it was a wonderful surprise.

- kind gift の部分はもらった物の名称(例えばお花, チョコレートなど)を入れるとより心がこもった感じがする。

Thank you very much for the beautiful flowers/the delicious chocolates (you sent me). I wasn't expecting them at all, so they were... など。なお、この場合 kind は使わない(your kind flowers/chocolates とは言わない)ことに注意。

かわいらしいクリスマスカードありがとうございました。Eメールで失礼とは存じますが、カードを添付しますので、クリックしてご覧になってください。それではよいクリスマスを。

Thank you very much for the pretty Christmas card. Apologies for reciprocating by e-mail, but I am attaching a card herewith. Please click on it to have a look at it. Merry Christmas!

先ほどご本が届きました。出版おめでとうございます。まだ目を通しておりませんが、大変興味深い内容とお見受けしました。早く読みたいと楽しみにしています。

Congratulations on the publication of your new book. I have just received a copy of it. I haven't read it yet, but it looks extremely interesting. I'm looking forward to sitting down with it soon.

> ● sit down with a book＝read a book＝get into a book
> ● 英文では同じ言葉の繰り返しを嫌う。和文でも同じだ、と思われるかもしれないが、反復を嫌う程度は和文の比ではないことを知っておこう。ここでは read が重ならないよう2回目は言い方を変えている。

先日は旅先でふと思いついて立ち寄っただけだったのですが、楽しくてつい長居してしまい、そのうえ泊めていただくなど、ほんとうにお世話になりました。感謝の気持ちを込めてお酒をお送りしましたので、お受け取りください。

I was only thinking of dropping in for a quick chat while I was in the area the other day, but I ended up staying the whole night! Thank you very much for everything—I really enjoyed myself. As a token of my appreciation, I've sent you something to lubricate your throat. I hope you like it!

- お酒：種類を特定しないこうした言い方は英語になりにくく、しいていえば some alcohol などだが、やや不自然。
- something to lubricate your throat は「のどを潤すもの」と遠回しにお酒を指したユーモラスな言い方。some wine, some beer など、種類を特定して書いてもよい。

先週末はフィッシングに連れていってくださってありがとうございました。ヨットは不慣れなものですから、足手まといになったのではと心配ですが、私にとっては最高の一日でした。

Thank you very much for taking me fishing last weekend. It was a wonderful day for me, but having had no previous experience of sailing, I'm afraid I must have been a nuisance to you.

- I must have been a nuisance to you. は、ここでは I must have got in your way. としてもよい。

20日の山登り、楽しかったですね。

That was great fun we had climbing on 20th, wasn't it?

● That was...はこうした場合によく使われるインフォーマルな言い方(That was a great party [movie]./That was a wonderful dinner など)。

ブライド教授

教授にアメリカでご指導いただく機会を得て，娘（まり子）は多くを学ぶことができた，と申しております。実際，帰国した娘は私の目にも大きく成長したように見えます。本当にありがとうございました。

Dear Professor Bride:
Thank you very much for giving my daughter (Mariko) the opportunity to study in the U.S. She learned a lot while she was there and seemed to me to have grown up considerably when she returned to Japan.

- 本文中では「教授」への呼びかけは professor ではなく you とする。
- 和文では「娘のまり子」としても問題ないが，英文では蛇足を嫌うので，my daughter Mariko と言うよりも my daughter（両親の連名で出す手紙なら our daughter）または Mariko のいずれかを選ぶほうがよい。名前と続柄の両方を書く必要があるケースについては，セクション2と3にいくつか例を挙げているので参照のこと。
- grow と grow up の違いに注意（ここで単に grow とすると「太った」という意味になってしまう）。
- considerably＝a lot（同じ語が重ならないよう言い換えた）

オブライエン先生

息子がロンドンに着いてからしばらくは、アドバイザーのオブライエン先生に度々お手紙を出しては大介の様子を尋ねましたが、その都度丁寧なご返事をいただき、親として大変心強く感じました。あらためてお礼申し上げます。

Dear Mr. O'Brien:
After my son arrived in London I sent quite a few letters to you as his adviser to ask how he was doing. Each time, you were kind enough to send me a very full reply, which for me as a parent was very reassuring. Thank you again.

- これも上の例と同じく、本文中の「オブライエン先生」への呼びかけは you とする。先生は Mr. でよく、決して O'Brien Teacher とは言わない。
- how he was doing
  = how he was getting along

このたびは、娘のひとみがホームステイでたいへんお世話になり、ありがとうございました。ハックフォードさんご一家の暖かいおもてなしを受けて、ほんとうに楽しく充実した3週間だったと娘は申しております。

Thank you so much for looking after Hitomi so well on her homestay program. She says that thanks to your family's warm hospitality, she had a really enjoyable and rewarding three weeks.

先月はよいホテルを紹介してくださってありがとうございました。ロケーションが絶好で価格はリーズナブル、スタッフも親切で、旅を何倍も楽しむことができました。

Thank you very much for recommending such a good hotel to us last month. The location was perfect, the prices were reasonable, and the staff were very kind. This all made our trip much more enjoyable than it might otherwise have been.

> ● staff は基本的に不可算名詞(例外として複数の組織のスタッフを指す場合に staffs ということはある)。実態は複数の人からなっているので複数扱いとすることが多いが、集合的に単数扱いとすることも可能(この場合、動詞はwasになる)。

七面鳥のローストのレシピを送ってくださって，ありがとうございました。おかげでとてもおいしく出来上がり，お招きしたゲストの方々からも大好評でした！

Thank you very much for sending me your recipe for roast turkey. I used it for a dinner party, and it was very successful—it went down very well with my guests, at any rate!

> ● It went down very well with my guests.
> ＝It was very well received by my guests.
> ＝It got a very favorable reception among my guests.
> ＝It was very popular with my guests.
> なども可。

旅先(ローマ)で迷子になってしまった私たちの道案内をしていただき，誠にありがとうございました。一時はどうなることかとパニックに陥りそうになりましたが，お陰様でほんとうに助かりました。

Thank you very much indeed for giving us directions when we got lost in Rome. At one point we were close to panic, so we really appreciated your help.

> ●「旅先で」などの漠然とした言い方は和文だと都合よく使えるが，英文では不自然になる。この例ではなるべく具体的な地名を出すほうがよい。

旅先で体調を崩すのはとても残念で心細いことです。具合の悪くなった私にとても親切に接していただき，心から感謝申し上げます。無事帰国し，体調も快復に向かっております。

It's really a great shame to get sick when you're traveling, and it makes you feel so helpless, so I am really grateful for the kindness you showed me when it happened to me. I'm pleased to say that I got back to Japan without any problems and that I am now on the mend.

> ● I am on the mend.
> ＝I am recovering/getting better.
> ＝I am on the road to recovery.

旅先でのトラブルはよくあることですが，機転のきいたアドバイスのお陰で助かりました。ありがとうございました。

It's not unusual to run into problems when you're traveling, but thanks to your excellent advice mine were not as bad as they might have been. I'm very grateful to you.

困ったときはお互い様です。当然のことをしただけなのに，このような素敵なお品をお送りいただき恐縮しています。ありがとうございました。

It was very kind of you to send me such a lovely present, but you shouldn't have. Everyone has occasional problems, and I only did what anyone else would have done.

> ● You shouldn't have. で止めて後を省略する言い方は，贈り物をもらった時などによく使われる。

今回の旅行ではカメラが故障し、とても悔しい思いをしていたところ、ご親切にたくさんの写真をお送りいただき感激もひとしおです。ありがとうございました。

I was terribly upset that my camera wasn't working during the trip, so I'm all the more grateful to you for sending me so many photos. Thank you very much indeed.

● 悔しい：upsetの代わりにdisappointedとしてもよい。辞書を見るとregrettable, vexing, mortifyingなども出ているが、この文脈には合わない。

まさか交通事故に巻き込まれるなどとは予想もしていませんでした。(目撃者として)警察への事情説明を買って出ていただき,ほんとうに助かりました。

Being involved in a traffic accident was a great shock, and I really appreciate it that you took it upon yourself to act as a witness and explain to the police what had happened.

- まさか〜をそのまま英語にして I never expected to be/I never imagined I would be involved in a traffic accident. などと言うこともできなくはないが,これはむしろ思いがけずよいことが起きた時に使う言い方なので,ここではやや不適切。
- took it upon yourself to は volunteered to と言い換えることもできる。
- act as a witness and は省略してもよい。

今日本では小型犬のペットブームですが、ウィーンの街角で見かけたこのグレイハウンドは実に優雅で堂々としていました。思わずうっとりしてその姿をカメラに収めましたので、その写真をお送りします。

探していたチェアが滞在中に見つからずに諦めていましたが、見つけていただきありがとうございました。添付の写真を見たところ、まさに欲しかったスタイルのチェアです。早速、購入したいと思いますので、手続きの方法などご連絡ください。

Small dogs are really popular in Japan at the moment, but I was so fascinated by your truly elegant and dignified greyhound when I spotted him in the street in Vienna that I just had to take a photo of him. Please find a copy of the photo attached.

- small dogs：toy dogs とも言う。

Thank you very much for finding the kind of chair I was looking for. Not having found one while I was there, I had given up. The photo you sent showed just the style of chair I wanted, so I would like to purchase it right away. Please let me know how we should proceed from here.

6 クレーム

相手を一方的に非難するよりも、こちらが困っている様子を柔らかく伝えて対応を求めるほうがよいでしょう。もちろん場合によっては、き然とした書き方も必要です。

宛先： abcsociety@go-shun.co.jp

件名： Error in rickshaw article, May 11 newsletter

I enjoy reading your Society's newsletter every week, but I'm afraid there is a mistake in one of last week's articles. According to the article, the rickshaw was invented by Jonathan Scobie, an American missionary. This should read Jonathan Goble. However, some claim that it was actually invented by three Japanese, so it is impossible to state definitively that Goble was the inventor. You might like to consider publishing an erratum after examining the attached list of source materials.

こんにちは。
貴協会からのニュースレターを毎週楽しく読ませていただいて

いますが，先週号の記事に残念ながらひとつ間違いがあるようです。「人力車を最初に発明したのは米国人宣教師 Jonathan Scobie」と書かれていますが，正しい人物名は Jonathan Goble です。また，発明者は3人の日本人だとする説もあり，この米国人が発明者とは必ずしも言い切れないようです。参考文献リストを挙げておきますので，調査のうえ記事の訂正をご検討ください。
以上よろしくお願いいたします。

この表現に注意！

- ▶ According to the article, ...＝The article states that...（英語では間接話法を好む傾向があり，後者（直接話法）はやや幼稚と受け取られかねない）
- ▶ この米国人：ここで *this American* と書くとやや軽蔑したようなニュアンスになるので NG。
- ▶ You might like to... 柔らかく提案や要望を示すときによく使われるフレーズ。

貴サイトで3週間前に注文した商品（注文番号AQZ-210005）がまだ届いていません。急いでいるので航空便を指定したのですが，なかなか来ないので心配しています。配送状況を確認して至急ご連絡いただけますか？

The goods I ordered through your site three weeks ago (order no. AQZ-210005) still haven't arrived. I was in a hurry to get them, so I specified shipping by air and am now slightly concerned that I haven't received them. I would be grateful if you could check up on the delivery status and let me know as soon as possible.

- The goods I ordered through your site
  ＝The order I placed via your site
  後者は主語が単数なので，後に続く動詞も hasn't に変えること。実際は，単に goods（品物）というよりも何の商品かを書くほうが好ましい（the flowers/chocolates I ordered through your site など）。
- shipping by air＝delivery by air＝air freight
- delivery status＝shipping status

お送りいただいた書籍が昨日こちらに届きましたが、中には6冊しか入っていませんでした。全部で10冊お送りいただけると理解しておりましたが、間違っていたでしょうか、あるいは4冊は別便でお送りいただいたのでしょうか。確認のうえご連絡くださるようお願いいたします。

The books you sent me arrived yesterday. However, I was expecting 10, but there were only 6 in the package. Has there been some mistake, or have the other 4 been sent separately? I would be grateful if you would check up and let me know.

- check up = look into it

今朝そちらからソファーが届いたのですが、開けてみたところ注文したブルー（注文番号 SW-56980B）ではなく白でした。ご参考までに貴社からの注文確認メールを添付します。正しい商品と交換する手順をお知らせください。

I received a sofa from you this morning, but it was a different color from the one I ordered: my order was for a blue one (order no. SW-56980B — please refer to the attached order confirmation I received from you), but the one you have sent is white. Please let me know how you intend to rectify this error.

注文したブラウスがきのう届きましたが、サイズはSを指定したのにMになっています。正しい商品を送っていただけますか。注文番号はB386221Sです。

I ordered a size S blouse from you, but the one that was delivered yesterday was an M. Could you please send the correct size? The order number is B386221S.

- 「注文したブラウスがきのう届いた」をそのまま英語にすると The blouse I ordered from you arrived yesterday. だが、これだと「注文どおりの品が届いた」という意味になり、不適切。
- 和文では「注文したブラウス」といえば「注文した(はずの)ブラウス」といった意味にも解釈できるが、英語では字義通り解釈されるので注意が必要だ。
- an M＝a size M

つい先ほど注文確認のメール（ID#4692201）をいただきましたが、請求金額が違っているようです。このメールでは価格が52ドル、送料9ドルとなっていますが、貴社のウェブサイトによればこの商品は価格が45ドル、送料が6ドルのはずです。調査してご返事くださるようお願いします。

I've just received an order confirmation from you by e-mail (ID # 4692201), but the invoice seems to be for the wrong amount: $52+$9 for shipping. According to your website, it should be $45+$6 shipping. I would be grateful if you could check up on this for me.

きのう届いたティーセットを箱から出してみると、ポットのふちが欠けていました（写真を添付します）。まだ一度も使っていないので、すぐに新しい商品と交換していただきたいと思います。ご連絡をお待ちしています。

When I opened the tea set that was delivered yesterday, I found that the rim of the teapot was cracked (I'm attaching a photo). I hadn't used the set at all, so I would be grateful if you would replace it immediately. I look forward to hearing from you.

先日ご連絡したとおり、チャリティーバザールの準備の集まりを開きたいと思っています。開催日が迫っていますが、まだ準備会合の日程が調整できていません。至急ご都合のよい日をご返事いただけないでしょうか。

As I said last time I wrote, I would like to organize a meeting to discuss the arrangements for the charity bazaar. The date of the bazaar is fast approaching, and we haven't even drawn up a preparation schedule yet. Please let me know as soon as possible when it would be convenient for you to meet up.

- 「まだご都合のよい日時のご連絡をいただいていません」という意味でYou still haven't told me when it would be convenient for you. と書くと、相手を攻撃している感じになり、摩擦が起きやすい。
- クレームの場合は「私」の側を主体にしたり受動態を使うなどしてクッションを置くほうが無難。

2週間前に、商品（注文番号 AQZ-210005）が届いていないので調べてほしいとご連絡したのですが、まだご返事がなく、注文から1カ月以上経つのに商品も届いていません。このまま待っていても無意味なので、注文をキャンセルしたいと思います。

Re. order no. AQZ-210005:
I asked you two weeks ago to look into the nonarrival of my order, but I still haven't heard back from you. It's now more than a month since I ordered the goods. There would seem to be little point in waiting any longer, so I would like to cancel the order.

- since I ordered the goods＝since I placed my order（ただしこの例文では my order をすでに2回使っているので、それ以上の重複は避けたほうがよい）。
- 無意味：この文脈だと pointless は使えるが meaningless は不自然。

私のサイトへのリンクを設けていただいて，ありがとうございます。ただ，URLが一部間違っていて，リンクが無効になっているのに気づきました。正しくはwww.###.co.jpです。ついでの折りに修正していただければと思います。

Thank you very much for establishing a link to my site. However, I'm afraid part of the URL is wrong, so the link doesn't work! The correct URL is www.###.co.jp. I'd be very grateful if you could change it next time you have chance.

● next time you have chance: next time you have time でも不可ではないが，timeが重複するのは避けたい。at your next opportunity では堅苦しすぎる。

私がウェブサイトで公開している写真があなたのサイトで無断で掲載されていることに気づいたので、ご注意申し上げます。公開している写真は、商業目的以外であればご連絡をいただいた上で利用を許諾していますが、貴サイトは商業サイトであり、また私に無断で使用されているので、すぐ使用を中止してくださるようお願いします。

I've noticed that one of the photos displayed on my website is being used on your site without my permission. I'm happy to give permission for my photos to be used for non-commercial purposes, but your site is a commercial one and you are using the photo in question without asking my permission. Therefore, I would like you to remove it from your site immediately.

私のプロフィールをあなたのサイトでご紹介いただいていることはうれしいのですが，私のメールアドレスまで公開されているので，迷惑メールが増えることを懸念しています。すみませんがメールアドレスは速やかに削除していただけますか？

I am glad that my profile appears on your website, but I am worried that the inclusion of my e-mail address will increase the amount of junk mail I receive. I'm sorry to be a nuisance, but could you please remove my address as soon as possible?

- junk mail＝spam

貴社からの商品案内は不要です，とすでに意思表示しているのに，ひんぱんに製品紹介のメールが届いて困惑しています。メーリングリストから削除してくださるようお願いします。

As I have already told you, I do not wish to receive ads for your products, so I can't understand why you keep sending them. Please delete me from your mailing list.

- ads＝advertisements（adsの代わりに information about your products としてもよい。この場合後にくる them は it になる）
(注)：相手が詐欺まがいの場合もあるので，迷惑メールにはなるべく返事をしないほうがよい。やむをえず返事を出す場合は，自分の個人情報が漏れないよう注意。

昨日貴社から以下のような注文確認メールが来ましたが、私には注文した覚えがまったくありません。何かの間違いだと思いますので、注文はキャンセルしてください。

I received the order confirmation copied below from you yesterday. However, I have no memory of ordering anything from you, so there must be some mistake.

> ● 注文はキャンセルしてください：英語にするなら Please cancel the/my order. だが、注文していないものはキャンセルできない、という論理から、英語ではこの文は蛇足とみなされる。

そちらのウェブサイトで実施しているデザインコンテストに応募した者ですが、作品が規定に反するので失格との連絡を受けました。確かに他の人が作ったビジュアル素材を借りてはいますが、加工して新しい作品になるよう配慮しているので、規定には反しないと考えています。もう一度検討していただけないでしょうか。

I entered the design contest advertised on your website, and I have received a message saying that my entry has been disqualified because it breaks the contest rules. I admit that I borrowed somebody else's visual materials, but I don't think this breaks the rules as I took care to modify them to create an original design. I would greatly appreciate it if you would reconsider my entry.

注文したサプリメントが届きました。確か1つ買うとボーナスとしてもう1つおまけが付いてくると宣伝してありましたが、1つしか送られてきませんでした。何かの手違いでしょうか。ご連絡お待ちしています。

The supplement I ordered has arrived. However, your advertisement offered two for the price of one, and I have received only one. Is this a mistake? I look forward to hearing from you.

貴ホテル滞在中はスタッフと話が通じにくかったため，マネージャー様宛にメールをお送りします。ホテルの客室管理をもっと丁寧にお願いしたいと思います。部屋に置いてあるポットは故障していて，交換を頼んでも丸一日ほったらかしでした。室内の清掃もいい加減でした。これでほんとうに４つ星ホテルと言えるのでしょうか。

To the manager:
I found it difficult to communicate with your staff while I was staying at your hotel, so I am writing to you in the hope that you will do something about your hotel's inefficient housekeeping. The kettle in my room was broken, but my request for a replacement was ignored for a whole day. The cleanliness of the room also left much to be desired. This is not the sort of service one expects from a 4-star hotel.

11月4日発売予定の商品を予約した者ですが、事情で買うのをやめ、発売前に注文をキャンセルしました。キャンセル受付のメールももらっています。それなのに、きのう商品を発送したと連絡を受けました。そちらの手違いだと思うので、届いたら着払いで商品を返送します。ご連絡まで。

I placed an advance order for a product scheduled for release on November 4, but I canceled my order before that date and received a cancellation acknowledgment from you by e-mail. Nevertheless, I received a dispatch notice from you yesterday. This is your mistake, so when the product arrives I will return it, postage to be paid by you.

海外旅行中の両親のために、去る12月3日の午後8時にそちらのレストランのテーブルを予約した者です。結婚記念日なので良い席をお願いし、了解のメール（添付）も受け取っていました。ところが実際に両親が案内されたのは、キッチンの出入り口そばの狭くて落ち着かない席だったそうです。せっかくの記念日が台無しで非常に残念でした。

I booked a table at your restaurant on December 3rd (8 p.m.) for my parents, who were traveling in your country. As they were celebrating their wedding anniversary, I asked you to give them a good table, a request you acknowledged by e-mail (attached). According to my parents, however, the table you actually gave them was in a cramped and noisy space next to the kitchen door. They had really been looking forward to their anniversary, so it's a great pity it was ruined for them in this way.

木曜日に貴ホテル1Fのギフトショップでスカーフを購入しましたが、日本に帰って箱を開けてみたところ、中は空っぽでした。証明のしようがないので返金を要求するつもりはありませんが、貴ホテル内のギフトショップでの不祥事にたいへん後味の悪い思いをしたので、ご連絡しておきます。このことは旅行代理店にも伝えておきます。

Last Thursday, I bought a scarf at the first-floor gift shop in your hotel, but when I got back to Japan and opened the box I found it was empty. I have no proof of this and am not expecting a refund, but I feel compelled to tell you that the whole business has left a bad taste in my mouth. I will also pass this information on to my travel agent.

きのう貴店で買い物をしようとしましたが，どの店員も感じが悪く，購買意欲をすっかりそがれてしまいました。一緒に旅行していたグループの人たちも同感だと言っていました。マネージャーがご存じかどうか知りませんが，メールでお伝えします。

To the manager:
I wanted to make a purchase at your shop yesterday, but your staff's demeanor was so awful that it completely put me off buying anything. Everyone else in the group I was traveling with had the same impression. I don't know whether you are aware of this, but I think you should be.

- demeanor は態度や顔つきなどの「様子」を指す。
- 「メールでお伝えします」:和文ではさほど違和感のない言い方だが，英文で I'm letting you know by e-mail とすると蛇足と受け取られる。相手はメールを受け取っているのであえて「メールで」という必要はないからだ。
- ただし文頭で This (message/ mail/ letter) is to inform you that...という言い方は普通に行われる。

- これまでの例でおわかりと思うが，英文では，
  (1) **なるべく具体的に書く**
  (2) **1度書いた内容は繰り返さない**

  というのが鉄則。つまり，情報は必要以上でも必要以下でもいけない，ということだ。情報をリピートするのは和文では親切・丁寧と思われるのに対し，英文ではNGとされる場合が多い。
- その背景として，英語国民は自分の知性（インテリジェンス）に大いにプライドを持っている点が挙げられる。繰り返し説明を受けるのは子供扱いされているようで，彼らにとっては耐え難い屈辱となるのだ。
- これとは逆に，日本人はわかり切ったことを何度も説明されるのには慣れっこで，「老婆心」を出したり「蛇足」の情報を付け加えることに何の抵抗もない人が多い。そこでつい同じ感覚で英語国民とも接してしまいがちだが，そうすると相手に不快感を与えかねない。心してかかるべきである。

7 結びの言葉いろいろ

　日本語の結びの言葉を英語にした例と、ネイティブがよく使う結びのフレーズを挙げてみました。ご家族にもよろしく、と付け加えるとより親しみがこもった感じになります。

宛先： jack@go-shun.co.jp

件名： Golfing battles

Hi, Jack.
Thank you very much for the round of golf last month at the Mahimahi Golf Course. It was a great day. Thank you too for taking me to such a nice restaurant.
If you have another chance to visit Japan, do get in touch. I'll take you to my club for another battle! Both Masayo and I will practice like mad to make sure we give you a proper fight next time!
Please give my best regards to Kate.
Yours,
Suguru Kinoshita

ジャックさん，こんにちは。
先月ハワイのマヒマヒゴルフ場で一緒にラウンドさせていただいた木下です。
おかげさまでいい一日を過ごすことができました。いいレストランにも連れていっていただき，ありがとうございました。
日本へ来られるついでがあったら，ご連絡ください。私がメンバーになっているクラブで再戦しましょう。今度は家内（マサヨ）も私ももっと腕を磨いて接戦に持ちこみますよ。
ケイトさんにもよろしくお伝えください。
木下優

この表現に注意！

▶ another battle: *a re-match* でも可。

日本へ来られる際はぜひお立ち寄りください。

Do visit us if you come to Japan.

- Do visit us <u>when</u> you come to Japan という言い方もあるが、このif と when の違いは大きい。when は相手が必ず日本を訪れることがわかっている場合にしか使わないが、if は当面来日の予定がなくても使える。
- こうした誘いでは you must という言い方も可能で、You must visit us if you ever find yourself in Japan などと言える。次の例も参照。

今度一緒に食事に行きましょう。

We must get together for dinner soon.

- 食事：もちろん a meal とも言えるが，英文では lunch, dinner, breakfast など具体的に言うほうが自然に聞こえる。
- Let's go out for dinner soon. という言い方もできる。その後に together を付けても間違いではないが，Let's と言った時点ですでに「一緒に」のニュアンスが出ているので，蛇足気味になる。
- 「今度」を安易に next time とするのは要注意。this time ないし last time があってはじめて「次回」が成立するからだ。Let's go to that French place you were telling me about next time.（次回は君が話してたフランス料理の店に行ってみようか）といった場面では使えるが，日本語で「今度どこかへ行きましょう」のように「そのうち」「いつか」を意味する「今度」には next time は不適切。

近くに来られる際は，ぜひ前もってメールしてください。

Let me know by mail when you're going to be in the area.

- 「前もって」は英語なら in advance となるところだが，you're going to という言い方でそのニュアンスは明らかなので，省略したほうがよい。
- 「ぜひ」は強調の do で表せる。Do drop me a line to let me know when... (drop me a line＝write to me)

季節柄ご自愛ください。	**Take good care of yourself.** ●「季節柄」にあたる英語の決まり文句はないが，Take care を使えば相手の健康を気遣う気持ちは十分伝わる。
お体にお気を付けて。	**Look after yourself.**
お風邪を召さぬように。	**Make sure you wrap up warm.** ● Make sure (that)... = Be sure to... ● wrap up (warm[ly])は厚着するの意。日本語そのままの Take care not to catch (a) cold. は英語ではやや奇異な感じに受け取られる。「なぜ風邪に限定するのか？ 肺炎その他にも気を付けるべきだろう」，とすぐ突っ込みが入るのが英語圏の文化なのだ。そうした付け入る隙を与えないように書くことが相手から一目置かれる秘訣でもある。
いっそうのご活躍をお祈りしています。	**I wish you every success (in the future).** ●「お祈りしています」を I('ll) pray for your success. とすると宗教色が強いと受け取られ，相手が引いてしまう場合もあるので注意。

| 取り急ぎ用件のみにて失礼します。 | **I'll write more fully when I have time.** |

● もっと簡略には In haste, (改行して署名)と結ぶ方法もある。説明調にしたい場合は、I'm sorry not to have written more, but I have a lot on (my plate) at the moment. などとしてもよいだろう。

| 奥様/ご主人にもよろしくお伝えください。 | **Please give my (best) regards to your wife/husband.** |

● Please give my best wishes to... も使える(こちらのほうがややインフォーマル)。Say hello to... も同様。Please remember me to...はやや古めかしい。
● 相手のファーストネームがわかっていれば、なるべくそれを使った方がよい。

| とりあえずお知らせまで。 | **Well, that's the important point. I'll write again soon.** |

● point の代わりに news でもよい。

| 試験がんばってください。 | **Good luck with your exam(s)!** |

● 和文どおり Do your best in your exams とするとやや相手を見下しているように聞こえるので、この場合はあまりお勧めしない。

| どうぞご無事で楽しいご旅行を。 | **I hope you have a safe and enjoyable trip.** |

落ち着いたらメールください。	Write to me once you're settled in.

●この英文は相手の転居や転職後のメッセージに適した言い方。何かの出来事で多忙な相手を気遣う場合には Write to me when you have time/when everything has calmed down. とすればよい。

そろそろ仕事の時間なので失礼します。	Well, I'd better get down to some work.

●書き手が仕事場でメールを書いている場合を想定した英文だが、これから仕事に出かける場合には I'm afraid I've got to go to work now. などという。(I've got to＝I have to)

● I'd better get down to (some) work.: It's about time I got down to (some) work. という言い方でも可。

まとまりのない話ですみませんでした。	Sorry to ramble on.

●英語ではすぐ後に but... と説明を続けるのが普通。例えば ... but I hope you understand what I'm getting at. など。

| ご検討のうえ早急にご回答ください。 | I would appreciate a quick reply. |

> ● speedy reply もよく使われる。もちろん Please reply as soon as possible. としてもよい。
> ●「ご検討のうえ」は英語では蛇足になるが、しいて言う場合は I hope you will look into this and get back to me as soon as possible. などと言うことも可能。

| よいご返事をお待ちしています。 | I look forward to receiving a favorable response from you. |

- 典型的な英文メールの結びの文をいくつか列挙する。
  (I'm afraid) I've got to go.
  That's all for now.
  That's it for now, but I'll write again soon.
  I look forward to hearing from you.
  I'm looking forward to seeing you (again soon).
  Write back soon.
  Let's talk again soon.
  Please get back to me if there are any problems with the above.
  I hope to see you again before too long.
  I wish you every success in/with...など
- I look forward to と I'm looking forward to にほとんど差はない。
- 敬具, 草々, 敬白, かしこ, その他これに類するもの:
  Yours, Yours ever, All the best, Best wishes, Best regards, Sincerely, Lots of love...

8 ビジネス関連の通知

不特定多数へのお知らせは、なるべく簡潔にまとめましょう。人事異動のお知らせなどは、これに自分の決意や謝意を短く付け加える程度でよいでしょう。

宛先： friends@go-shun.co.jp

件名： My retirement from XYZ

Dear all,

I am sorry not to have been in touch for so long. I hope you are all well.

I retired from XYZ in March this year. Having worked for the same company for nearly 40 years, I found retiring a heart-wrenching experience, but I relish the time I now have to spend with my family and on my main hobby, growing bonsai trees.

Let me thank you again for all your support while I was at XYZ. I wish you every success in your endeavors and hope I will be able to see you again before too long.

Sincerely,
Kozo Masuda

皆様
ご無沙汰しておりますが、いかがお過ごしでしょうか。
私はこの 3 月、XYZ 社を定年退職いたしました。40 年近くも同じ会社に勤めてきましたので後ろ髪を引かれる思いでしたが、これからは時間に縛られず、思うまま趣味の盆栽を楽しみ、また家庭サービスにも努めたいと思っています。
在職中にいただいたご支援に改めて深く感謝するとともに、皆様のいっそうのご発展をお祈りいたします。
またお目にかかれることを願っています。
増田孝三

この表現に注意！

- 多数へ流すメッセージの冒頭は *Dear all* が最もシンプルだが、*To all my friends, To my dear friends, To my colleagues at XYZ* などの言い方でもよい。
- *I hope you are well.* はごく普通に使われるフレーズ。*I hope this (i.e. this message/this letter) finds you in good health / good spirits.* としてもよい。より和文に忠実な *How are you spending your time?* という言い方は、やや自然さに欠ける。*I hope you are enjoying life.* ならったく問題はない。
- nearly 40 years＝almost 40 years（いずれも 40 年弱を意味する。<u>about</u> 40 years とすると <u>more than</u> 40 years の場合も含まれてしまうので注意）
- the time I now have to spend... この have は *have time to do something* というフレーズの一部で、*have to (must)* の意味ではない。
- my main hobby: 欧米人にとって趣味が 1 つしかないのは恥ずべき事で、趣味はいくつもあるのが普通。my hobby とせずに main を加えた理由もそこにある。*What is your hobby?* と聞くのは「君には趣味が 1 つしかないんだろう」と決めてかかっているようなニュアンスがあり、やや侮辱しているように受け取られかねない。必ず *What are your hobbies?* と聞いてあげよう。

▶growing bonsai trees: *growing* も *trees* も省略して構わない。*bonsai* はすでに英語の語彙に含まれているのであえて説明しないでもよい。
▶英語で service という場合は基本的に有償のサービス業務を指すので,「家庭サービス」を *family service* と直訳しても通じにくい。通じたとしても「嫌々やる」というイメージがつきまとう。なお,英語の service には日本でいうサービス（おまけ）の意味はない。

4月1日から東京本社に転勤となり，張り切って仕事に打ち込んでいます。新しい部署と連絡先は以下のとおりです。

On April 1st I was transferred to the Tokyo Head Office, where I have thrown myself into my work. My new position and contact details are as follows:

● as follows：と書いた後はすぐ関連情報を提示すること。情報を署名の後に付記する場合は as below とする。

7月1日付けで製品開発部長に任命されました。早くも責任の重さを感じておりますが，引き続きご支援たまわりますようお願い申し上げます。

I am pleased to be able to tell you that I was made Head of the Product Development Department on 1st July. I am already feeling the heavy burden of responsibility, so I greatly look forward to your continued support.

9月からショータイム・テレビに転職することが決まりました。自分の力を試すチャンスなので，全力で新しい仕事にぶつかろうと思っています。これからもよろしくご指導のほどお願いいたします。

This is to inform you that I will be moving to Showtime Television in September. I think this new job will be a great opportunity to test my skills, so I want to give it all I have. I look forward to your continued support and guidance.

- 和文では「ご指導」としているが、英語で guidance とするとやや文章に締まりがないので support and guidance とした。むしろ support だけのほうが据わりがよい。

突然ですが、一身上の都合により今週で会社を退職することとなりました。在職中はたいへんお世話になり、深く感謝しております。

It's a rather sudden move, I know, but for personal reasons I will be leaving the company at the end of this week. I am extremely grateful to you for everything you have done for me over the years.

- It's a rather sudden move, but…：この言い方は、書き手自身にとっても突然のこと、という意味合いがある。前から決まっていたことだが相手への知らせが突然だ、というニュアンスなら、I am sorry not to have told you earlier, but…とするほうが適切。
- leave the company：受取人も同じ会社に勤めているのでなければ、会社名を明記するか quit/resign my job などの表現を用いるべきだろう。
- extremely grateful：deeply grateful と和文のように表現することも可能だが、一般的ではない。
- everything you have done for me のほうが all your help よりも受けた支援が大きいというニュアンスがある。

6月1日付けで所属が品質管理部から経営戦略室に変わりましたので、お知らせいたします。新しい電話番号と連絡先は下記のとおりです。メールアドレスは変わりません。

This is to inform you that I moved from the Quality Control Department to the Management Strategy Office on June 1. My new address and telephone number are as below, but my e-mail address remains unchanged.

貴社とのご連絡を担当しておりました木村亨が異動でシアトル勤務となり，代わって私が今後ご連絡にあたらせていただくことになりました。よろしくお願いいたします。

Toru Kimura is moving to Seattle to take up an appointment there, and I have been assigned to take over from him as the contact point for your company. I very much look forward to working with you.

> ● Toru Kimura：フルネームには Mr. を付けないほうが一般的だが，苗字だけの場合には Mr. を付けたほうがよい。
> ● 日本語の「さん」は敬称なので自分や身内には使わないが，英語の Mr. は単なる称号なので，場合によっては自分自身に対して使ってもおかしくない。実際，知らない相手にメールを出す時には，署名欄で自分の名前の後に (Mr.), (Ms.) などと書いてあげるほうが親切ともいえる。日本人の名前についてよく知らない外国人にも，自分のことをどう呼べばいいか迷わせないで済むからだ。

このたび本社を品川区に移転することになりました。11月14日から新オフィスで営業いたします。新しい住所と連絡先，メールアドレスは以下のとおりです。

Our Head Office is moving to Shinagawa-ku and will be open for business on November 14th. My contact details from that date will be as follows:

このほどメールアドレスを下記に変更しましたので、お手数ですがアドレス帳を更新してくださるようお願いいたします（当面は旧アドレスにお送りいただいたメールも受信できます）。	I have recently changed my e-mail address to the one printed below, so I would be grateful if you would update your address book. (I will still be able to receive messages sent to the old address for some time.)

- 「お手数ですが」は I would be grateful if you would...という表現ですでにカバーされているが、あえて言うなら I am sorry to be a nuisance, but..../I am sorry to trouble you, but...などとしてもよい。
- for some time：できれば具体的に until＋日付でいつまでかを示した方がベター。

弊社のホームページ（www.###.co.jp）を全面的にリニューアルしました。デザインを一新してナビゲーションが簡単になり、コンテンツも大幅に充実しています。	We are pleased to inform you that we have carried out a complete overhaul of our website (www.###.co.jp). We hope you will enjoy the refreshing new design and simplified navigation features as well as the greatly expanded content.

● 和文だとこうした場合「リニューアル」を使っても抵抗はないが、renewal を実施した、という言い方はそのまま英語にはなりにくい。例文のようにするか、renew を動詞として使うほうがしっくりくる。

ホームページアドレスを変更しましたので（www.###.co.jp）、ブックマークの更新をお願いします。旧アドレスにアクセスされた場合も、自動的に新アドレスに転送されます。

Please note that we have changed our homepage URL to www.###.co.jp. Even if you log on with the old URL, you will be automatically redirected to the new one, but you might like to bookmark our site anyway.

8月22日から29日まで出張で不在となります。メールは定期的にチェックしますが、ご返事が遅れる場合がありますのでご了承ください。

I will be away on business from August 22 thru 29. I will be checking my e-mails periodically, but please accept my apologies in advance if I keep you waiting for a reply.

2月14日まで2週間休暇をとりますが，不在の間は山本さやかが代理を務めます。

I will be on vacation for two weeks until 14th February, but Sayaka Yamamoto will be standing in for me while I am away.

年末年始は12月31日から1月4日まで休業します。

We will be closed for the New Year holiday from December 31 to January 4.

● New Year holiday という言い方は年末と年始の両方をカバーしている。

パンフレットの第一稿ができましたので、添付します。チェック・修正のうえ私宛にご返送ください。なお、C.C.で弊社の山口隆史にもお送りくださるようお願いします。

Please find the first draft of your pamphlet attached. I would be grateful if you would make any necessary amendments and return it to me. At the same time, could you possibly copy it to Takashi Yamaguchi?

- 「…ができましたので」は英語にすると蛇足気味だが、We have finished working on the first draft of your pamphlet. Please find it attached. とすることはできる。
- <u>your</u> pamphlet は、パンフレットの依頼主が受取人であることを示している。
- 山口隆史が誰かを相手がすでに知っていて、メールアドレスも連絡済みの場合、英文では「弊社の」はとってしまって構わない。

お送りいただいた図面を確かに受領いたしました。できるだけ急いで検討しますが、お返事は早くても来週となりますので、悪しからずご了承ください。

This is to acknowledge safe receipt of your drawing. We will discuss it as soon as possible, but I am afraid we will not be able to give you a reply until next week at the earliest.

お見積りをお願いしたい件がありますのでご連絡いたします。概要は下記のとおりです。できれば今週中に金額と納期のお見積りを教えていただければと思いますが,いかがでしょうか。	I would like a quote for the items listed below. Would it be possible to send one, specifying the delivery date, by the end of this week?

> ● quote＝quotation；これを動詞として使ってI would appreciate it if you would quote me for the items listed below.ということもできる。
> ●「見積り」は estimate とも言うが,こちらは金額が変動する可能性が高い場合に使う。どちらが適当かは見積対象が何かによる。
> ●この例では納期に触れているので物品と考えられるが,もしサービス業務についての見積りであれば,Please send me an estimate/a quote for the work summarized below. としてもよい。

見積書/請求書を添付しますので,ご査収ください。	I am attaching a quote/invoice for your attention.
見積のご依頼/お問い合わせ,ありがとうございます。	Thank you very much for your request for a quote/inquiry.

PART3 よく知らない人へのメール

お問い合わせの件については、社内で検討の上できるだけ速やかに回答させていただきますので、いましばらくお待ちください。

We will consider your request and get back to you as soon as possible.

- we を主語にしているので「社内で」はあえて英文では言う必要がない。
- 「今しばらくお待ちください」も冗長なのでカットすべきだが、but please give us a little time と付け加えても間違いではない。また、どれだけ待つかを具体的に書いたほうが英語としては自然。

あいにく今週は予定がいっぱいですが、来週の火曜にはお見積りをご連絡できると思います。

I am afraid we are completely tied up this week, but I think we will be able to send you a quote next Tuesday.

- 「予定がいっぱい」を My schedule is full. とするのは、相手から面会を求められた場合ならよいが、見積書の提出を求められているだけの場合は不適切。

ビジネス関連の通知

索　引

（注）日本語のあとに英語索引を掲載。

【あ】

空いている？ …………………56,171
愛読する ……………………………157
あきらめるな ………………………136
アクセスする ………………………243
足手まとい …………………………197
預かる …………………………………96
頭がいっぱい ………………………144
厚着する ……………………………230
集まり ………………………………213
後味の悪い …………………………223
アドバイザー ………………………200
アドレス ………………………………37
アドレス帳 …………………………242
アドレスブック ……………………184
アニメ ………………………………192
アマチュア …………………………181
ありがとう ………………………40,62
案内する …………………………163,190

【い】

いいアイデアはないの？ …………105
いい加減な …………………………220
いい加減にしてくれ ………………146
いいってことよ！ ……………………65
いいとも ………………………………88
言いにくいけど ………………………72
いくよ！ ………………………………40
遺失物 ………………………………173
医者に診てもらう ………………112,116
衣装 …………………………………189

板ばさみ ……………………………109
一身上の都合により ………………239
いったい何のこと？ …………………81
一端に触れる ………………………194
移転する ……………………………241
異動 …………………………………241
今忙しくって ………………………100
今メール届いたよ ……………………99
いら立つ ……………………………146
インターネット …………………176,177

【う】

浮世絵 ………………………………185
受取人払い …………………………173
うそ！ ………………………………126
打ち切る ……………………………156
うちひしがれる ……………………134
うっそー，ホント？ ………………126
訴える ………………………………132
うっとりする ………………………206
腕を磨く ……………………………227
うれしい ………………………………41
うんざりする ………………………142

【え】

営業時間 ……………………………178
営業所 ………………………………176
営業日 ………………………………178
MDプレーヤー ……………………132
遠慮せずに〜する ……………………67

【お】

- 応援する …………………………186
- 応募する …………………………218
- 大目に見ておくよ ………………79
- お体に気をつけて ………………230
- 置き忘れる ………………………173
- お元気ですか ………………37, 171
- 怒らないで …………………………71
- 教えて ………………………………75
- お知らせ …………………………185
- お互い様 …………………………203
- お高くとまっている ……………143
- 落ち込んでる ……………………141
- 落ち着かない様子を見せる …137
- 追っ払う …………………………125
- お手数ですが ……………………242
- お手数でなければ …………………96
- 踊り ………………………………189
- お盆 ………………………………188
- おまけ ……………………………219
- お見合い …………………………192
- おめでとう！ ………30, 123, 124
- 思いがけず ………………………195
- おもしろそうだね ………………42
- おもてなし ………………………200
- お礼を言う ………………………194
- 温泉 ………………………………183

【か】

- 会員 ………………………………160
- 会議 ………………………………129
- 解決する …………………………109
- 開催日 ……………………………213
- 懐石料理 …………………………183
- 開設 ………………………………184
- 海鮮料理 …………………………175
- 回答する …………………………233
- 回復する …………………………116
- 概要 ………………………………246
- 改良する …………………………155
- 買う ………………………………155
- 顔文字 ………………………………69
- 顔を出す ……………………………41
- 価格 …………………………201, 212
- 書き込み …………………………184
- 学生課 ……………………………168
- 確認メール ………………………210
- 家事 ………………………………144
- かしこ ……………………………233
- 風邪 ………………………………230
- 学会 ………………………………164
- がっかりする ……………………131
- かっとなる ………………………146
- 活躍 ………………………………230
- 家庭サービス ……………………237
- カーナビ …………………………177
- 歌舞伎 ……………………………189
- 我慢できない ………………143, 145
- カラオケ …………………………191
- 変わったことは？ ………………36
- 歓迎パーティー …………………187
- 観劇 …………………………………47
- 感激（する）………………195, 204
- 観光スポット ……………………175
- 幹事 …………………………106, 147
- 感じが悪い ………………………224
- 感謝します …………………………40
- 感謝の気持ち ………………194, 197
- 勘違い ………………………………72
- 感動する …………………………157

【き】

- 気が重い …………………………142

帰国する	173, 187, 194
記事	156, 208
季節柄	230
機転がきく	203
気にかけるなよ	137
気にしてないよ	76
気にしないで	75, 76
気に病むなよ！	76
記念	161
気の毒	129
寄付	179
ギフトショップ	223
希望する	180
客室管理	220
キャンセルする	41, 177, 214, 218, 221
休暇	49, 245
休業	245
教会	185
協会	207
狂言	186
教授	199
恐縮する	203
興味深い	196
許諾	216
気を落とすなよ！	137
気を悪くしないでね	95
銀婚式	45

【く】

くじを当てる	121
ぐちを言う	144
ぐったりさせられる	142
首を突っ込む	109
悔しい	204
くよくよするなよ	138
クリスマス	121

クリスマス・カード	196
クルーズ	45
グレイハウンド	206

【け】

経営する	155
経営戦略室	240
敬具	233
敬称	241
敬白	233
契約	125
結婚記念日	222
元気？	35
元気が出たよ	30
元気出せよ	30
懸賞	117
現地の	179
検討する	159, 245

【こ】

公演	178
後悔する	114
公開する	216
合格する	120
交換	220
交換（する）	184, 220
航空便	209
合コン	192
交際相手	192
更新する	184, 242
交通事故	205
購読（者）	156
口論	143
小型犬	206
こき使う	145
克服する	133
国立美術館	178

心細い	203
心待ちにする	42
ご査収ください	246
ご自愛ください	230
故障する［して］	204,220
個展	170
子供を産む	115
ご無沙汰	35,38
ご無沙汰だったね。どうしてた？	31
困ったとき	203
ごめん（なさい）	69,70
ゴルフ場	227
ゴルフをする	56
これからもよろしくご指導のほど	238
ご連絡ください	206
混雑する	188
コンテンツ	242
今度	229
コンビニ	178
婚約（させる）	117,123

【さ】

最後通告	108
在職中	236
財政が厳しい	103
サイト	153,209,215
削除する	217
桜の季節	188
避ける	188
差し支えなければ	96
誘い	90
さっきはごめん	72
察する	135
サプリメント	219
再来年	165
騒ぎ立てる	113
参加する	179
残業	106
参考までに	185

【し】

支援	236,238
次回	229
しかめっ面	69
至急	209
医業を営む	124
仕事で	179
仕事見つかったよ！	119
事情	129
地震	171
七面鳥	202
視聴者	156
実施する	218
実は	132
指定する	209
してみませんか？	49
支配人	172
地元の人	175
写真を送る	95
社長	132
充実した	200
就職	124
週末	72
宿泊する	171
出演者	185
出張	163,196,243
主婦	154
趣味	187
紹介状	179
紹介する	179,201
正月	188
商業目的	216

証券会社	154
詳細	187
上司	111, 144
昇進（する）	30, 120, 123
招待状	186
招待（する）	40, 45
商品	209
商品案内	217
情報	81
食事（に誘う）	229
書籍	210
所属	240
庶民的な町	189
処理する	108
知らせてくれてありがとう	123
知り合う	195
新作	157
新作映画	55
人事異動	235
信じられないかもしれないけど	119
申請する	149
心臓が悪い	128
心中お察しします	138
新年パーティー	45
心配かけたね	116
心配する［している］	137, 180
人力車	208

【す】

好き嫌い	191
筋	189
スシ	190
スタートボタンを押す	90
すっぽかす	71
ストレスを受ける	142
ずばり言うと	130
速やかに	247

【せ】

請求金額	212
請求書	246
製品	217
責任	238
絶対来てよ	57
拙宅	183
ぜひ	229
世話を焼かせる	149
先着順	186
宣伝	219
先約	41

【そ】

そういう状況なら	112
草々	233
相談する	111
送料	212
そちらはどうですか？	56
卒業するですか	171
それじゃまた	68

【た】

退院する	118
滞在する	179, 194, 220
大丈夫（?）	76, 137
退職する	239
体調を崩す	203
代理	244
宝くじ	121
助けて！	82
立て替える	146
楽しかった	193
ダブルクリック	90
誕生パーティー	40
単身赴任	154

【ち】

チェロ	181
近いうち	56
近くに	178
力を試す	238
着払い	221
チャリティバザール	213
中学(校)	158,165
中止	130
中断(する)	49,145
注文確認	212,218
注文する	165,209
注文番号	209,214
調査する	212
調子どう?	35,36,38
チラシ	185
ちんぷんかんぷんだよ	82

【つ】

通勤	142
通勤地獄	191
通訳	189
付き合う	133
都合のよい	213

【て】

提案	90
定期的に	243
ディナーに招く	111
定年退職	236
手順	210
でしょ?	107
手違い	219,221
デートする	133
手間をかける	95
店員	224
転勤する	181,238
転職する	238
転送する	93,243
伝統芸能	189
添付(する)	81,161
展覧会	187
電話する	42,180

【と】

どう?	36,50
どういたしまして	65,67
どうしたらいい?	108
どうしてる?	35,36
同情する	135
当然よ!	78
どうってことないよ	65,76
堂々とした	206
遠まわしに言う	131
ドキュメンタリー番組	95
どっちがいいと思う?	104
ドライヤー	177
とりあえずお知らせまで	231
取り急ぎ用件のみにて	231
泥棒	129

【な】

長居する	197
亡くなる	129
何してるの?	36
ナビゲーション	242
怠け者	125
何でもないさ	65,66,76
何でもやりますよ	66

【に】

日程	213
日本画	187

ニューイヤーパーティー	45
入院する	128
入院中で	118
ニュースはない？	36
ニュースレター	207
人気スポット	189
ニンテンドー（テレビゲーム）	192
任命する	238

【ね】

ねえ	107
ねえ，聞いて	130
年末年始	244

【の】

納期	246
乗った	43
飲みに行く	46

【は】

配送状況	209
発送する	96
ぱっと思いつく	108
発売予定	221
発表会	186
パーティー	42, 46
話せば長くなるけど	90
パニック	202
パビリオン	160
バーベキュー	42, 147
ハリケーン	179
ハロウィーンパーティー	47
番組	156
バンザーイ！	125
反省する	194
万博	160
パンフレット	245

【ひ】

引き続き	236
被災者	179
引っ越す	74
人に何かしてほしい時	94
品質管理	240
ピンチ	67

【ふ】

フィッシング	197
フィッシング（詐欺）	17
深く反省してます	71
腹痛	168
不合格になる	120
夫妻	187
不在	243
ふさわしい	127
無事に	203
部署	238
風情	189
部長	238
ブックマーク	243
不特定多数へのお知らせ	235
ふところが厳しい	111
不慣れ	197
ブラウス	211
クラスメート	165
ブランチ	55
フリーター	154
プレッシャー	144
ブログ	184
プロフィール	217

【へ】

平気さ	76
へそを曲げる	113

ペットブーム	206
別便で	210
返金	223
返事，待ってる	37
返送する	245

【ほ】

報告書	144
ホエールウォッチング	176
募集	181
ボックス席	163
ホームステイ	166,200
ホームページ	169,180,242
ホームページアドレス	243
ボランティア	171,179
ホールインワン	124
盆栽	236
本社	238
ぼんやりするな	149

【ま】

迷子	202
まいった！	74
前もって	229
まかせなさい！	88
間借り	194
巻き込まれる	205
まさか！	126
マジな話	117
また今度ね	75
まちどおしい	42
まとまりのない話	232
マネージャー	220
迷ってる	83,104

【み】

道案内	202
道順	177
道順（行き方）を送る	89
見積もり	246,247

【む】

無視する	111
無職	155
むずかしいな	113
無断で	216

【め】

迷惑する	147
迷惑メール	217
メーリングリスト	217
メール	229
メールアドレス	184,217,240
メールアドレスを変更する	242
メールありがとう	29,30,32
目を通す	196

【も】

申し出	112
申し訳ない	70
もうするなよ	79
目撃者	205
文字を使わない場合	56
もちろん行くよ！	57

【や】

焼き鳥	190
焼肉店	165
役員	154
役に立つ	106
痩せる	119
やったぞ！	119,120
山登り	198
辞める	133

bazaar	213
BBQ	42, 147
b'day	118
be amazed at	152, 153
be amazed by	153
be assigned to	241
beat around (about) the bush	131
be concerned about	180
be convenient for you	57
be due to	187
be fed up with	142
be free of somebody	125
be gone	148
be grateful for	203
be grateful to	203
be impressed by	157
be in a tight spot	67
be in stitches	31
be into	52
be in touch	235
be in two minds	105
be involved in	179, 205
be just a call away	67
be kind enough to	200
be mortified	135
be on for	43
be on the mend	203
be popular with	202
Be prepared	132
be pushed for cash	111
be rid of somebody	125
be short of money	111
Best regards	234
Best wishes	234
be supposed to	147
be there for someone	63
be thinking of	56
be tied up	246
be up for	42
black tie	39
blog	184
bonsai (trees)	235, 237
book	116, 159, 176, 222
bookmark	243
boss	144
box	163
brand new	130
breakfast	229
break into	129
break up with	133
bring something up	146
brunch	55
BTW	17
bud (dy)	61
bump (into)	73
business hours	178
Bye for now.	68
by mail	229
by the way	17

[C]

C (see)	55
call	180
cancel	41, 130, 156, 177, 221
cancel the order	214
can/could always	95
Can I ask you to	97
can't wait for	42
car navigation	177
catch (a) cold	138, 230
catch up	38
cell phone	88
change one's e-mail address	242

chaos	147
charity	213
Chat soon	52
check up	210, 212
cheer	186
Cheers 4 (for)	61
Cheers for the email.	32
cherry blossom season	188
chill	49
chill out	49
Christmas card	196
classmate	165
click	196
climbing	198
colorful	189
come across	152
come along	187
Come on	107
come over	46
come to mind	108
commercial purpose	216
commuting	142
commuting hell	191
competition	117
complain	144
complaint against	132
congrats	122
Congratulations!	30, 122, 123, 124
Congratulations on	196
considerably	199
consider -ing	108
consult	111
contact	179, 180
contact details	237, 241
contact point	241
content	242
continued support	238
contract	125
convenience store	178
convenient	213
convention	164
convey one's thanks	194
cool	34, 93
costume	189
Could you do me a favor?	81
Count me in!	43, 57
Course	40
crowded	188
cruel joke	126
cruise	45

【D】

dating	133
deal with	94, 108
Dear	30, 158
Dear all	235, 236
Dear Sir/Madam	157, 159, 160
delete	217
delivery by air	209
delivery date	246
delivery status	209
demeanor	224
depressed	131
detail	186, 187
devastated	134
dinner	229
directions	177, 202
disappointed	204
dispatch	221
display	216
divorce	30
donation	179
Don't fret about it.	137
Don't give up.	136, 137

Don't hesitate to	67	exhibition	170,187
Don't let me down!	57	explain A to B	180
Don't mention it.	65,76	Expo	160

Don't worry (about it). ·················65,76,137

do one's best ·················99
double click ·················90
do u mind if ·················72
down ·················131
Do you fancy ·················55
Do you mind if ·················92
drop a line ·················35,229
drop by ·················55,64
drop everything ·················145
drop in ·················55
drop in for a chat ·················197
drop...off ·················98
dunno ·················90,101
DVDs ·················156

[E]

earthquake ·················171
Easy peasy! ·················88
email (e-mail) address
·················184,217,240
empty ·················223
encounters ·················184
engage ·················117
engagement ·················123
enjoy -ing ·················61,207
Enough is enough! ·················145
entry ·················218
estimate ·················246
ever so ·················96
Everything all right? ·················38
exchange ·················184
executive ·················154

[F]

fail an exam ·················120
fall ·················120
Fancy joining us ·················46
fascinate ·················206
favorable response ·················233
Feel like -ing? ·················49
fill in ·················85
fill out ·················85
fill up ·················85
final ·················186
First come, first served ·················186
first draft ·················244
fishing ·················197
fix up ·················129
flier ·················185
for a catch up ·················53
Forget about it. ·················76
for some time ·················240
For sure ·················99
for the fist time ·················154
4 2moro (for tomorrow) ·················41
4 U (for you) ·················61
For you it's nothing. ·················66
for your information ·················17
4 (four)-star hotel ·················220
fret ·················137
FYI ·················17

[G]

gathering ·················57
get annoyed ·················71
getaway ·················49

get down to	232
get in	91
get in touch (with)	32, 37, 67, 226
get job	124
get married	122
get out of the hospital	118
get over	133, 134
get stuck	108
Get this	121
get-together	45
get together	56, 187, 229
get your head out the clouds	149
give...a bell	42, 64
give...a buzz	37, 52
give it a go	94, 99
give it a shot	99
give it a try	99
give one's (best) regards to	226, 231
give one's best wishes to	231
go crazy	144
golf course	226
good	140
Good luck!	84
Good luck with	231
Good one!	125
goods	209, 214
go out to dinner	229
go see	112
go see the doctor	112
go to	90
goukon	192
grab	47
grab a bite to eat	47
graduate	171
gratitude	193

great favor	95
greyhound	206
grow up	199
Guess what?	118, 120
Guess what's happened.	130

【H】

hairdryer	177
half 5 (half past five)	91
handle something	144
Hang in there!	137
hassle	98
have a baby	115
have got to	131
have someone over	65
have someone round for dinner	111
have the company	239
Having probs?	87
head office	238
heads of	63
hear from	172, 212, 214, 219
Hello	30
Help!	82
help out	102, 107, 170
Hey	30
Hey there	52
Hey you	56
Hi	30
Hip, hip, hooray!	125
hit the roof	132
Hiya	57, 104
hobby	187, 235
hole in one	124
homepage	169, 180
homepage URL	243
homestay	166, 200

Hope I'm not asking too much ……………………………96	I feel guilty about it. …………71
Hope well. ……………………128	I feel very bad about it. ………71
Hope you don't mind …………70	If it's not too much trouble …96
hospitality ……………………200	If not ……………………………53
housekeeping …………………220	if that's ok with you ………56
housewife ……………………154	if that's the case ……………112
housework ……………………144	if you were in my shoes ……107
How about -ing? ……………187	ignore …………………………111
How about it? …………………50	I got the job! ………………118
How about you? ………………56	I hate to say this, but ………72
How have you been? …………35	I hate you. …………………126
How're things (going)? …36,171	I have no excuse. ……………71
How ru? ………………………35	I hope you are well …………236
How's everything going? ……35	I'll b there! …………………40
How's it going? ………36,91,102	I'll forgive you ………………79
How's life? ……………………37	Imaginary Corporation ………157
How's things? …………………36	I'm booked up ………………100
How'z you? ……………………52	I'm gonna ……………………69
huge favor ……………………95	I'm in two minds about ………83
Hugs and kisses ………………52	I'm pleased to say …………203
hurricane ……………………179	I'm so excited! ………………119
	in advance …………………229,243
【I】	in charge of …………………106
I am grateful to you for …239	incoming mail …………………20
I am sorry to trouble you, but ……………………………242	inexcusable ……………………71
I can't believe this! …………74	info ……………………………81
I can't put up with it ………145	In haste ………………………231
I can't take it ………………145	in hospital …………………118,128
I'd appreciate it if …………97	input …………………………184
I'd appreciate it so much! …91	Internet access ………………177
I'd love to ………………40,56	in the hope that ……………219
I don't know how to thank you for ……………………………193	in the hospital ………………118
I envy you. …………………126	in the (near) future ………56,230
I feel for you ………………135	introduce A to B ……………175
	invitation ………………………40
	invoice ……………………212,246
	I offer my deepest sympathy.

……………………………………137	I would appreciate it if ……218
I really don't mind. ………76	I would be grateful if
I regret to inform you that …74	………172,177,180,209,212,242
Is everything OK? ………35	I would be very grateful for 174
Is… good for you? ……………54	
Is it available …………171	【J】
Is it ok if ……………………72	Japanese painting …………187
issue ……………156	junction ………………………87
Is that for real? ………126	junior high (school) …158,165
Is that OK with you? ………95	junk mail …………………217
I suggest ……………188	just got your message …………99
It doesn't matter at all. ………76	Just to let you know (that) …116
It is (was) a pleasure. …………65	
It's about time ……………232	【K】
It's a long story ……………90	kabuki……………………………189
it's a pity (that) ……………222	keep in touch …………160
It's a shame ……………113	kick in the teeth ……………136
It's been ages ……………35	Kind of you to ……………………41
It's fine. ………………………76	
It's going way over my head. 82	【L】
It's my pleasure. …………65	leave ……………………………172
It's not a problem. ……………76	leave much to be desired ……219
it's not the end of the world 137	leave the company …………239
It's ok. ……………………………76	leave things to the last minute
It's the least I could do. ………66	……………………………149
it was a great pleasure -ing 195	Let me know ……………………75
It was kind of you to ………203	Lets ……………………………53
It was my fault. …………………71	Let's say ……………………55
it was my mistake …………72	Letting u know that …………116
it was nothing ……………66	link ……………………………215
It was wrong of me to ……71	Listen ……………………………120
I used to be with ……………155	loads ……………………………37
I've heard ……………185	loadsa luv ……………………34
I've no choice but to …………133	lodger …………………………193
I was wondering if …………175	log on ……………………………243
I wonder if (you could) …92,169	lol ……………………………31,121
I would appreciate ……………233	Long time no hear! …………29

ramble	232	securities firm	154
reasonable	201	see the doctor	116
reception	164	send over	95
recipe	202	set up	184
reciprocate	196	Shall we say	55
reck	104	shipping	212
recommend	176,179,190,201	shipping status	209
recover from	138	shipping by air	209
recruit	181	show	178
redirect	243	show around	162,169
refer to	210	show up	71
refund	223	sightseeing	175
regret	114	sign in	89
regrettable	204	Sincerely	234,235
release	221	Sincerely yours	194
re-match	227	sit down with a book	196
Remember me to	231	site	152,153,209,215,216
rent a car	177	slip one's mind	72
rented car	177	slip-up	34
reply	21,233	slob	125
report	144	snobbish	143
resign	238	snooty	143
responsibility	238	society	207
retire from	235	something gets to you	146
rewarding	200	something stresses you out	142
rickshaw	207	sooooo	34,63,120
right away	131	Sorry.	69
right now	144	Sorry about earlier	72
r u	56	Sorry about this, but	69
rugby	186	Sorry mate….	100
run	155	sort out	75,109
run around after someone	149	sounds like	42
rush hour	191	So u should be!	78
		Soz	69
【S】		spam	217
Say hello to	231	speechless	136
seafood	175	spin	118

split up with	133
spoil	129
s'ppose	52
spring to mind	108
staff	201, 224
stand in for	244
stay	171, 194, 219
stomachache	168
stop by	55
stranger	36
strong point	101
stuck-up	143
subscriber	156
Sun	49
supervisor	111
supplement	219
support	235, 238
Sure thing	100

【T】

take a year off	103
take a year out	103
take care of	168
Take (good) care of yourself.	230
Take it from there	85
takes place	86
take time out for someone	60
tape	96
terrific	118
Thanks a bunch	62
Thanks a bundle	62
Thanks a million	62
Thanks for	29
Thanks for getting in touch.	30
Thanks for your concern.	116
thanks to	200, 203
Thanks very much for letting me know.	123
Thank you for	29
thanx	29, 61
Thanx for	29
Thanx 4 (for) ur....	40
that'd be great	39
That OK with you?	95
That's all for now.	234
That's all you have to do!	89
That's a tough one!	113
That's it for now.	234
that's out	55
the Internet	176
the locals	175
the Net	152
the one	88
There is little point in	214
there's always a next time	75
there's no point in -ing	109
the year after in two years	165
the year after next	165
think of -ing	108
This is to acknouwledge safe receipt of	245
tho (')	34
Three cheers for	125
throw oneself into	237
till all hours	147
tip	119
To all my friends	236
2 moro (tomorrow)	41
To my colleagues at	236
To my dear friends	236
total	130
To the Manager	173
tough	113
tournament	186

toy dog	206
traditional show	189
traffic accident	205
transfer	238
travel agent	223
tricky situ	113
turkey	202
turn up	71
Two thumbs up!	125

[U]

u	25, 32, 37, 63
ultimatum	108
unemployed	155
uni	28
update	184, 242
upset	131, 204
ur/u'r/u're	25, 28, 53, 37
URL	93, 215
used to	164
u wanna come?	47

[V]

vacancy	171
valid	184
venue	185
via	156, 176, 209
victim	179
videotape	96
voluntary work	179
volunteer	171

[W]

wanna	47, 88
Was good of you	60
waste	114
way too much	141
WB	53
We are off to	48
Web	152
web page	153
website	182, 212, 216, 217, 242
wedding anniversary	222
welcome-back party	187
Well done!	123
whale-spotting	176
whale-watching	176
What an achievement!	124
What are your hobbies?	236
What do u reck?	104
What do you say	53
What d'you think's....	105
What have you been up to?	32, 36
What's it all about!?	81
What's new?	36
What's the story with	82
What's up?	36
What's your problem?	148
what with A and B	144
What would you say to -ing	53
What would you suggest?	108
Where have you been?	31
Why don't you...?	111
Why not...?	111
without permission	216
with regard to	19
wk	53
wkend	72
Woohoo	120
work for	235
work out	109, 136
Would it be all right for me to	93

Would it be possible to	177,246
Would... suit (you)?	54,57
would you like to	54
Would you mind if	92
wrap up	230
Write back soon.	234
write off a car	130

【X】

X'mas	121
xox	34

【Y】

Yo!	55
You have my deepest sumpathy	138
You know	121
you'll never believe it	119
You might like to	208
You're a star.	59
You're (very) welcome.	65,67
Yours	234
Yours ever	234
Yours faithfully	171
You've asked the right person!	88
You wouldn't mind..., would you?	94
yr	103

▶ 著 者

T. D. Minton（ティモシィー D. ミントン）
英国ケンブリッジ大学卒。
日本医科大学助教授。
アメリカ人も舌を巻く米語への精通ぶりにも幅広い学殖をうかがわせる俊秀。著書に『ここがおかしい日本人の英文法』（研究社出版）ほか多数。趣味は山登り。

吉村 順邦（よしむら のぶくに）
株式会社リンガライト 代表取締役社長。
同社は質の高いビジネス翻訳で定評を得ている。東京大学教養学部イギリス科卒，米 Virginia Commonwealth University 英文学修士。

■英文 e メール Make it！

2007 年 11 月 15 日　初版発行Ⓒ　　　　定価はカバーに表示してあります。

著　者　T. D. Minton・吉村順邦
発行人　井村　敦
発行所　㈱語学春秋社
　　　　東京都千代田区三崎町 2-9-10
　　　　電話(03)3263-2894
　　　　http://www.gogakushunjusha.co.jp
　　　　こちらのホームページで，小社の出版物ほかのご案内をいたしております。
印刷所　壮光舎印刷
　　　　ISBN978-4-87568-680-4

落丁・乱丁本はお取替えいたします。

英単語 Make it!

山口俊治／T.ミントン 著
A6判変形(ビニール表紙・3色刷)

- ●ベイシック・コース　　　　本体**1,300**円+税
- ●アドバンスト・コース　　　本体**1,400**円+税
- ●別売CD(3枚組)　　　　(各)本体**2,000**円+税

**あなたは単語(WORD)から入りますか,
それとも英文(SENTENCE)から入りますか?**

英語力に応じた自由自在な学習ができる,**ケータイ単語集**です。

◎ベーシックコース
*見出し語:1200語(派生語など関連語を含む実際の語数は4500語)
*掲載文例:現代英語450センテンス
*対象&レベル:○資格・入社試験などを受けようとする人
(TOEIC,TOEFL,英語検定,公務員試験,入社試験ほか)
○英語を基本からやり直そうと思う人

◎アドバンストコース
*見出し語:1300語(派生語など関連語を含む実際の語数は6500語)
*掲載文例:現代英語450センテンス
*対象&レベル:○資格・入社試験などで高得点を目指す人
(TOEIC,TOEFL,英語検定,公務員試験,入社試験ほか)
○学生時代の単語力の回復・増強を目ざす人

インターネットでもご注文いただけます
http://www.gogakushunjusha.co.jp

★さらに学習を進めたい人のために…

英単語ベイシック講座
英単語アドバンスト講座

山口俊治／T. Minton 講師
&バイリンガル Maya Kimura (CD吹込)

英語のキメ手は、やっぱり単語力。
ゼロから始めて約20時間で一万語達成!!

1. 読みマクル!!
英単語 Make it! (前ページで紹介)
持ち歩いて、いつでも見られるケータイ判。

2. 聴きマクル!!
英語脳をつくる音声CD (各講座10枚)
バイリンガル Maya Kimura さんの美しい発音で知識を
ガッチリ強化しましょう!

3. 書きマクル!!
WORD TESTER (B5判・バインダー付・各320ページ)
実際に手をうごかして記憶を確かなものにしましょう!

＊詳細はホームページ＆フリーダイヤルで！＊
http://www.gogakushunjusha.co.jp
フリーダイヤル 0120-504-117 (9:30~18:30)

遮光器土偶
青森県三戸町八日町遺跡出土（晩期）
撮影　井上隆雄

特別史跡
大湯万座環状列石
日時計状組石
撮影　井上隆雄

特別史跡
大湯野中堂環状列石
日時計状組石
撮影　井上隆雄

十字形土偶
青森市三内丸山遺跡出土（中期）
撮影　井上隆雄

縄文の循環文明
―ストーンサークル―

左合　勉

叢文社

目　次

はじめに 4

第一部　ストーンサークルを調べる 11
　1　アムール河ルートによる文明の伝播 12
　2　日本のストーンサークル概要 17
　3　ヨーロッパのストーンサークル 24
　4　大湯野中堂ストーンサークルの構造プラン 29
　5　忍路ストーンサークルの構造プラン 34
　6　ストーンサークルと天体 42
　7　忍路三笠山ストーンサークルと天体 49
　8　明るい恒星と忍路三笠山ストーンサークル 54

第二部　ストーンサークルの機能と精神世界 67
　9　縄文人の死生観 68
　10　未解明の土器石器 72
　11　舟形石と玉石 76
　12　木花之佐久夜比売とまたげ石 82
　13　ストーンサークルの機能 87
　14　道祖神と玉石 95
　15　送りの儀式と配石遺構 100
　16　非実用具土偶の用途 110
　17　循環文明の痕跡 114

第三部　縄文の循環文明—縄文から未来へのメッセージ—123

　　　　18　縄文の循環文明 124
　　　　19　世界のなかの縄文循環文明 141
　　　　20　縄文の精神世界 154
　　　　21　文明の大転換・縄文時代から弥生時代へ 161
　　　　22　エピローグ 178

あとがき　184

はじめに

　縄文時代の生活について、私達の当時への理解は徐々にではあるが変わりつつある。ひと昔前には、縄文時代の生活といえば原始的な狩猟と採集生活であったというのが通説であったが、近年、日本の文明の基層には、縄文文化（文明）といってもよい独自のものがあったことが、広く認められ始めている。

　いままでの縄文時代のイメージをくつがえすような遺跡が近年多く発掘されている。青森県の三内丸山遺跡の集落では栗の巨木を建てた六本柱や数多くの土器片等の遺物を含む盛り土が発掘され、また縄文時代には、世界的にも例を見ないような優れた造形の縄文土器がたくさん創られている。多くの遺跡や出土遺物等は縄文時代の文明がいったいどういうものだったのかを現代に問いかけているが、多くはいまだ闇につつまれたままではないだろうか。

　しかし、この縄文文明の闇を星や月が照らし出したらどうだろうか。それらの光をうけて縄文時代に置かれた石が現代によみがえり当時の文明の光を放つことはないだろうか。

　私達が直接見聞きすることができない縄文時代に生きた人々の生活を理解するには、彼らの精神世界すなわち生き方や考え方を根本的に理解する努力が必要である。現代の文明は多くの問題を抱えている。特に重要な課題として、人と自然のあり方や人としての信仰・生き方そしてその実践としてのライフスタイルの問題がある。

　縄文時代に生きた人々の生活の実態がすこしずつ明らかになりつつある。約一万年にわたり自然と共に生きた縄文人が残した断片的な情報から、彼らは循環と共生という点からすると、大変優れた人々であったのではないかと考えられるようになってきている。そ

してそのことはおそらく現代人が歴史の中のどこかに置き忘れてきたものであり、縄文文明を正しく理解する上で大切な視点となるのではないだろうか。

縄文時代の遺跡や遺物については、その使用目的や用途がよく解っていないものが多い。たとえば、縄文時代の遺跡からよく出土する石棒についても、その用途について本質的なことは理解されていないと言って良いだろう。特に縄文時代後期を中心として建造された環状列石（ストーンサークル）はそういった意味で謎が多い。

縄文人が多大な労力と時間を費やして建造した環状列石は、一般には以下のような目的のために建造されたと考えられている。

1. 祭祀場説

環状列石やその周囲からは土偶片や石棒等の祭祀用と見られる土器石器の出土例が多く、消し炭等一時的な火の使用痕も見られる。また敷石が施されている場合がある。こういったことから、環状列石において何らかの祭祀儀礼が行われていたことが推測されている。

2. 墓地説

環状列石の内部や周辺に土坑が多く存在する例があり、これを埋葬用と考え墓地（一次埋葬場）であると推測されている。

3. 天体観測場説

写真1　三笠山ストーンサークル（忍路環状列石）

環状列石の配列と天体との関係が認められることから、天体観測施設であるとするもの。

イギリスのストーンヘンジ遺跡やウッドヘンジ遺跡では配石の中心線が夏至の日の出の位置を示していることが知られている。日本でも幾つかの環状列石の中心線等が天体と関係があったのではないかと見られている。

環状列石の建造目的には以上のような異なった三つの見解がある。これらの説は一見全く異なったものであり、一般には相反するように理解されている。しかしこれらの三つの建造目的が実はひとつの信仰に基づいたものであり、これらの説は互いに矛盾するものではない可能性がある。縄文時代の信仰は自然崇拝であり、呪術ということばによって説明されることが多い。しかし、その実態についてはあまり理解されているとは言えないだろう。

大自然と共に生きた縄文人は豊かな情感と共に独自の精神世界を持ち、それが縄文世界観を形成していたのではないだろうか。縄文世界観すなわち縄文時代の信仰が環状列石の建造目的と深いかかわりがあったことが推測される。

では、縄文時代の信仰とはいったいどういったものだったのだろうか。その問いに答えるためにはストーンサークルについてさまざまな角度から調査し、精査することが必要である。そういった学際的、総合的な調査研究によって、当時の信仰や文明を明らかにするための糸口が見出せるのではないだろうか。

著者は北海道忍路に現存する縄文時代後期の三笠山ストーンサークルと地鎮山ストーンサークルを訪れ、実際に測量を行った。（図1及び図11）その結果をもとにストーンサークルの建造が図形的（幾何学的）にプランされたものかどうかを解析した。

その結果、ストーンサークルは幾何学的に配置されたもので、あ

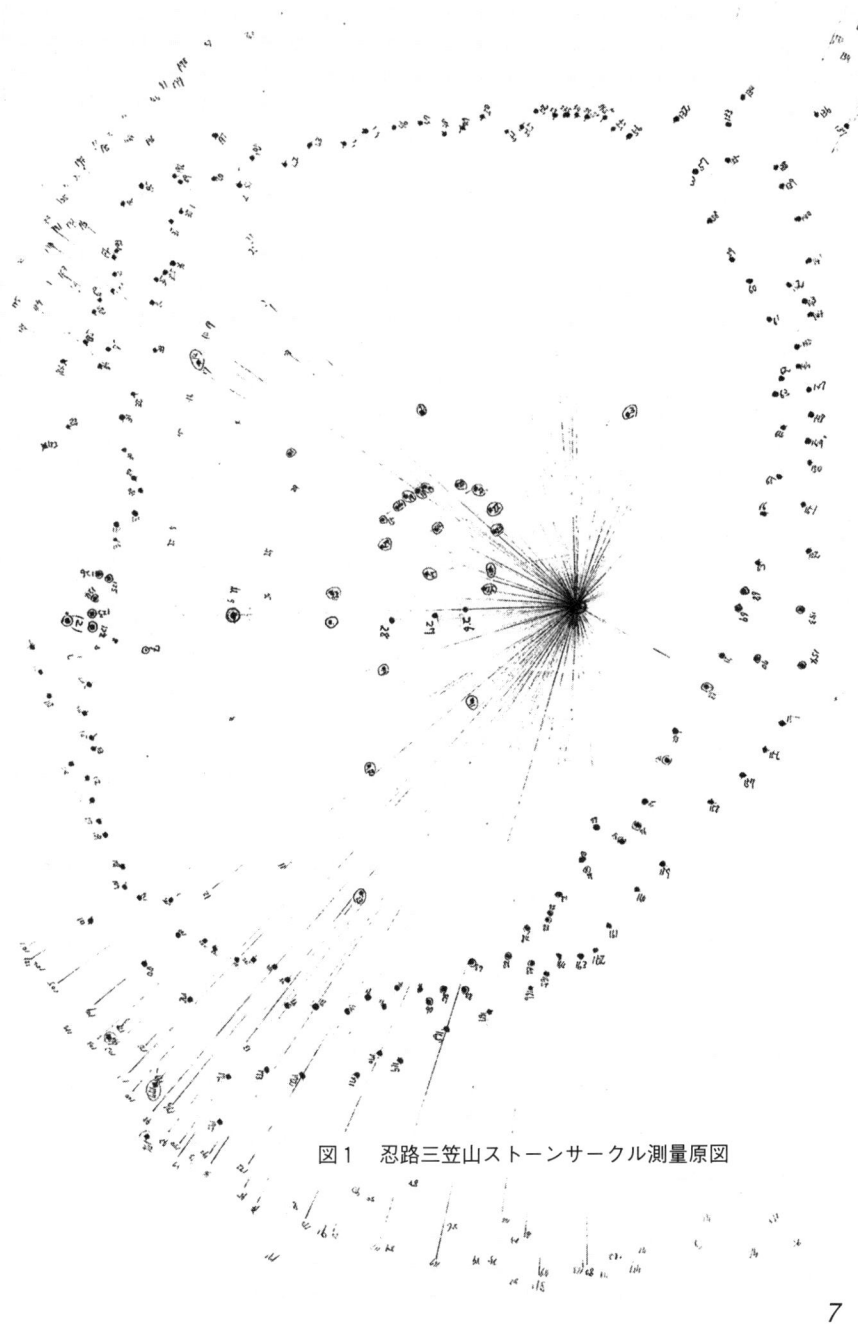

図1 忍路三笠山ストーンサークル測量原図

る設計プランを基に構築された可能性が高いものであった。さらに驚くべきことに天文学的な解析を行った結果、ストーンサークルの中心軸や特別な配石が示す方向は明るい星や太陽や月の出没位置を意図的に示している可能性が高いものであった。[1]

　実際の測量結果や図形解析、天文の計算結果については、第一部の中で詳しく記すことにする。第二部ではこういった解析の結果を踏まえ、ストーンサークルが縄文人にとって、何を意味するものなのかについて、さまざまな角度から解明を試みることにする。また、第三部では縄文の精神世界、縄文文明がどういったものであったのかについて、その全体像を記し、縄文から未来へのメッセージを伝えられたらと考えている。

　日本に現存するストーンサークルは不幸にも明治時代以降文明開化と共に始まった開拓のなかで、ほとんどが破壊され、生き延びたものであっても、保存状態は悪く（一般にはそのまま保存されることは少なく開発のために取り払われた。）また考古学的な発掘の対象となったストーンサークルは、皮肉なことに取り払われたものが多く、もとへ戻されたものも、石の位置を完全に復元されることは少なかった。石の位置が重要であるとは考えていなかったからである。そのため多くのストーンサークルについて著者は資料で確認し、現場で確認したが、明らかに移動した形跡があり、正確な調査を実施することはできなかった。

　北海道忍路の三笠山ストーンサークルと地鎮山ストーンサークルは昭和33年までは塩谷村が、それ以降は小樽市が管理を管轄している。その間、地主の中村子之吉氏は管理を依頼され、保存に努めてこられた。そうした管理のもとで比較的良好な状態で保存されてきた忍路ストーンサークルを目の前にすることができ、また測量機器

による計画的な測量を行うことができたことは誠に感謝の念にたえない。

第一部
ストーンサークルを調べる

1　アムール河ルートによる文明の伝播

　ヨーロッパには新石器時代に建造されたとされる、独立立石、直線列石、ストーンサークル、石室、石卓など数多くの石造記念物が見られる。イギリスのストーンヘンジやフランスのカルナックは良く知られていて、観光スポットにもなっている。また、ストーンサークルはヨーロッパに広く見られ、なかでもイギリスには多くのストーンサークルが存在している。

　しかしこれらヨーロッパのストーンサークルと日本のストーンサークルを比較した研究はあまり見ることができない。それは巨石文化そのものがよく解明されていないためであると思われるが、最大の理由は地理的にあまりにも遠いからであろう。しかし、日本のいわゆる環状列石とヨーロッパ（イギリス、北欧、フランス等）のストーンサークルを全く違ったものであるとするには共通点が多く、無視するわけにはいかないと思われる。

　古くは、駒井和愛がシベリア、中央アジア、ヨーロッパと日本の遺跡とのつながりについて「日本の巨石文化」のなかで次のように述べている。[2]

　「一体ドルメン、クロムレク（ストーンサークル）などはフランスに多く残っているので、その言葉もブレトン語であることが、よくこれを示しているのであるが、北ヨーロッパにも少なくなく、その研究もゆきとどいている。北欧学者の調査によって、ドルメンは石器時代から、金石併用時代、青銅器時代にかけて行われた墳墓であって、その周りにストーンサークルのつくられているのが普通であ

ることもわかったのである。またペルシャの青銅器時代のドルメンの周りにケールン、ストーンサークルのあるものは、フランスのモルガン氏によって発掘された。

ペルシャのアルデビル地方に残っているストーンサークルのうちでは、地上のドルメンの周りに造られているものが古く、地下にある石室の周りに造られているものが新しいと説かれている。インドにも同じようなケールンとこれをとりかこんで並んでいるストーンサークルがあり、これについては古くフェルガッソン氏が報告している。なおまた北部チベットのストーンサークルはレーリヒ氏が調査したことがあり、このなかからも青銅の矢の根などが発見されている。（中略）

このようにストーンサークル（クロムレク）は欧亜の各地に見られるのであるが、しかも北海道のそれを考える上に見落としてはならないのは、シベリアのものであろう。

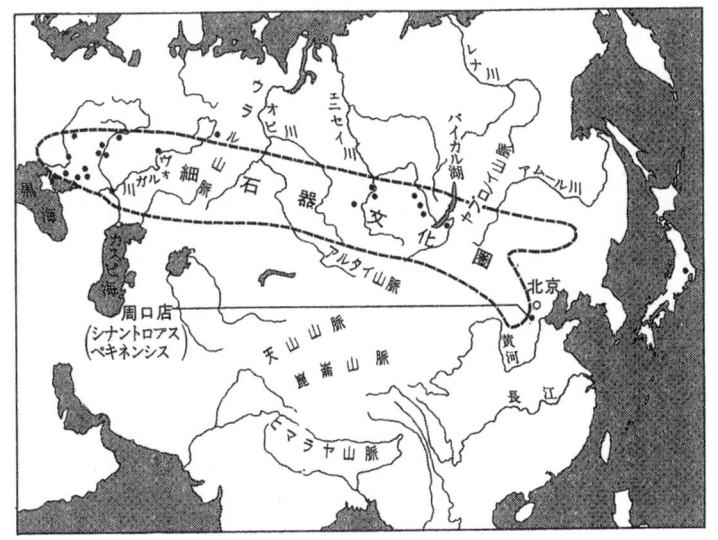

図2　シベリアの細石器文化圏（植原和郎編　縄文人の知恵より）

シベリアのエニセイ河流域、ミヌシンスク地方のストーンサークルはタールグレン、テプロウホフ氏などによって発掘されているが、なかんずくテプロウホフ氏の研究が詳しい。この地方のストーンサークルは石器時代から、青銅器時代をへて鉄器時代におよんでおり、しかしてこの地方の青銅器は、直接、間接ペルシャのものの影響をうけているといわれているのである。」

このように、シベリア、中央アジア、ペルシャ、北部チベット、インド等、広くユーラシア大陸にストーンサークルが分布している。またシベリアのエニセイ河流域の青銅器がペルシャの影響を受けていることを知ることができる。

ヨーロッパのストーンサークルというと、有名な巨大建造物であるストーンヘンジを思い浮かべるかもしれないが、ストーンヘンジ以外にもストーンサークルは何百も存在している。その多くは実は直径が数メートルから十数メートル程度であり、使用されている石の大きさも手で簡単に運べる程度の大きさのものが多い。[3]

つまり、ヨーロッパのストーンサークルの多くは日本のストーンサークルとその規模において、大きな隔たりはないと言うことができる。また、ストーンサークルからの出土遺物は、祭祀用と考えられる物がほとんどであり、こういった点はヨーロッパと日本の遺跡に共通した特徴であると考えられる。

また、イギリスでは紀元前2000年から1500年頃に多くのストーンサークルが建造されたとされている。一方日本のストーンサークルはその発掘調査から、その規模において比較的発達した遺跡が見られるのは、縄文時代後期前半紀元前2100年から1800年頃である。つまり、それらは、日本とヨーロッパにおいて同時代に建造されたと言って良いだろう。

はたしてこの遠い西洋と東洋の端の日本に於いて起こった同時期

のストーンサークル建造ということは、偶然の出来事なのだろうか。日本とヨーロッパに建造されたストーンサークルの共通点を考えると縄文時代にもヨーロッパと日本の間に何らかの文化的交流があったのではないかと推測できる。しかし当時としてはあまりにも遠い、その両文化圏の距離をどう考えたら良いのだろうか。

　ひとつの仮説ではあるが、縄文時代に東西の文明交流ルートとしてアムール河ルートがあったのではないだろうか。（図2参照）ユーラシア大陸の中央部にはバイカル湖がある。この湖の周辺には、当時豊かな草原が広がり、狩猟生活をしていた人々が長い間生活していた。細石刃文化の広がりについての研究や頭骨の調査などから、このバイカル湖周辺が縄文人のルーツの地であったということが、解明されつつある。[4]

　北海道から樺太そしてアムール河をたどって行けばそこにバイカル湖がある。バイカル湖周辺からは北極海へエニセイ河が流れ、北極海の沿岸をたどって行くと、そこはもうヨーロッパである。エニセイ河周辺にはストーンサークル等の配石遺構が多くあることが知られている。また、バイカル湖周辺からヨーロッパへ続く別のルートとして、バイカル湖から西シベリア平原を流れるエニセイ河とオビ河を経てウラル山脈の東の大平原を南下し、カスピ海・黒海へ至るルートがある。この地域には旧石器時代の遺跡が多く、旧石器時代の末期には細石器文化圏があったとされている。このいくつかの大河をたどるルートでは、源流部にあるいくつかの峠を越えることになる。河や海は丸木舟を浮かべれば道となる。道と言っても現代のように高速で絶えず移動するものではなかっただろう。また、シルクロードのように多量の物資が常に運ばれてはいなかっただろうが、貴重な物や情報が人々のゆるやかな動きと共に移動したのではないだろうか。

縄文時代の生活様式から見て季節や自然に合わせて、生活場所を移動していたことは、一般的に広く認められており、そういった延長線上で大河の流れにそって人々が移動し、文明の緩やかな伝播がもたらされたのではないだろうか。恐らく縄文時代の前期、中期には暖かな気候が訪れることによって、バイカル湖、アムール河ルートがより活発にその機能を果していたと思われる。

　縄文時代の前期、中期、後期には一時期を除いて、地球規模で温暖な気候が続いていたことが知られている。当時、樺太、北海道、東北地方そして中部地方に多くのストーンサークルが建造された。北の文明ともいえる巨石文化は主にこのアムール河ルートによって日本、樺太、シベリア、中央アジア、ヨーロッパへの広がりを持つことになったと考えられる。しかしこれらのどの地域からストーンサークルが誕生し、このような広がりを持つに至ったのかについては、今後の調査研究を待たなければならないと思われる。

2 日本のストーンサークル概要

　日本における大規模な環状列石の考古学的な調査は1951年から52年にかけて行われた秋田県大湯野中堂・万座遺跡から始まったと言っても良いだろう。(5)

　この遺跡の発掘は組織的に行われた。その結果大湯環状列石は火山灰に上下をはさまれた黒い土の層にあることがわかり、その土層から多くの縄文土器が出土した。その年代は上下の火山灰層の年代と土器様式から縄文時代後期前半であるとされている。その後日本の配石遺跡について多くの考古学的な発掘調査が行われた。

　その研究内容のまとめが考古学ジャーナルに紹介されている。

　野村崇は、北海道と東北地方北部の環状列石の調査を紹介している。(6)　概要は以下のとおりである。

　岩手県の蒔内遺跡は1976年と1978年から80年にかけて調査が行われた。その時代は縄文後期及び晩期とされた。遺跡からは、貯蔵用もしくは埋葬用と思われる1,460ものピットが見つかった。立石遺跡は同じく岩手県にあり、1977-78に調査が行われた。その時代は縄文後期初頭とされた。遺跡からは218個もの土偶のかけらが見つかり、祭祀のための場所であったことが示された。北海道のオクシベツ川遺跡では配石下にピットは確認されなかった。中心部付近にベニガラの集中や焼土、木炭などが点々とし、動物の骨も多かった。湯の里第5遺跡では小ピットが5個確認された。また焼土が炭化物とともに確認された。このような火を使った跡は祭祀的な意味を持つものと指摘された。

斎藤忠は、日本にあるすべての配石遺跡はお墓であるとしている。概要は以下の通りである。
(7)

　1951年から52年にかけて大湯野中堂環状列石と万座環状列石の調査が行われた。そのうち野中堂遺跡の5ヶ所の石組及び、万座遺跡の9ヶ所の石組についてその下のピットの有無が調査された。それらの石組のほとんどにピットが見られた。そのピットは楕円形をしていて、人を屈葬するには十分な大きさと考える。斎藤はそれらのピットは、お墓の跡であるとしている。中野は大湯列石の近郊の3つの配石の下のピットから採取した26個の土をサンプルとして脂肪酸の分析を行った。22のサンプルからは脂肪酸が検出され、高等動物である可能性を示したとしている。それゆえ、日本の配石遺跡は墓であるとしている。

　江坂輝弥は日本の配石遺構の多くは祭祀のために建造されたと述べている。　概要は以下の通りである。
(8)

　大湯遺跡については、重要な人々の活動の場は分けられていたと考える。すなわち、お墓（野中堂及び万座遺跡の南方から2つの瓶棺が見つかった所）、居住地（万座遺跡の西側）、そして祭祀の場（野中堂及び万座遺跡）である。また縄文時代後期初頭以前では、配石の下のピットはまれであり、むしろ配石は、敷石を伴っていることが多いと指摘している。敷石を伴った遺跡の多くは、中心付近に炉が見つかっていて、そのあたりから祭祀用と思われる炭や焼かれた動物の骨も見つかっている。従って、縄文時代後期初頭以前では特にお墓と祭祀の場は区別されていたとしている。

　中野益男は大湯環状列石周辺遺跡の配石遺構下のピットから採取した土をサンプルとして脂肪酸の分析をし、その結果、高等動物である可能性をしめしたとしている。　この点については、次のような理由で、その結果を持って、ストーンサークル（環状列石）がお
(9)

墓であるとするには、無理があると考えられる。

　資料が採集された配石遺構は大湯ストーンサークルから約300mも離れたところにあり、その配石はサークルを形成していない。また、脂肪酸の分析結果については、何種類かの脂肪酸を分析して高等動物としているが、高等動物とは生物学の用語で植物、微生物、海産動物等との比較分類のことであり、それをもって環状列石はお墓であるとすることはできないであろう。

　縄文人の活動にとって石は欠かせない素材であったに違いない。そしてその活動に合った大きさ、材質、そして石組みを選んだのだろう。江坂は「縄文時代のお墓ではこぶし大の石が主に使われていたが、環状列石や敷石はそれよりも大きな石が使われている。」と指摘している。また、遺跡によって環状列石の内部や周囲からピットが確認される場合とピットが全く確認されない場合とがある。そして著者が知る限りでは、環状列石の内部のピットなどから、直接人骨が見つかったと言う報告はない。また、副葬品の出土例も非常に少ない。こういった点からも環状列石がお墓であると考えるのには無理がある。

　考古学の分野では配石を伴う遺跡については配石遺構と呼んでその中に環状列石を含むため、それらを合わせて論じる場合がほとんどである。それは、環状列石や配石遺構の機能や用途がよく解っていないためでもある。しかし、配石遺構の石の大きさ、形状、規模は様々でありそれらの機能、用途は一様ではないと考えられる。環状列石については、忍路三笠山ストーンサークルや地鎮山ストーンサークルおよび大湯野中堂、万座ストーンサークルのように立石が多く、半径が10m以上ある大規模な遺跡もあるが、環状列石と言っても半径1mにも満たないものもある。そして、配石と言えば更にあらゆる石の構造物を言うことになり、これらを同一のものとするこ

とはできないであろう。

　これらの混同を避けるため、本書ではストーンサークルと言う場合には、便宜上、長径が5m以上の環状構造を持つものを言うこととしたい。もちろんそれより小規模の配石、例えば径が1mの環状列石であっても大規模な列石と同じ機能である可能性もあるが、混乱を避けるために一応の区切りとしたい。また、小規模の配石遺構であっても環状に組まれた配石とそうでない配石を区別することも必要である。

　縄文時代後期の大規模なストーンサークルのひとつに青森県小牧野環状列石がある。遺跡は標高146mの台地斜面上にあり、2000個あまりの大きな河原石によって、中央帯、長径約29mの内帯、長径約35mの外帯、特殊組石、小型の円形配石、弧状配石などが形成されている。

　遠藤正夫は小牧野環状列石について縄文時代の大土木工事を示す遺跡として次のように紹介している。[10]

　『環状列石が語るもの　　小牧野縄文人は、これまで述べてきたとおり、大変な労力を費やし環状列石なる彼らにとってはかけがえのない記念物造営のため、用意周到な構想案のもと大土木工事を遂行したのであった。

　再度、環状列石完成までの工程を作業順に列記してみよう。
(1) 土地の選定、(2) 大地の掘削と盛土、(3) 広場の整地、(4) 石の運搬、(5) 石の配置。

　これら一連の大土木工事をなし遂げたという事実が小牧野遺跡環状列石の最大の特徴であると言え、同時にこの事態が縄文時代のさらには縄文人の世界観を解明するうえでの重要な鍵であると評しても過言ではないだろう。

(2) に関してみると、付近に平坦な地があったにもかかわらず、(2)・(3) の大土木工事を覚悟のうえで、彼らがこの地を選定したことは、環状列石なる記念物が、「位置」を重視したことを物語っていると推察できる。近年、秋田県鹿角市の大湯環状列石において、日時計状特殊組石と天体運行の因果関係において良好な調査結果が得られている。北海道石倉貝塚や栃木県寺野東遺跡でも同様の試みによって良好な結果を得ている。小牧野遺跡の場合も、天体運行との関わりを十分考慮する必要があろう。と同時に、位置のこだわりが、居住域や捨て場など集落内における場の使い分け、すなわち居住域からの方向・距離に何かしらの定めがあったことによるものではといった視点からも検討すべきであろう。(2)・(3) に関してみると、少なくとも指導者の存在あるいは環状列石構築経験者の存在を如実に物語っていると判断できる。掘削し排土を利用しての盛土作業は、分量バランスに長けていてこそなせる技であって、現代の切土・盛土工法の初源的事例の典型と表現できよう。(4)・(5) に関してみると、特異な配石による学術的価値はもとより、見る位置、見せる位置を当初より意識していたという可能性に着目する必要があろう。それだけ彼らにとっての環状列石は、神聖な場であり、単に小牧野村だけのものではなく近在の集落全体にとってのシンボルではなかったのだろうか。』

　このように小牧野環状列石は、村から離れた台地斜面上に大土木工事を成し遂げて完成させたものであり、位置へのこだわりを持った神聖な建造物であり、村々のシンボルであったことが理解される。

　日本のストーンサークルについて宮尾亨は環状列石の発掘調査結果を踏まえながら「自然の中に取り込んだ人工空間としての記念物」[11]において遺跡の空間的広がりについて言及し次のように記している。

「縄文人は、環状列石をはじめとする記念物の構築にあたり、特定の場所に特別の意味を与えた。それは、周囲の景観や天体の運行までも取り込んだ世界観に支えられていた。そして、自らの主体性を示す縄文的景観を創り出すように、自然の中に縄文世界観の投影された人工空間を積極的にはめ込んでいった。記念物の構築や記念物を舞台とした葬送祭祀儀礼などは、縄文人が縄文社会特有の仕組みなどにかかわる人工空間に生きた証であると同時に、自然との共生が図られていたことをも物語っている。そしてこのような空間認識の延長線上に、他界観などの特別な観念が、さらに育まれたのであろう。」

本書ではこの縄文時代特有の仕組みなどにかかわる人工空間について、どういったものであったのかを順を追って精査していくことにする。

日本のストーンサークルの構造を幾何学的に見ると、ほとんどの遺跡は、シンメトリックな図形をしている。一部の遺跡では、地盤が弱いためその原型が一部移動したと見られるものもあるが、保存状態が良好な遺跡では、左右対称形を明確に見ることができる。

そういった例として、北海道では、忍路三笠山ストーンサークル、忍路地鎮山ストーンサークルのほか、オクシベツ川環状列石、湯の里No5遺跡、音江遺跡、東北では、青森市小牧野ストーンサークル、秋田県大湯の野中堂環状列石と万座環状列石があげられるが、他にも数えることができる。これらのストーンサークルは長径が数mから40m以上に及んでいる。また使用された石は長さが数十cmから1m程度のものが主に使われている。このようなストーンサークルがシンメトリックな形をしているということは、縄文人がストーンサークルの石をけっして適当に並べたのではないことを物語っている。すなわち、多くの石を使って径が数十mにも及ぶ大規模な環状列石

を建造するには当然のこととして構造プランと測量が必要不可欠である。ストーンサークル建造に際しては周到な構造プランをもって配石していたことが理解される。

　シンメトリックな図形とは、卵型、楕円形、ひしゃけた環状形等である。このような図形にもとづいて建造された配石はストーンサークルにおいて普通に見られるものである。

3　ヨーロッパのストーンサークル

　ヨーロッパには、かつて石の文明があったといわれるように、多くの石造遺跡が存在する。それらの形態は、独立石、直線的に並べられた列石、組石などさまざまである。その中で、環状の構造をもつものがストーンサークルといわれるものである。これらの遺跡は新石器時代のものといわれている。(12)　ストーンヘンジはイギリス（ブリテン）にある巨大な建造物であり、世界的によく知られた遺跡である。しかしヨーロッパの多くのストーンサークルをよく見てみると、こういった巨大な遺跡は限られた一部のものであることがわかる。大部分の数え切れないほどのストーンサークルは比較的規模の小さいものであり、普段訪れる人もないような遺跡である。

　オックスフォード大学の建築学の教授であったアレクサンダー・トムはブリテンにある遺跡の数々を精査し、著書「ブリテンの巨石遺跡」を著した。(3)　この調査研究は日本のストーンサークルを調査するのに参考とすることができる。彼は多くの遺跡のうち300あまりにのぼるストーサークル（環状列石）、列石、独立石について正確に測量をし、その結果について図形及び天文学的な解析を行った。トムは建築学の教授であった。したがって、測量について高い技術を持っていた。彼は多くの環状列石について調査しその結果として多くの規則性を見出した。そして、環状列石を建造した人々の実際の幾何学的能力は驚くべきものであったことを見出した。

　以下にブリテンの巨石遺跡（Megalithic Sites in Britain）の一部を引用し紹介する。トムは、多くの遺跡の調査結果から長さの単

位が使用されていたことを見出した。それをMY「メガリシック ヤード」と呼んでいる。1MY=約83ｃｍである。ストーンサークルのなかのかなりの数の遺跡は幾何学的図形に基づいた卵型プランをもっている。(図3参照)

　卵型図形は円弧の重ね合わせより成り、それぞれの円弧の中心はピタゴラスの三角形を形成する。ピタゴラスの三角形は三辺が整数となる直角三角形である。半円が中心Aから引かれている。（半径ｒ１）反対側の少しとんがった部分は中心Bとする（半径ｒ２）円弧である。中心Dからその間の円弧EFを（半径ｒ３）描いている。

　卵形図形の大きな特徴は、これら円弧の半径ｒ１、ｒ２、ｒ３と中心が作るピタゴラスの三角形の三辺a,b,cとがすべて整数比になっていることである。たとえば、ピタゴラスの三角形の辺a,b,cが5，3，4であり仮に単位をmとすると各辺が3m、4m、5mの直角三角形ができる。そして卵型図形の円弧の半径は、単位1mの整数倍となるような

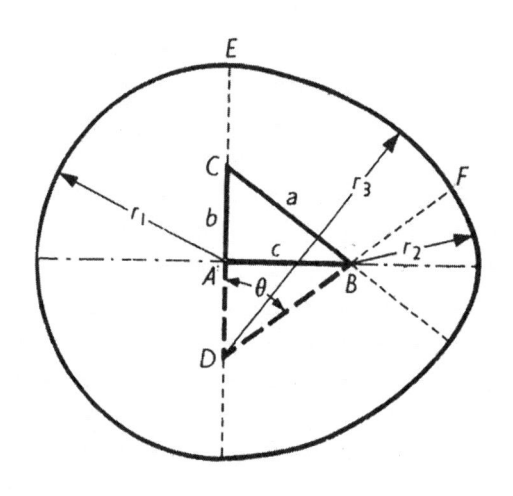

図３　卵型図形

長さ、たとえば、r1=5m、r2=3m、r3=8mによって結ぶことができる。ピタゴラスの三角形で一番身近なものは辺の比が3, 4, 5の三角形である。建造者達はピタゴラスの三角形についてよく知っていたと思われ、常に使用していた。一辺の長さを40までに限ると6つのピタゴラスの三角形がある。

1) 3, 4, 5
2) 5, 12, 13
3) 8, 15, 17
4) 7, 24, 25
5) 20, 21, 29
6) 12, 35, 37

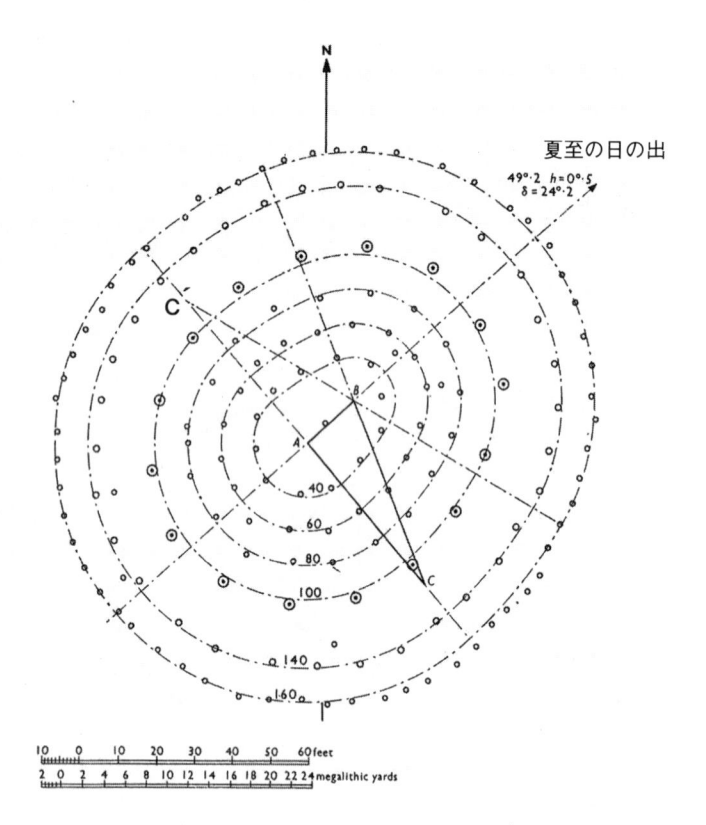

図4 ウッドヘンジ遺跡（Megalithic Sites in Britain より）

よく知られたウッドヘンジと呼ばれる遺跡は炭素による年代測定では紀元前1800年頃とされている。この遺跡はストーンヘンジ遺跡から2～3ｋｍの所にあり、100以上の朽ちた木の柱より成っている。(図4参照)

　それらの木の柱は同心円の弧を描いていて、卵型を形成している。図形は以下のように説明できる。

1. 小さいほうの同心円の円弧の中心はBである。
2. 大きいほうの同心円の円弧の中心はAである。
3. それらの間をつなぐ同心円の円弧の中心はC及びC'である。
4. 三角形BCC'は二等辺三角形である。　2（12，35，37）
5. 三角形A,B,Cはピタゴラスの三角形である。　（12，35，37）
6. 長さの基本単位は1/2 x　MY（巨石尺、0.83m）である。
7. 簡潔な表現では2（12，35，37）1/2 x 0.83mとなる。

　なお、この図形の中心軸ABのラインは東北を向いていて、天球上の赤緯δ（デルタ）＝24°.2の夏至の日の出を示している。

　多くのストーンサークルは卵型図形ではない、ひしゃけた形をしている。ひしゃけた形のストーンサークルは図5のような構造をして

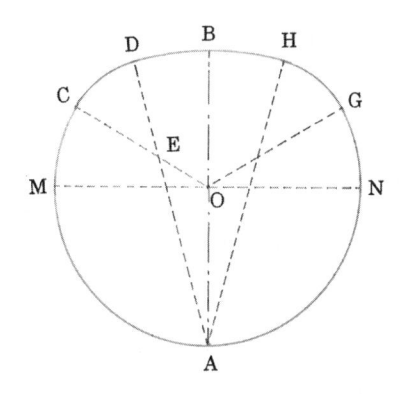

図5　ひしゃけた図形

いる。CMANGは中心Oとする240°の円弧である。DHは中心Aとする円弧である。CDは中心Eとする円弧である。

ストーンサークルの例としては比較的少ないが、特殊な形として楕円形のものがある。(図6参照) 楕円は、2つの焦点F1, F2に紐などを固定して引っ張りながら描くことができる。D1D2は長軸でありE1E2は短軸である。焦点の位置と二つの軸によりできる三角形ａｂｃがピタゴラスの三角形となる場合には (楕円の長軸の長さは2ｃに等しいため) 長軸2ｃ、短軸2ｂ、三角形の斜辺ｃと中心Oから焦点Fまでの長さａはすべて整数となる。三角形ａｂｃが (3, 4, 5) のピタゴラスの三角形であれば、短軸/長軸＝0.8となる。一方、三角形ａｂｃが (4, 3, 5) のピタゴラスの三角形であれば、短軸/長軸＝0.6となる。

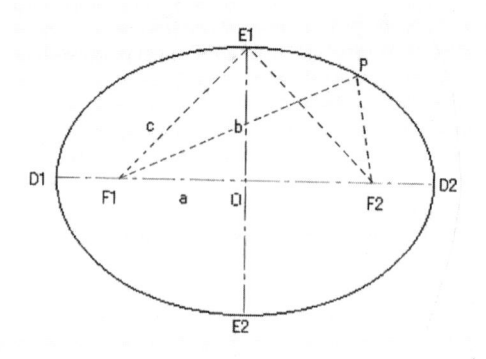

図6　楕円図形

4 大湯野中堂ストーンサークルの構造プラン

　イギリス（ブリテン）のストーンサークルの幾何学的図形が日本のストーンサークルに当てはまるかどうか調べるため、まず秋田県大湯野中堂ストーンサークルの図形構造の解析を試みてみよう。

　大湯環状列石の本格的な調査は、1951年から52年にかけて行われた。その調査報告書として大湯環状列石「文化財保護委員会」が発刊されている。(5)　その中に、大湯環状列石の破壊状況について次

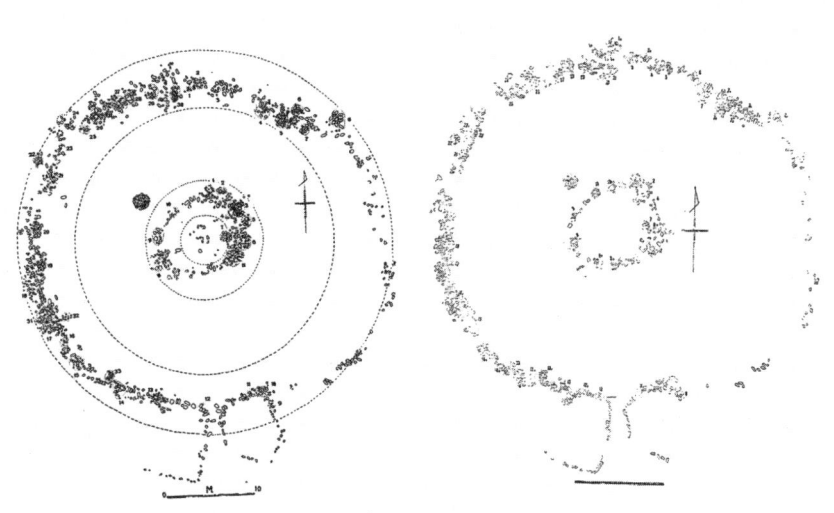

図7　昭和26、27年の野中堂環状列石
文化財保護委員会編　大場環状列石より

図8　昭和21年の野中堂環状列石
文化財保護委員会編　大場環状列石より

のような記述がある。

「一体野中堂遺跡は、この昭和21年度の調査の際にも破壊のあとの甚だしいのに驚かされたのである。その東側の石は付近で行われた河川護岸工事の用石として運び去られてしまっているし、又遺跡が道路に接している為に、沢庵石や庭石に運び去られる頻度も多かったろうし、また生半可に考古学を説くものが石を勝手に動かすということも少なくはなかったらしい。そのために、21年から僅か五ヵ年を経ただけであるのに、26年にはその破壊の度が更に甚だしいものとなっている。」

このように、大湯環状列石は当初の発掘以降、時の経過とともに破壊が進んだことが記されている。特に昭和21年以降の破壊について甚だしいとしている。野中堂ストーンサークルの構造プランを調べるに際して、やはり昭和21年以降に破壊が進んだということは、精度の点で問題があると考えられる。図7と図8に昭和26年、27年の測量図と昭和21年の測量図を比較のため示した。その両図面を比べると、昭和21年の測量図については、配石があまり破壊されていないことが見てとれる。特に外側の配石については東側の一部を除き割合整っていることが見て取れる。そこで、昭和21年の測量図をもとに大湯野中堂ストーンサークルの図形的な構造プランを調べてみることにする。

このストーンサークルは、内側と外側の二つのサークルで構成されており、外側のサークルはほぼ東西方向に中心軸をもっていると考えられる。(ただし、この測量図の北は磁北と思われる。)内側のサークルはその中心軸が北東—南西であり、外側のサークルの中心軸とは30度程度の傾きを持っていると見ることができる。

測量図から外側のサークルの全長は約42mであり、全巾は約36mであることがわかる。このサークルは見たところ、円弧の重ね合わ

せによって描かれる卵型図形をプランとしている可能性がある。もし、図形的に構成されたものであれば、ピタゴラスの三角形を持ち、その三辺の長さと円弧の半径 r_1、r_2、r_3 は整数となるだろう。ピタゴラスの三角形は辺の数を40までに限るとその数はわずかに6であり、次のような三辺を持つ三角形である。

1) 3, 4, 5　　2) 5, 12, 13　　3) 8, 15, 17　　4) 7, 24, 25
5) 20, 21, 29　　6) 12, 35, 37

このような条件から、野中堂ストーンサークルの外側のサークル

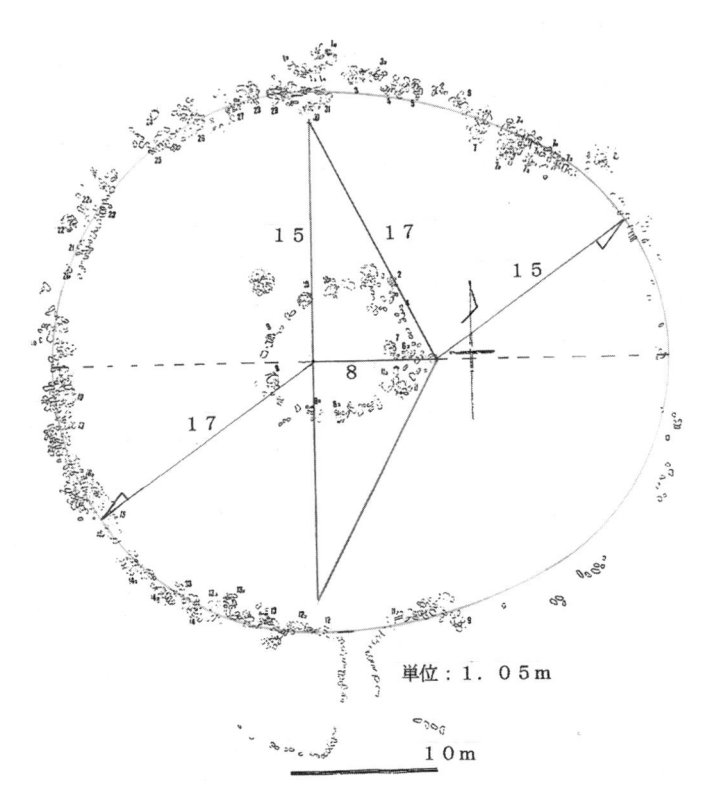

図9　野中堂ストーンサークルの構造プラン

の図形構造プランとして可能性のあるものは、図9に示したような、ピタゴラスの三角形（8，15，17）に基づいた卵型図形のプランである。

　　半径r1、r2、r3とそれらの中心がつくるピタゴラスの三角形の辺a，b，c，はそれぞれ以下のような長さである。

（1単位＝1.05m）

a＝8単位＝8.4m　　　b＝15単位＝15.75m　　　c＝17単位＝17.85m

r1＝17単位＝17.85m　　　r2＝15単位＝15.75m

r3＝32単位＝33.6m

したがって、外側のストーンサークルがこの図形プランに基づいているとした場合の全長と全巾は以下のようになり、遺跡の全長、全巾と一致していることが見てとれる。

全長＝（17＋8＋15）単位＝40単位＝42.0m

全巾＝（17×2）単位＝34単位＝35.7m

また測量図から、内側のサークルの全長は約10.5mであり、全巾は

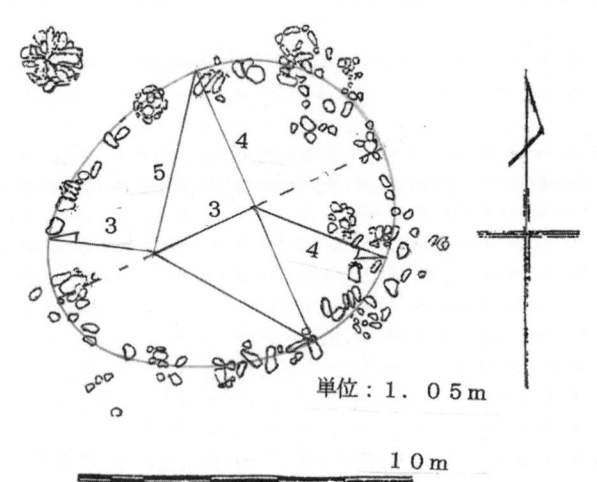

図10　野中堂ストーンサークルの構造プラン（内帯）

約8.5mである。半径r1、r2、r3とそれらの中心がつくるピタゴラスの三角形の辺a、b、cは以下のような長さであったと考えられる。(図10)

(1単位＝1.05m)

a＝3単位＝3.15m　b＝4単位＝4.2m　c＝5単位＝5.25m

r1＝4単位＝4.2m　　r2＝3単位＝3.15m　　r3＝8単位＝8.4m

　したがって内側のストーンサークルは（3，4，5）のピタゴラスの三角形に基づいた卵形図形をプランとしていると考えられる。その全長と全巾は次のようになり、遺跡の全長、全巾と一致している。

全長＝（4+3+3）単位＝10単位＝10.5m

全巾＝（4×2）単位＝8単位＝8.4m

　このように、外側と内側のストーンサークルの配石のならびは、共にピタゴラスの三角形に基づいた卵形図形によく一致する。そして、これら2つのストーンサークルから得られた長さの基本単位は共に1.05mである。このことは2つのストーンサークルの半径と三角形の辺がすべて整数になっていることを意味する。このようなことは偶然ではなく、野中堂ストーンサークルが長さの基本単位を1.05mとする卵形図形プランによって建造されたと考えられる。

5 忍路ストーンサークルの構造プラン

　忍路ストーンサークルは北海道余市町と小樽市の間、札幌市の北西に位置する。小さいほうの遺跡は地鎮山と呼ばれる小さな山の端にあり北緯43°15′13″東経140°52′31″に位置する。この遺跡は地鎮山環状列石と言われているものである。また、大きいほうの遺跡は約300m離れた小高い三笠山の麓にあり、北緯43°15′28″東経140°52′42″に位置する。この忍路環状列石は通称三笠山ストーンサークルと言われているものである。

　小樽市忍路の中村子之吉氏によると本州から北海道へ1862年（文久二年）に和人が移住した時に北海道の先住民であるアイヌから三笠山の環状列石のことを聞いたということである。その後残念ながら、ストーンサークルの一部の石は忍路湾に運ばれ魚場のローカの土台石として利用された。また、当時三笠山ストーンサークルにアイヌがサケ等を供えていたことを中村氏はおじいさんから聞いたということである。アイヌがサケ等を何のために供えたかについては、はっきりしないが、三笠山ストーンサークルがアイヌにとって、神聖な場所であったことをうかがい知ることができる。

　1925年には、このあたりで山火事があり、林の中から姿を現した地鎮山の環状列石が世に知られることになった。1949年に駒井和愛は地鎮山遺跡の調査を行い内部に敷石を伴ったピットを確認したとしている。またピット中に骨が埋まっているかどうかを判断するため、土壌中のりんの検出を試みたが、りんは検出されなかった。[(2)]

　本調査は中村氏により管理されてきたこの2つのストーンサークル

について行ったものである。著者がこれらの2つのストーンサークルを始めて目の前にしたときに、正確な測量を行って、図形的、天文学的な解析を試みるべきであると感じた。なぜなら地鎮山、三笠山ストーンサークルの写真からも解るように、これらの遺跡の石はほとんどのものが立ったままである。完全に倒れたものも一部あったが、ほとんどの石は、いわゆる立石であり、ストーンサークルが人による破壊をまぬがれ、また地震等の自然災害にも耐えて、ほぼ建造当初のままの姿を保っていると考えられた。傾いている立石も多いが、傾いた石の接地面はほぼ建造当時のものであると見ることができる。また数は少ないが完全に倒れた石であってもたおれた方向すなわち石のもともとの上下が推測できるものもあった。しかし、今回の調査では倒れた石については、もとの位置を推測することはせず、そのままの状態で接地面の中心を測量することとした。

本調査の測量には、コンパスつきの経緯義、平板及び巻尺を使用した。コンパスの誤差は約0°.2である。

地鎮山ストーンサークルには11個の立石を確認することができた。立石の位置を巻尺とコンパスつきの経緯儀により測った。測量による結果は（図11）のとおりである。

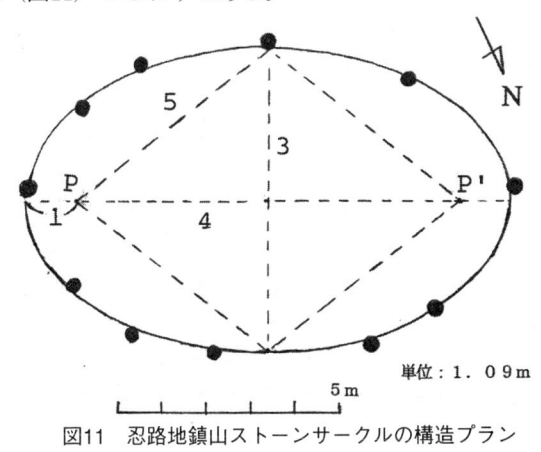

図11 忍路地鎮山ストーンサークルの構造プラン

この測量から地鎮山ストーンサークルは長軸が10.9m、短軸が6.5mであることが解り、短軸÷長軸＝0.6の楕円形をしていることが見てとれる。（前述の楕円図形を参照のこと）トムの調査では、同じ図形を持つ遺跡がブリテンで報告されている。

　地鎮山ストーンサークルについては「日本の巨石文化」にその規模を記した個所があるが、著者の測量と異なる数値が記されている。著者の測量に対する信用にもかかわることなので、この点について説明しておきたい。地鎮山ストーンサークルの測量図は「日本の巨石文化」にも実測図が示されているが、その実測図に定規を当てて計ってみると、短径はやはり6～7mであり、短径の記述を8mとしているのは誤りであることに気づく。著者の測量では短径は6.5mである。

　地鎮山ストーンサークルは、図11のように楕円を形成していて、楕円の焦点と短軸と長軸により3，4，5のピタゴラスの三角形が建造プランとして組み込まれている。このピタゴラスの三角形は4つ集まって、ひし形を形成している。辺の比が3，4，5のピタゴラスの三角形から短軸は6単位、長軸は10単位である。長軸は10.9mであり、長さの単位として、1.09mを使用してストーンサークルが建造されたと見ることができる。

　このように、地鎮山ストーンサークルは測量の結果から（3，4，5）のピタゴラスの三角形を内包したものであり、長さの単位は1.09m（2×54.5㎝）が使用されたと考えられる。

　三笠山ストーンサークルは200以上の立石から成っている。（写真1及び図1、図12）それらは明らかに4つのグループより成っていて、図中（1）及び（2）で示した列石は外側の大きなサークルを形成している。（1）の大きなサークルには100を超える立石が並び、ほぼ建造当時の配列を残していると思われる。石の大きさは長さが1m以上

のものもあり、巾と奥行きは50cm前後のものが多い。(2)の一番外側のサークルの石は70あまりを数えることができる。石の大きさは1)のサークルのものとほぼ同じである。このサークルの石は建造当時のままと思われる立石も多いが、明らかに倒れているものもあり、また恐らく移動しているものもあると考えられる。(3)は小さい立石(高さ約10~40cm)から成っている中心付近のサークルである。また、(4)はこれらのサークルに属さない独立しているAからNまでの立石である。これら独立しているAからNまでの石はやや細長い形状をした立石である。それらは割合小さな石や長い石で囲まれ支えられている。それは秋田県大湯環状列石で時計の文字盤のように囲まれている立石において顕著にその特徴を表している。(巻頭写真)C,G,Iの地点については立石が失われていたが、基礎となる支える石

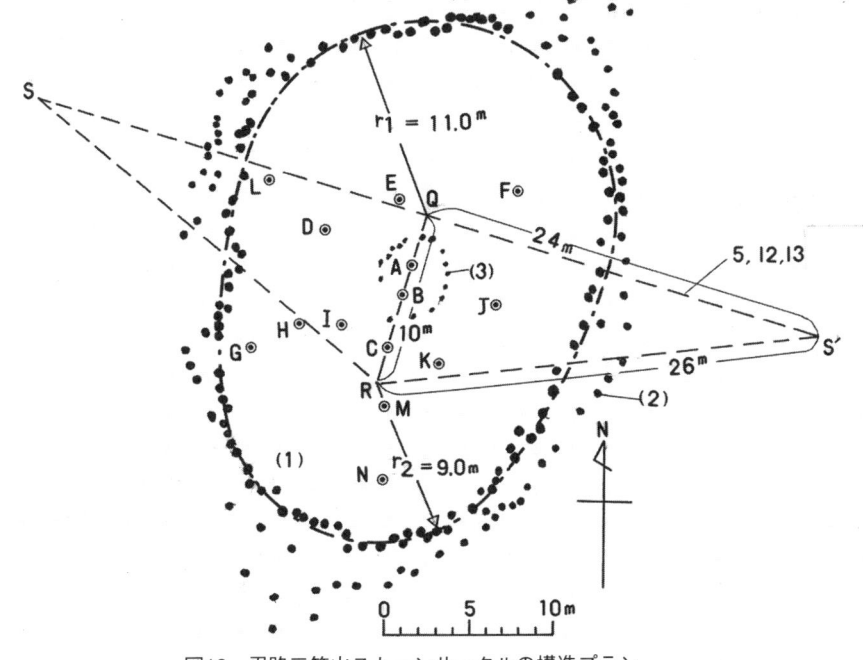

図12 忍路三笠山ストーンサークルの構造プラン

が残っていたため、独立石がもともとそこにあったと考えられる。このように、サークルを形成しない独立した立石がAからNまで合計14個あったと考えられる。

　三笠山ストーンサークルの測量結果は図12のとおりである。三笠山ストーンサークルが幾何学的図形に基づいて建造されたものかどうかを調べてみることにしよう。

　大きい卵形図形であると見られる（1）の図形は円弧の重ね合わせによって描くことができる。図中、半円のTT'は中心をQとする半径r1によって描くことができる。反対側の円弧UU'は中心をRとする半径r2によって描くことができる。また、それをつなぐ、両側の円弧は中心をS,S'とする半径r3によって描くことができる。そしてこれらの半径r1、r2、r3と円弧の中心が作る直角三角形の三辺の比がすべて整数になれば、このストーンサークルがピタゴラスの三角形による卵形図形に基づいて建造されたと見ることができる。

　測量図から求められたそれぞれの長さは、次のようである。中心をQとする大きいほうの円弧の半径r1は11.0m、中心をRとする小さいほうの円弧r2は半径9.0mである。QRの長さは10.0mである。したがって直角三角形QRSの三辺a、b、cと半径r1、r2、r3は次のように表すことができる。

　　r1＝11.0m　　r2＝9.0m　　a＝10.0m

　　$a^2 + b^2 = c^2$

　　c＝b＋2.0m（c＋9.0m＝b＋11.0m＝r3）

　　したがって、a＝10.0m　　b＝24.0m　　c＝26.0m

　　（5, 10, 12のピタゴラスの三角形）

　半径r1＝11.0m　　r2＝9.0m　　r3＝35.0m　が得られる。

　このように、a、b、cとr1、r2、r3の長さがすべて整数になっていて、この卵型図形がストーンサークルの石の並びによく一致

している。図形の基本となっている三角形は三辺の比から5，12，13であり長さの単位は2.0mである。これを簡潔に2（5，12，13）×2.0 mと書くことができる。

その外側のサークル（2）は配列が整っていないが、立石として残っている石がもともとの位置を示しているものと考えると、ウッドヘンジ遺跡（図4）のように同心円によって（1）のストーンサークルから2m外側に配置された可能性がある。もしそうだとすれば、3つの円弧の半径は11.0m　13.0m　37.0mであっただろう。

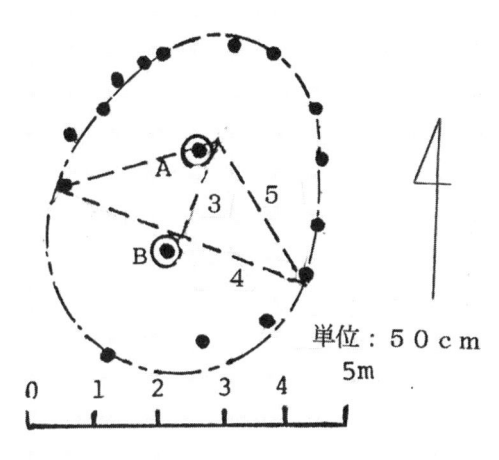

次に内側のグループ（3）のサークルは全長が5.0m、巾が4.0mである。（図13）内側のストーンサークルは三辺が（3，4，5）の三角形に基づいた卵型図形によって建造されたと考えられる。このような図形は、イギリスを始めとして、ヨーロッパ、中近東、アジアにおいてよく見られるものである。(13)　また、大湯野中堂環状列石の内側のサークルと同じ図形プランである。したがって、三角形の辺 a，b，c および半径 r 1，r 2，r 3 はそれぞれ以下のような長さになる。

図13　忍路三笠山ストーンサークルの構造プラン（内幕）

　　　　1単位＝0.5m
a＝3単位＝1.5m　　b＝4単位＝2.0m　　c＝5単位＝2.5m
r1＝4単位＝2.0m　　r2＝3単位＝1.5m　　r3＝8単位＝4.0m

　図形を構成する三角形は地鎮山ストーンサークルと同じ3，4，5のピタゴラスの三角形に基づいている。基本となっている長さは0.5mである。外側のストーンサークルの基本となっている長さは2.0mである。この結果から、三笠山ストーンサークルは長さの基本単位として、0.5m（50cm）または、1.0mが使用されたのではないかと考えられる。

　地鎮山ストーンサークルでは54.5cmが基本単位として考えられ、三笠山ストーンサークルでの50cmとは異なるものである。この点については二通りの考え方ができるのではないだろうか。ひとつは、2つ以上の単位を建造者が知っていて、それを目的や対象物によって使い分けていたと言う可能性である。もうひとつは、2つのストーンサークルの建造年代が違うと言う可能性である。

　以上の結果から三笠山ストーンサークルと地鎮山ストーンサークルが共に幾何学的な構造プランに基づいて建造されたのではないかと考えられる。このことはまた、建造者が幾何学的な知識の実際の部分を知っていたことを物語っている。ここに、重要な疑問として、ストーンサークルになぜピタゴラスの三角形、すなわち三辺が整数となるような三角形や整数倍となる半径を常に使用したのかということがある。この点については、建造者の好みとか、彼らの信念が感じられるところであるが、この点についての考察はストーンサークルの機能に関連することなので、後の章に記すことにする。

　大湯野中堂、忍路三笠山、地鎮山の各ストーンサークルの幾何学的な構造プランは以下のように記すことができる。

名　　称	長さの単位	図形プランのなかの ピタゴラスの三角形	r2、r1、r3 （半径）
地鎮山ストーンサークル	1.09m	3, 4, 5	楕円形
三笠山ストーンサークル （外側）	1.00m	5, 12, 13	9, 11, 35
三笠山ストーンサークル （内側）	0.50m	3, 4, 5	3, 4, 8
野中堂ストーンサークル （外側）	1.05m	8, 15, 17	15, 17, 32
野中堂ストーンサークル （内側）	1.05m	3, 4, 5	3, 4, 8

　これらのストーンサークルではいずれも、構造プランの中に3, 4, 5のピタゴラスの三角形が使用されていたと考えられる。また、三笠山ストーンサークル（内側）と野中堂ストーンサークル（内側）は同型（相似形）であり、大きさが約1：2であると考えられる。それぞれの遺跡に使用された長さの単位は次のようになる。

地鎮山ストーンサークル　　　1.09m　　（54.5cm）
三笠山ストーンサークル　　　1.00m　　（50.0cm）
野中堂ストーンサークル　　　1.05m　　（52.5cm）

　参考までに、日本の律令時代の古代条里制では、1町＝60歩が約105m又は約109mが使用されている。これらの単位は野中堂ストーンサークルの1.05mや地鎮山ストーンサークルの1.09mのちょうど100倍であり、同じ尺度であると見ることもできる。また、縄文時代と同じ時期に栄えた文明である古代エジプトの尺度単位キュビット（52.4cm）やメソポタミアのキュビット（54.5cm）と一致している。

6 ストーンサークルと天体

　ストーンサークルと天体の関係を天文学的に調べるために必要なことを以下に整理して記すことにする。まず基本となる天球の座標は以下のように説明することができる。

　地上の位置を経度と緯度で表すのと同様に、星の位置は天球上の座標で表し、天球上の緯度（赤緯という）と経度（赤経という）とで表される。赤経は春分点を0度として360度で一周する。赤緯は北を+90°で表し、南を-90°で表す。もし、私達が赤道上に立って見上げると、真東—天頂—真西のライン（赤道面）が赤緯0°となる。そして水平線上の北が赤緯+90°、南が赤緯-90°で表される。

　遺跡と天体の関係についての調査では、遺跡が示しているライン

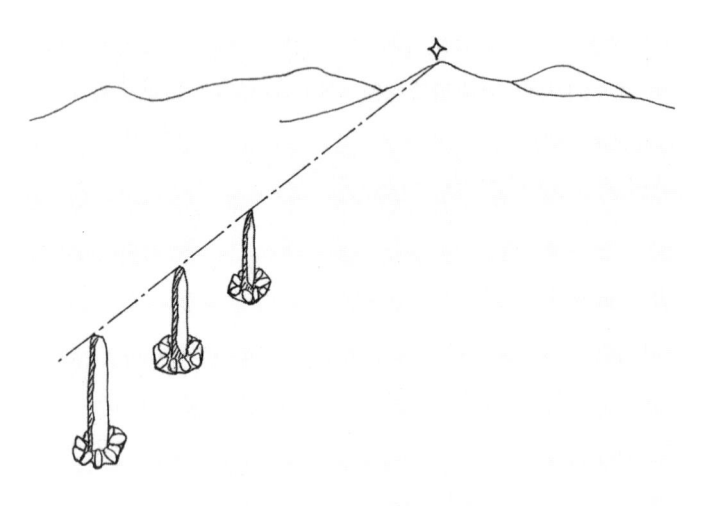

図14　遺跡のラインと天体の出没位置

が周囲の山なみ(稜線)のどの点を示しているかが問題となる。遺跡の示すラインは山なみのある特定点を示していると見ることができる。(図14)そして、その特定点は天体の出没位置を示している可能性がある。天体は地球の日周運動により、一日でほぼ一周するような運動をしている。そして、天体の出没位置はその天体の天球上の位置、赤緯によって決まる。(赤経は出没位置と関連がない。)したがって、遺跡の示すラインは特定の天体の赤緯を示していると考えることができる。恒星の場合には同じ位置から見た時には、恒に同じ位置から出没していることが観察できる。太陽は、春分、秋分の日には赤緯0°に位置しているので、仰角が0°の水平面上では、真東から日の出を見て、真西に日の入りを見ることができる。

遺跡のラインが示す方位と仰角により、そのラインが示す天球上の赤緯を求めることができる。天球上の赤緯 δ (デルタ)は次の関係式により求めることができる。

$$\sin\delta = \sin\lambda\sin h + \cos\lambda\cos h\cos A$$

δ =赤緯　A =方位角　　h =仰角　　λ =遺跡の緯度

この式を用いることにより、遺跡の緯度λと遺跡のラインが示す方位角Aとそのラインが山なみと交わる点の仰角hを得ることにより赤緯δを計算することができる。実際に遺跡から得られたラインから天球上の位置(赤緯)を求めるためにはまず、ラインの方位Aを測量し、求める。この方位は、北を0°として東が90°南が180°東が270°というように時計回りに360°となる。方位が求められたら、次にラインの示す方向にある山なみ(山の端)への仰角を求める。仰角は、当然のことであるが、近すぎて測ることに意味がない場合もある。山に生えている木についても、現在の木の高さと当時のものが同じであるかどうかは、不明であるので山なみまでの距離が十分離れているかどうかについても考慮しなければならない。

遺跡があるラインを示していると考えられる代表的なものは次のような場合である。

〔ストーンサークルの中心線によるライン〕

ストーンサークルは多くの場合、シンメトリックな図形つまり左右対称形をしている。そのため中心線が存在する。

〔遺跡から遺跡へのライン〕

二つの遺跡が離れて存在する場合にできるライン。この場合、それぞれの遺跡の特徴から重要なポイントを明確にする必要がある。

〔遺跡から離れた独立石へのライン〕

この場合にもある程度の距離が必要であるが、遺跡のどのポイントからラインがひかれているかが、重要な点である。

〔独立石が三つ直線に並んだライン〕

三つの石が直線に並んでいる場合はその直線に意味があると考えられる。

このように遺跡のラインを調べることにより天球上の赤緯が重要な情報として得られる。そして得られた赤緯がどういった意味を持っているのかを調べるために、天球上の天体の動きを理解していることが必要となる。詳しいことは天文の専門書を参考にしていただきたいが、必要と思われることの説明を試みることにする。

天球上を太陽が通る道を黄道といい、月が通る道を白道という。黄道は地球の地軸が軌道面と66°.5傾いているため赤道面から23°.5の傾きを持つ。したがって太陽は、春分点では赤緯が0°にあり、夏至に+23°.5冬至に-23°.5にある。ただし、ゆっくりではあるが数千年でこの傾きがわずかながら変化している。その値は、紀元前2000年では、約23°.929とされている。

　ｄｅｓｉｔｔｅｒによる計算では以下のような値が示されている。[3]
2000 B.C.　23°.9292

1700B.C.　23°.8969
1000B.C.　23°.8175
A.D.1900　23°.4523

　月が通る道である白道は黄道と5°.15の傾きをもっている。そして、黄道と白道の交点は18.6年の周期で移動している。また月の軌道の短い周期での揺らぎが0°.15であるとされている。また、月の視直径は約0°.5である。そのため満月の赤緯は冬至の時に、+23°.9±5.55の範囲にあり、+29°.45と+18°.35の限界値が得られる。夏至では同様に-23°.9±5.55の範囲に位置し、-29°.45と-18°.35の限界値が得られる。[14]

　月は満月の時には、地球を間にはさんで太陽と正反対に位置する。従って、夏至のころの満月は低い位置にあり、逆に冬至のころの満月は高い位置にある。このように、高い月は冬に、低い月は夏に見ることができる。ヨーロッパの多くのストーンサークルは月と関連があることが報告されている。ストーンサークルは比較的高緯度地帯に多く建造され、北海道、東北地方また樺太、シベリア、北欧諸国、イギリス等に存在することがよく知られている。このような高緯度地帯では、冬至の頃には太陽の位置は低く日照時間も短くなる。そして北緯65°以北では白夜も訪れる。一方、月は高く上り高緯度地方の長い冬の夜を長時間にわたって照らし、当時の人々の暮らしに大きな影響を与えていたと考えられる。

　1.6等星より明るい恒星は全天で22星を数えるにすぎない。恒星は天球上ではその位置を変えない。厳密には変えないとはいえないが、変化はわずかなので、見かけ上はその位置は変わらない。そのため、地上の定点から観察すると、常に一定の場所から昇り、一定の場所へ降りることが見て取れる。ただし、恒星は長い年月では、緩やかではあるが、その位置を変えている。地球の地軸（回転軸）が約

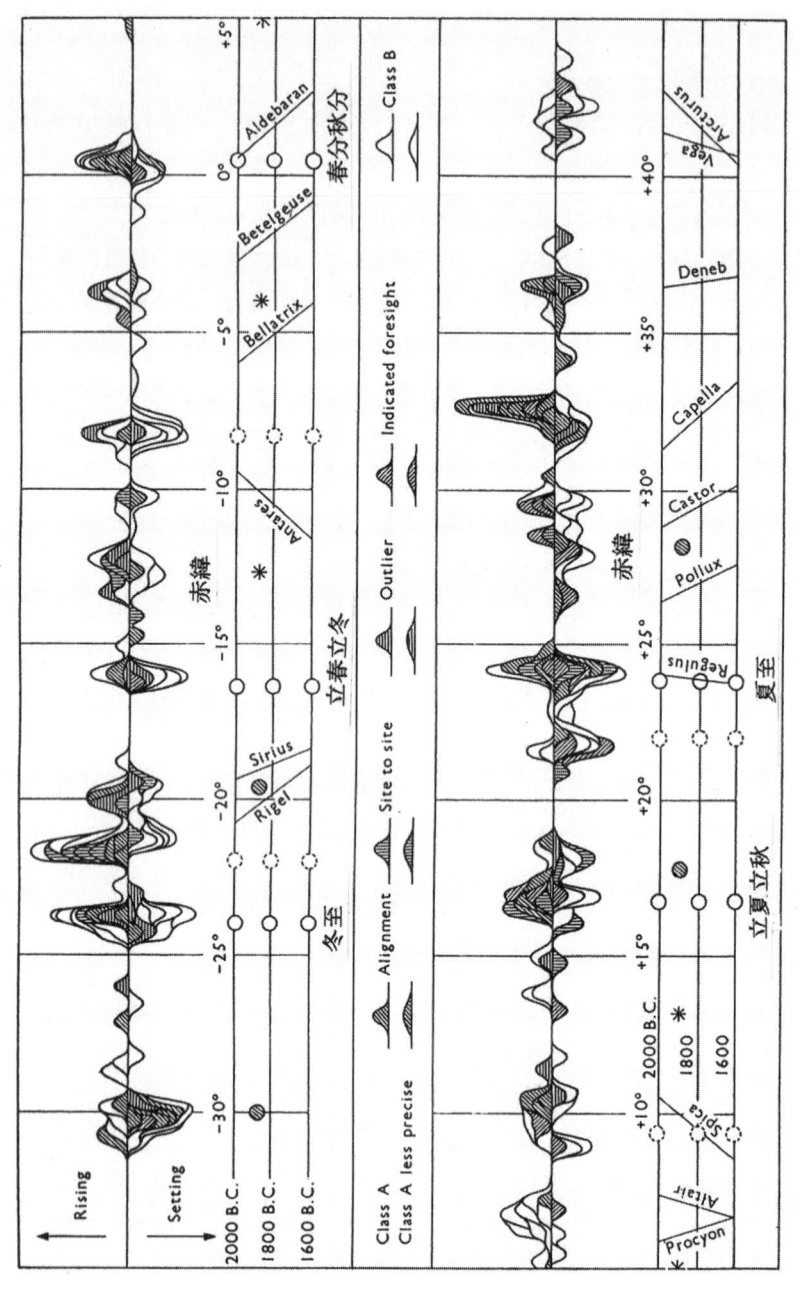

図15 遺跡のラインが示す天体の位置
(Megalithic Sites in Britain より)

26000年を周期として一回転するような運動をしていることが、知られている。これを歳差運動という。その為恒星は100年当たりで、わずか1度未満ではあるが、その位置を少しずつ変えていく。また、恒星の中には宇宙空間を固有の方向へかなりのスピードで移動しているものがあるが、地球からは遠いため見かけ上はわずかな移動に留まる。この移動は恒星の固有運動と言われるものである。歳差運動と固有運動とを加えたものが恒星の移動として見かけ上現れるもので、数百年もすると、天球上をかなり移動する恒星もある。次に天文学的な調査結果について、トムの研究を紹介する。

トムは著書 "Megalithic Sites in Britain"(3) において遺跡の調査結果から赤緯の計算が可能なラインを記している。それらは遺跡では100以上を数え、ラインでは200以上にのぼっている。それらのラインから得られた赤緯は、太陽や月そして明るい恒星の当時の位置（昇降点）と一致することが報告されている。（図15）

太陽の位置については、春分（秋分）点である赤緯 $\delta = 0°$ と夏至 $\delta = +24°$　冬至 $\delta = -24°$ 及びその中間点である立春、立冬 $\delta = -16°.8$、立夏、立秋　$\delta = +16°.8$が遺跡のラインから得られた赤緯にきわめて多いことが示されている。さらにこれら一年のなかの8節季の中間点である　$\delta = +9°.0$、$-9°.0$　及び　$\delta = +22°.0$ $-22°.0$にも多くのラインが確認されている。こういった結果は当時の人々が一年を16の季節に分けて観測していたことを裏づけるものであろう。

また太陽が $\delta = \pm 24°$ まで動くことができるのと同じように、月はその軌道の限界を $\delta = +29°.5$ と $\delta = -29°.5$ に持つ。そして多くのラインがこの値を示しているとしている。

また当時（紀元前1800年頃）、明るい星（一等星）のひとつ御車座の α 星カペラが $\delta = +32.5°$ に位置しており、15のラインがこの値を

示したとしている。その他、オリオン座の β 星リゲル δ = -19°.8 大犬座の α 星シリウス δ = -18°.9　おとめ座の α 星スピカ　δ = +9°.5　白鳥座 α 星のデネブ　δ = +36°.6　などの値と、数十のラインから得られた赤緯が一致し、これらのラインが明るい星の当時の昇降点を示しているものとしている。

　このように、星の位置と遺跡のラインとの関連から、星の歳差運動等による移動を計算した結果を参照し、トムはブリテンの多くの遺跡は紀元前2000年から紀元前1800年の間に建造されたものであるとしている。

7　忍路三笠山ストーンサークルと天体

　忍路三笠山ストーンサークルには、図12で示したように、ストーンサークルの内側に明らかにサークルを構成しない、一見ばらばらに配置された立石がある。これら独立した立石は11ヶ所に確認され、さらに3ヶ所では立石を支えていたと思われる石が確認できた。この支えていたと思われる石により、そこに、もともと立石があったと考えることができる。（AからNまで）これらの独立立石は一見して、細長いものが多く（写真1、2参照）加工が施されているものもあり、明らかにサークルを形成している立石とは異質のものである。そのためサークルを構成する石とは異なる役割をもっていたと考えられる。また、立石を囲んで支えている石は、これらの石が計画的に配置されたことをうかがわせる。

　これらの独立立石の位置関係は図形として何ら意味を持たない。しかし、調べてみるとそれらの立石のうち3つの立石がならんで、直線となるものが、7組あることがわかった。それらはあるラインを示していると見ることができる。その7組はH—C—K、L—D—B、G—H—A、J—A—D、M—C—E、A—B—CおよびF—K—Nである。このうち立石ＡＢＣはストーンサークルの図形の中心線上に配されたものである。

　しかしながら、これら7つのラインと関連のない独立立石もあり、さらに独立立石の示すラインを調べてみることとした。個々の独立立石へのラインとして、独立立石を見る位置つまり、観測点の可能性がある位置は、このストーンサークルの図形的配置から見て中心

線上のいくつかの点に限られている。そこで、中心線上の各点Q,A,B,C,Rが観測点であったかどうかについて計算により確かめることとした。その具体的方法は次のようにして行った。それぞれの観測点の候補となる地点（Q,A,B,C,R）から個々の独立立石へラインを引くことができる。次にそれらのラインが示す方位と仰角から天球上の赤緯を各々計算し、求めた赤緯と当時の天体の位置（赤緯）とを比較してみた。その結果、地点A,B,C,Rを観測点として立石を見た場合には何ら意味をもつような天体との関係がある赤緯は得られなかったが、観測点をQとした場合には立石へのラインが示す赤緯は当時の天体との関連を強く示した。

図16は得られた結果をまとめたものである。表中、立石のラインは独立立石3つが並んだラインとQを観測点として見た立石へのラインを示している。方位Aはそのラインの北からの角度である。仰角hはそのラインが山なみと交わる点の角度である。赤緯$δ$は方位と仰角から計算して得られるものである。一番右の列には、ラインから得られた赤緯に当時あったと考えられる天体とその赤緯（その天体の天文データから得られる赤緯）を示した。

写真2　三笠山ストーンサークルの独立立石

一年を八等分するような太陽の天球上での位置（赤緯＝δ）と一致していると考えられる独立立石は以下のとおりである。

Q—Jのラインはδ＝-24°.7を示し冬至の日の出の位置δ＝-23°.8を示している。

Q—Hのラインはδ＝-23°.8を示し冬至の日没の位置δ＝-23°.8を示している。

G—H—Aのラインはδ＝+23°.4を示し夏至の日の出の位置δ＝+23°.8を示している。

H—C—Kのラインはδ＝-0°.3を示し春分及び秋分の日の出の位置δ＝0°.0を示している。

立石のライン	方 位 A（度）	仰 角 h（度）	赤緯 δ（度）	天体の赤緯 δ（度）	天 体
Q — J	138.0	9.7	-24.7	-23.8	冬至(太陽)
Q — H	230.0	5.3	-23.8	-23.8	冬至(太陽)
G—H—A	63.4	6.1	+23.4	+23.8	夏至(太陽)
H—C—K	104.8	14.8	-0.3	0.0	春分・秋分(太陽)
L—D—B	126.8	12.0	-16.5	-16.5	立春・立冬(太陽)
Q — F	73.2	6.7	+16.8	+16.5	立夏・立秋（太陽)
Q — I	217.2	5.5	-30.8	-29.5	月の限界位置
J—A—D	292.8	4.5	+19.6	+18.4	月の限界位置
Q — E	308.2	5.3	+30.8	+30.9*	カペラ２１００B.C.
Q — L	282.2	3.2	+11.1	+11.0*	スピカ２１００B.C.
Q — D	264.0	2.5	-2.7	-3.2*	ベテルギュース２１００B.C.
Q — G	233.7	5.2	-21.6	-21.2*	リゲル２１００B.C.
Q — K	173.3	5.7	-40.7	-40.3*	ケンタウルスα星２１００B.C.
E—C—M	183.4	8.4	-38.3	-38.2* -38.0*	ケンタウルスβ星２１００B.C. 南十字β星２１００B.C.
Q-A-B-C-R	197.0	9.2	-35.4	-35.4*	南十字γ星２１００B.C.
F—K—N	205.0	6.6	-35.2	-35.4*	南十字γ星２１００B.C.

＊ スミソニアン・スターカタログによる値

図16　独立立石が示すラインと一致する紀元前2100年の天体

L—D—Bのラインは$\delta = -16°.5$を示し立春（節分）及び立冬の日の出の位置$\delta = -16°.5$を示している。

Q—Fのラインは$\delta = +16°.8$を示し立夏及び立秋の日の出の位置$\delta = +16°.5$を示している。

　太陽の動きによって一年を八等分するカレンダーは冬至から、立春、春分、立夏、夏至、立秋、秋分、立冬、冬至に至るものである。このように、独立立石のラインの方向は太陽の一年の動きを示すこれらすべての日の出の位置を示していることがわかる。
　また、特に冬至については、日の出の方向と日没の方向に立石を配してあり、建造者にとって重要であったことがうかがわれ、冬至に一年の始まりとしての位置付けがあったと考えられる。また、冬至はその民俗学的意味合いから、太陽や生命の再生という意味を内包していることも考えられ、そうしたことから重要視していたのかもしれない。
　月の軌道面である白道は太陽の軌道面である黄道と$5°.15$傾いている。また、月の視直径は約$0°.5$であり、月の軌道の揺らぎが$0°.15$あることも報告されている。(14) そのため、月は冬至には$+29°.5$と$+18°.4$に夏至では、$-29°.5$と$-18°.4$にその限界値（赤緯）を持つ。そして、トムによると多くの遺跡上のラインがこの値を示しているとしている。月の位置を示していると思われるラインは以下のとおりである。

　独立立石のラインQ—Iは$\delta = -30°.8$を示し、夏至の月の限界値$\delta = -29°.5$を示していると考えられる。

独立立石のラインJ—A—Dは$\delta = +19°.6$を示し、冬至の月の限界値 $\delta = +18°.4$を示していると考えられる。

8 明るい恒星と忍路三笠山ストーンサークル

　有史以前の忍路において、特に明るい星が輝いていた位置と三笠山ストーンサークルの独立立石のラインが示す位置とが一致するかどうかを調べることができる。前章で記したように、恒星は地軸の歳差運動とその星の固有運動によって長い年月をかけ、天球上をそれぞれ違う方向へ動いている。その移動を過去にさかのぼって調べることができる。このような目的のためのスターカタログ（Smithonian 5000 and 10000 star catalogs）[15]がスミソニアン研究所から刊行されている。このカタログから恒星の10000年前から現在までの天球上の位置（赤緯）を知ることができる。

　図17に、このカタログのデータから明るい星（1.6等星以上の星）の紀元前5000年から紀元0年までの天球上の動き（赤緯）を示した。横軸には年代を、縦軸には赤緯を示した。忍路三笠山ストーンサークルは北緯43°15′に位置しているので、赤緯−47°から−90°までの星は常に地平線の下に位置していて、見ることができない。図の右側に明るい星とその光度を示した。それらの星が過去にどのように動いていたかをこの図から読み取ることができる。左の列に示したのは、独立立石の示すラインとそのラインが示す赤緯δである。このラインが示す値δを点線で示した。この図から明らかなように、紀元前2100年の明るい星の位置（赤緯）とこれらの独立立石のラインが示す位置（赤緯）とが一致していることがわかる。

　当時の明るい星の位置（δ）と独立立石のラインが示す位置（δ）が一致するものは以下の通りである。

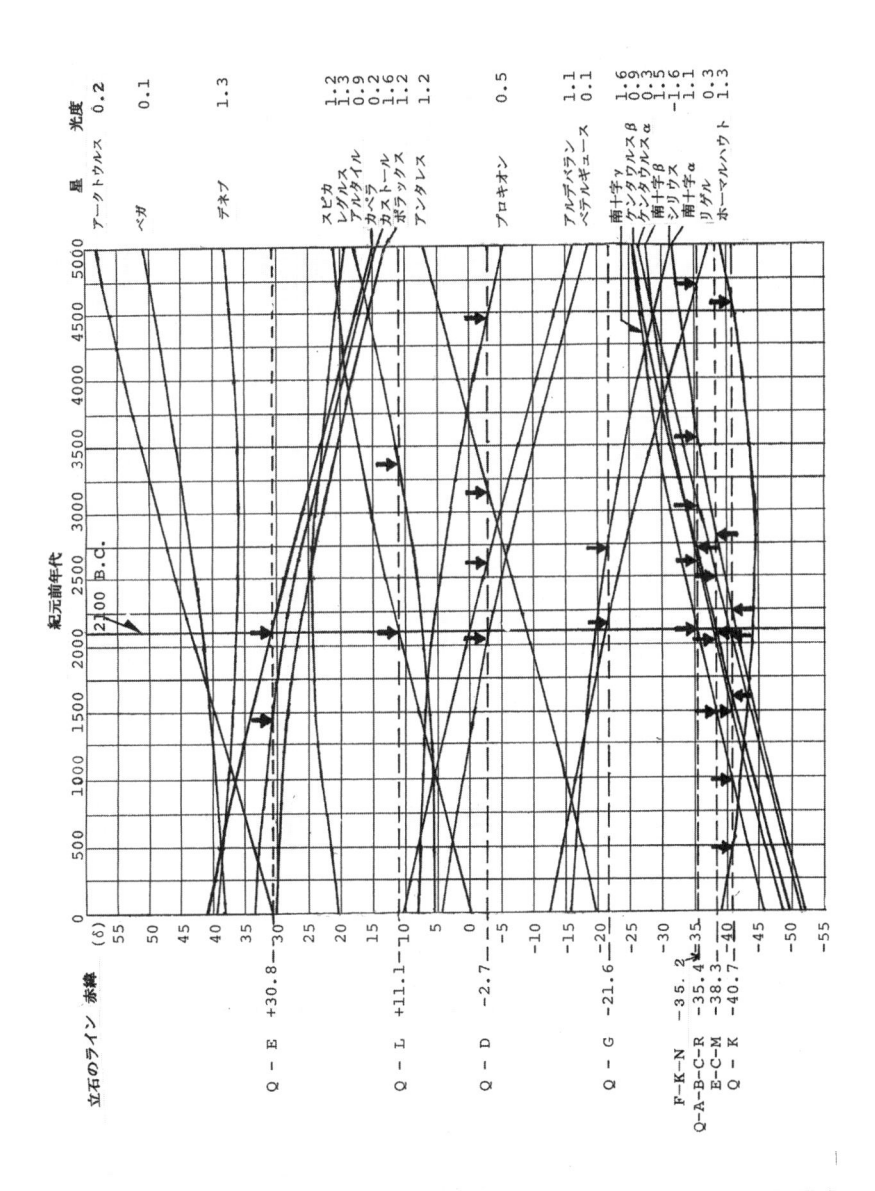

図17　紀元前年代の明るい恒星の移動の様子

Q—Eのラインは $\delta = +30°.8$ を示し、**御車座のα星カペラ**（0.2等星）が紀元前2100年に輝いていた位置 $\delta = +30°.9$ と一致している。

Q—Lのラインは $\delta = +11°.1$ を示し、**おとめ座のα星スピカ**（1.2等星）が紀元前2100年に輝いていた位置 $\delta = +11°.0$ と一致している。

Q—Dのラインは $\delta = -2°.7$ を示し、**オリオン座のα星ベテルギュース**（0.1等星）が紀元前2100年に輝いていた位置 $\delta = -3°.2$ と一致している。

Q—Gのラインは $\delta = -21°.6$ を示し、**オリオン座のβ星リゲル**（0.3等星）が紀元前2100年に輝いていた位置 $\delta = -21°.2$ と一致している。

Q—Kのラインは $\delta = -40°.7$ を示し、**ケンタウルス座のα星**（0.3等星）が紀元前2100年に輝いていた位置 $\delta = -40°.3$ と一致している。

E—C—Mのラインは $\delta = -38°.3$ を示し、**南十字β星**（1.5等星）$\delta = -38°.0$ と**ケンタウルス座β星**（0.9等星）$\delta = -38°.2$ が紀元前2100年に輝いていた位置と一致している。この2つの星は紀元前2100年には赤緯でわずかに$0°.2$しか離れていなかった。したがって、立石E—C—Mは2つの明るい星の降点を示していると考えられる。

遺跡の中心軸であるラインQ—A—B—C—Rは $\delta = -35°.4$ であり**南十字γ星**（1.6等星）が紀元前2100年に輝いていた位置 $\delta = -35°.4$ と一致している。

またF—K—Nのラインは$\delta = -35°.2$ を示し、**南十字γ星（1.6等星）**が紀元前2100年に輝いていた位置$\delta = -35°.4$と一致している。

このF—K—NのラインはラインQ—A—B—C—Rの示す地点で、一度没した南十字γ星が山なみの傾斜の関係でもう一度出現する場所を示している。

このように三笠山ストーンサークルでは明るい星の位置を示していると考えられる立石のラインは全部で8を数えることができる。これらのラインが示す赤緯とスターカタログから得られる個々の星の紀元前2100年当時の赤緯はよく一致しており、その誤差はすべて0.5度以内にとどまっている。

したがって、三笠山ストーンサークルの建造年代は紀元前2100年であり、その誤差はわずか数十年と考えることができる。この建造年代は、考古学的な発掘調査により大規模なストーンサークルが日本で建造されたとされる年代（縄文後期前半）と一致する。また図8に示したようにブリテンでの調査においても三笠山ストーンサークル同様、カペラ、スピカ、ベテルギュース、リゲルの昇降点と遺跡のラインが一致していることが明らかにされている。ただし、ケンタウルスα星β星と南十字星はブリテンでは高緯度のため当時においても見ることができなかった。

図18に独立立石の示すラインと天体との関係をまとめた。独立立石は一見、ばらばらに配置してあるように見えるが、独立立石は実はラインの交点に立てられており、それぞれの独立立石がなぜそこに建てられたのか、その位置でなければならなかったのかを、理解することができる。

図19に三笠山ストーンサークルから見たスカイライン（山なみ）と紀元前2100年当時の立石が示す天体（太陽、月、明るい星）の昇

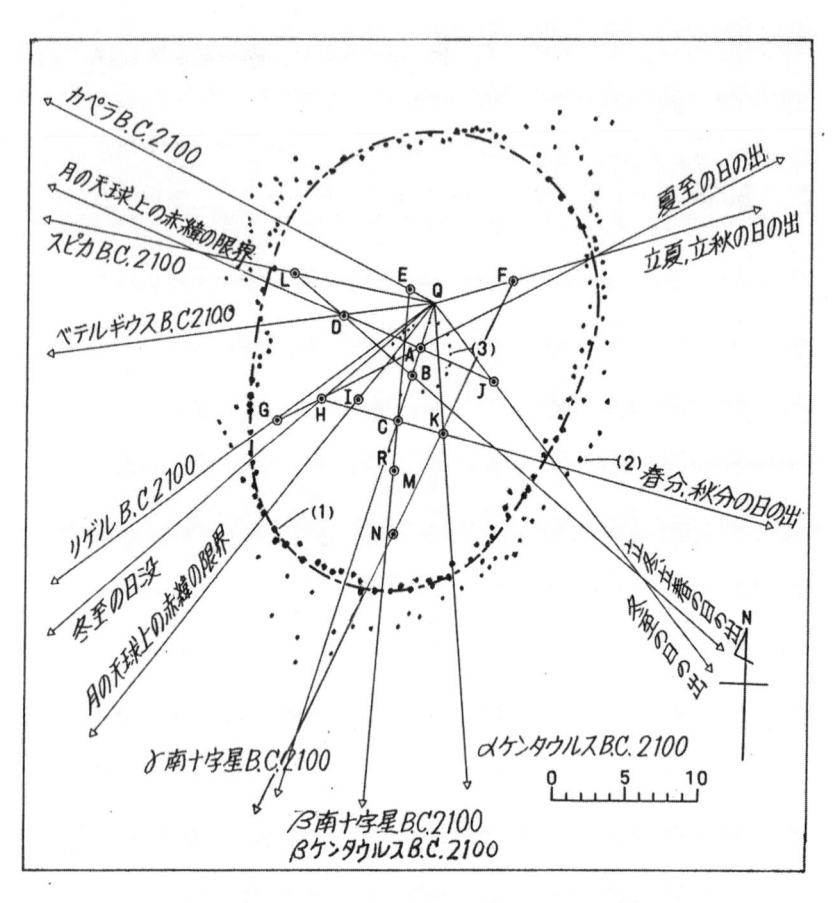

図18　三笠山ストーンサークルの独立立石が示す紀元前2100年の天体

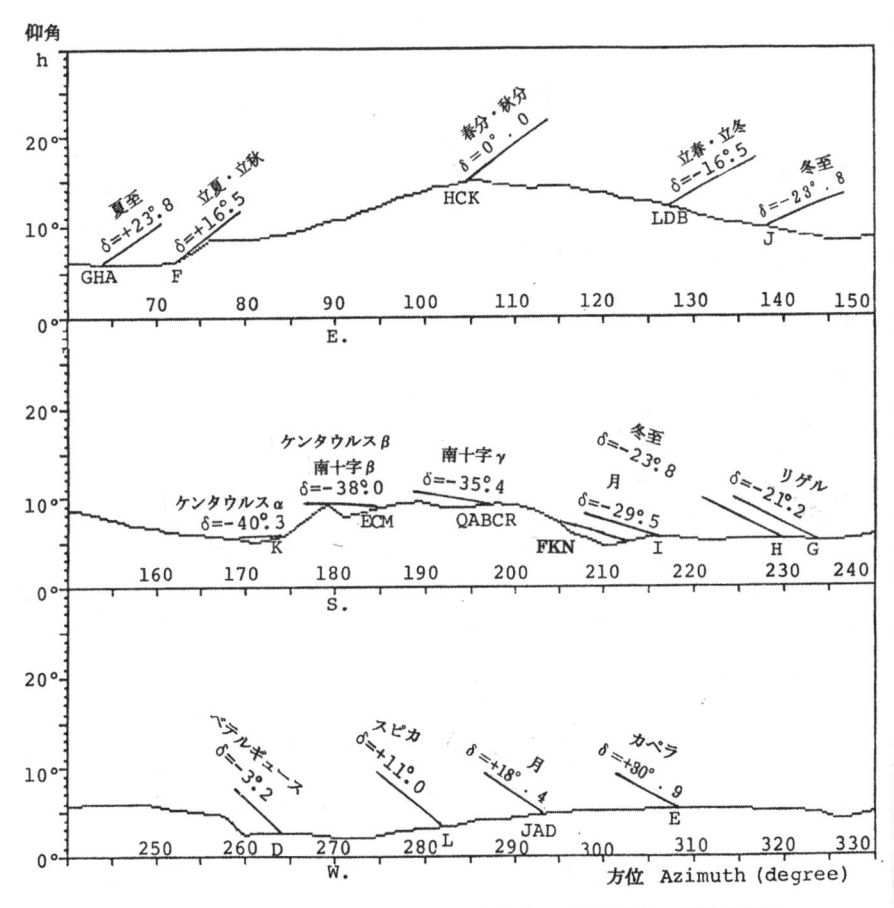

図19 三笠山ストーンサークルの独立立石が示す天体の昇降の様子

降の様子を描いた。図中の方位は東が90°、南が180°、西が270°である。この図の山なみ（スカイライン）は方位60°から330°までをストーンサークルの内部からの実測データに基づいて描いたものである。測定器の誤差は0°.2である。山なみの上の斜めの線は独立立石のラインと一致する当時の天体の昇降点と、その動きを示している。

　この図から明らかなように、ラインH—C—Kが示している春分、秋分の日の太陽は三笠山山頂から昇って来ることがわかる。このことは単なる偶然ではなく、逆に三笠山ストーンサークルは太陽が春分・秋分の日に三笠山山頂から昇るような場所を選んで建造されたと考えることができる。

　写真3は北海道余市町在住の青木延広氏によって、秋分の日の前日に三笠山ストーンサークルの中心部から撮影されたもので、三笠山山頂から昇る朝日がとらえられている。なお、青木氏の話では、秋分の日の前後数日の観測の結果、秋分の日にちょうど山頂から昇る太陽がストーンサークルの中心から確認された。また、冬至、夏至、

写真3　三笠山山頂から昇る朝日：三笠山ストーンサークルの中心部より
2003年9月22日撮影

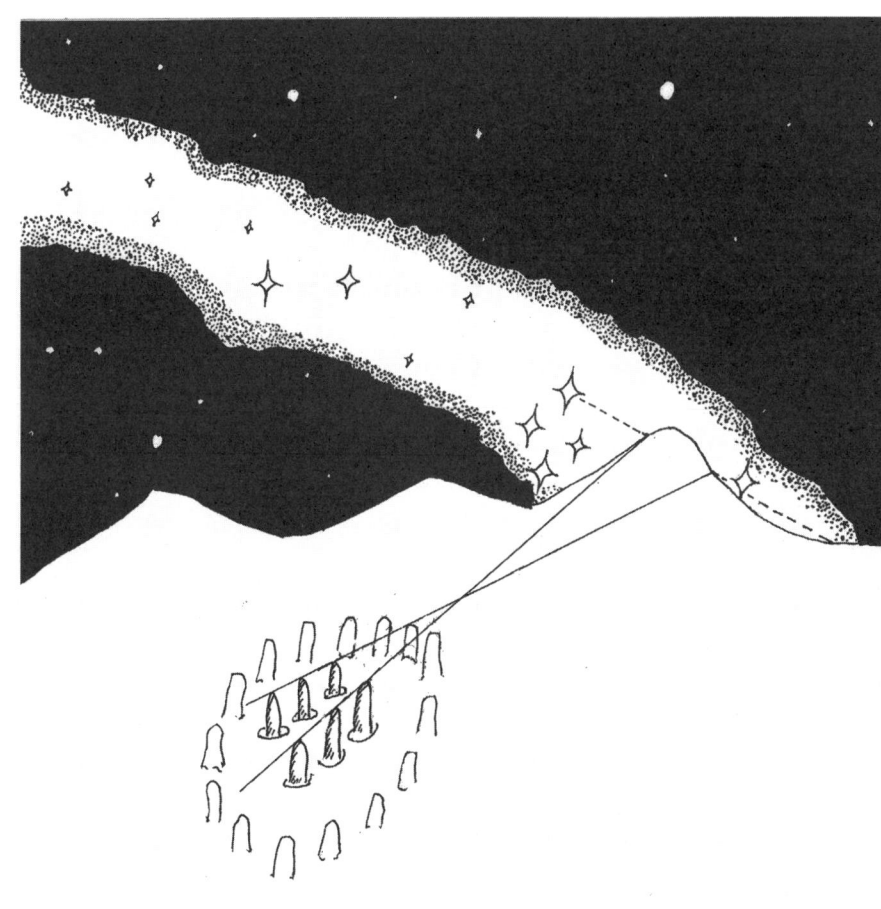

図20　南十字星と三笠山ストーンサークル

立春立冬、立夏立秋については春分、秋分と同様に日の出を示しており、太陽については、日の出をとらえようとしていたことがわかる。また、冬至については、重要な日と考えていて、日の出のみならず、日没についても、見ていたことがわかる。

また、独立立石が示す位置から、月と星については南十字 γ 星

(1.6等星)の再出現を除きすべて没するところを見ていたことがわかる。東から昇る星を見ようとしても、その昇り来る瞬間を見ることは難しいが、西へ没する星は容易にその瞬間を見ることができる。建造者は星の没する瞬間を重要と考えていたのではないかと考えられる。このラインと山なみが交差する定点を恒星が通過する瞬間を見ていたということから、建造者は正確な季節や時間について興味を持ち、そしてそのことをよく知っていたと思われる。(定点を恒星が通過するのを観測して、正確に時間を決定する方法は現在でも行われている方法である。)

ストーンサークルの中心軸でもあるラインQ—A—B—C—Rは南十字γ星の没するところを示している。南十字星は当時図20のようにγ星が一番上部に輝いていた。そしてラインF—K—Nの示す地点で再度出現している。このことはストーンサークルの建造者が南十字星を特に重要な星として認識していたと考えることができる。星図でも確認できるように、南十字星とケンタウルスが輝いている位置は天の川の中にある。したがって、当時、南十字星やケンタウルスとともに天の川もこの山の端に時間の経過とともに次々と没していた。そういった壮大なスペクタクルが展開されていたことが想像される。

ストーンサークルの天文学的解析を行った結果、ストーンサークルは立石によって太陽や月や星の動きを知り、季節や時間を知ることができる場所であったと考えられる。

このストーンサークルの立石により縄文人は1年の正確なカレンダーを持つことができたと考えられる。正確な暦の作成はストーンサークルの機能として重要なものだったと考えられる。文献等の研究によって、日本の暦は中国からもたらされたとされているが、縄文時代後期に既にストーンサークルの機能によって発達した太陽暦が

存在したと考えられる。今から4100年前すなわち紀元前2100年には既に、日本にすぐれた暦があったことが理解される。縄文人の生活と年間のカレンダーが密接であったことについて小林達雄は次のように記している。(16)

「ところで縄文時代の食料についてのいちばん大きな特徴というのは、多種多様な種類の食料を利用していたという点にあります。

じつはそれらの食料を見てみますと、魚や貝のどれ一つをとってみても、あるいは植物一つとってみましても、特定の条件を備えた場所にしか生息していないということがわかります。

では、そういった場所であれば一年中目的とする種類を獲得できるかというと、そういうものでもなく、場所が限定されるとともに、一方では一年中の中で非常に限られた季節の中の、しかも短期間の間にしか利用できないということを知るわけです。(中略)

このように食料調達の行動は、食料の対象となるべく動、植物の生態学的な変化に左右されているというのが、じつは大きな特徴であるわけです。

しかし結論的にいうならば、彼らの活動は単に自然の恵みの生態学的な変化に依存して、その流れのままに諸活動が消化されていったということではなくて、動、植物の生態学的な変化と縄文人との諸活動との一体化の関係にあったのだという点を認識すべきなのであります。それを概念化したものとして彼らのスケジュールがあった、年間の縄文カレンダーがあったというふうに理解すべきものだろうと思います。」

このように縄文人の生活のなかでカレンダーが持つ意味は、多種多様な生き物を獲得するために特に重要なものであり、また彼らの年間を通しての諸活動と自然の変化との一体化に関係したものであったことが理解できる。

この活動の一体化とはどういったものであったのだろうか。ストーンサークルは実用的なカレンダー機能にとどまるものではなく、彼らの生活や信仰に深く結びついたものであったと考えることができる。もちろん、建造者は天体観測についての知識を十分にもっていたことがうかがえる。そして縄文人の狩猟採集生活に大いに役立てていたと思われる。しかし、彼らは何かの信仰心から星や太陽や月の位置を立石で示したということも十分に考えられるのではないだろうか。ストーンサークルの真の建造目的はカレンダーの他にあったのではないだろうか。

　なぜそのように考えられるのか。その理由としてまず考古学的な発掘調査から、信仰に関連が深いと考えられる遺物（土偶や石棒など）がストーンサークル周辺から多数出土していることがあげられる。またストーンサークルやその周辺に火の使用跡が多く見られるのもそれを裏づけていると思われる。そして何よりもストーンサークルの立石による図形構造は、天体観測やカレンダーの機能にとどまるものではないことを示しているだろう。

　忍路三笠山ストーンサークルの独立立石は天体との関連を示すと考えられるが、ストーンサークルの列石は天体を観測する上での機能は持たない。（独立立石のみでも観測できる。）その環状の配列は三つの円弧を重ねた図形プランに基づいたものであり、三つの円弧の中心はピタゴラスの三角形を形成し、その三辺と三つの円弧の半径は整数になっている。また、三笠山ストーンサークルは内側のサークルと外側のサークルによる二重構造を持っている。このような図形構造とした理由は、単に天体を観るためのものとしては、説明できないだろう。したがって、ストーンサークルの図形的な構造はストーンサークル建造の真の目的と深く結びついたものと推測できる。すなわち、星や太陽や月を観ていたのには他に何か重要な信仰上の

理由があったのではないかと思われる。わざわざ開けた小高い場所を選び多大な労力をかけて建造されたストーンサークルは単なる天体観測施設ではなく、彼らの神聖な施設であり、そこには縄文人の精神世界が集約されていたのではないだろうか。ストーンサークル建造の真の目的は縄文人の精神世界と大いに関係があると思われる。その目的や用途について以下の章で順に考察していくことにする。

第二部

ストーンサークルの機能と精神世界

9 縄文人の死生観

　縄文時代の精神世界を理解する上で、彼らの家族に目を向けることは参考になると思われる。縄文人の平均寿命は今と比べるとはるかに短く、特に1歳までの新生児や幼児の死亡率はかなり高かったことが想像できる。縄文時代では20歳まで生き残れる人は数人に一人であっただろう。縄文人の遺骨の調査結果から平均寿命は20歳前後であったと推定されている。現代のように生まれた子供のほとんどが20歳を迎えることができる時代は特別であり、つい最近のことである。

　日本人の生活の中には、子供が生まれると1ヶ月のお宮参りをはじめとして、3か月、1歳、続いて七五三のお祝いをする古くからの習わしがある。これらの習わしは、子供の無事な成長を神に願うものであり、その起源は古いものであると想像することができる。縄文人がこういった祝いの習俗を持っていたかどうか、またこういった習俗の起源が縄文時代までさかのぼることができるかどうかは別として、縄文時代では現代に比べ小さい子供の生存は大人よりも遥かにむつかしかっただろう。

　縄文時代ではほとんどの親が我が子の何人かを亡くしていると考えられる。子供の目から見れば、一緒に遊んでいた兄弟が急に病気にかかり、突然死別することがあっただろう。親から見れば子供が7歳くらいになるまでは、いつ死別するかわからない状態が続いただろう。

　縄文人は自然の中で、自然と一体になって、ともに生きていたこ

図21　縄文人と星の世界

とは間違いのないことであり、彼らは現代人より遥かに情念が豊かであったことが、容易に想像できる。厳しいがしかし豊かな森や自然に抱かれて生きていた彼らは、肉親との離別という日常的な出来事を通して情念の豊かな人となっていたことであろう。縄文人にとって死別ということは現代人に比べてはるかに身近なものであり、親、兄弟、子供との死別を、幾度となく繰り返していたことだろう。家族との死別ほど、いつの時代でも悲しいものはない。特に、幼いわが子の死は、縄文人の心をとらえてはなさなかったのではないだろうか。

現代と比べると縄文時代には生まれてくる密度も高かっただろうしまた、亡くなる密度も高かったわけである。従来のわたしたちの縄文人に対するイメージは、原始的な生活を送っていて、粗野で野蛮であり、家族の情愛が希薄であったと考えがちではなかっただろうか。そろそろ、縄文人を情感豊かな人として認めてあげても良いのではないだろうか。

このように著者が考えるひとつの理由は、個人的な経験によっている。それは自然の中で時を過ごすと、心身ともにゆったりして、心にゆとりを感じるからそう考えるのである。縄文時代の人は大人であっても、いつ病などにより亡くなるかも知れないという中で、死という現実が、大変身近なものであったことは疑う余地はない。日本の森がかなでる四季の中で、彼らは自然と一体となって生活していたことも事実であり、縄文人にとって自然の中の普遍なるものに対して敬意をもつことがごく自然なものであった。

縄文人が木や石等のあらゆる自然に対して信仰をもっていたということは、広く認められているが、一歩踏み込んで仮に、縄文人が月や星を見てあの世（黄泉の国）というものを信じていたとしたら、いったいどういう行動をとったのだろうか？　その答えに縄文世界

を理解するための道筋が示されているのではないだろうか。

　縄文人にとって、日没後の夜は、現代の感覚とはまったく違ったものであっただろう。電気のない生活を現代人はまず味わったことがないし、又想像する機会も少ない。電気の無い生活では、夜の闇と共に美しい星の世界がそこにはあっただろう。

　月は毎日その姿を変えていくが、特に満月が彼らにとって大切であっただろうことは容易に想像できる。満月の前後の日には彼らは、夜の闇から開放されていただろう。また全天の星々の輝きは彼らのまなこや脳裏に焼きついていただろう。夜の時間が長い秋から冬では、かなりの時間夜空を見上げていたに違いない。先に記したように、幼いわが子を亡くした親たちは、このような夜空を見上げて何を感じたのだろうか。目の前に美しく輝いているが、しかし手の届かない星々や天の川を見上げて彼らは何を感じ取っていたのだろうか。

　このように縄文時代に生きた人々の生死について考える時、彼らが残した遺跡の中にこういった彼らの思いや、情念が入っていると考えるのはそれほど、まとはずれのことではないだろう。縄文時代の土器等についても、その造形や模様はある意味で宇宙的な要素を感じさせるものであり、彼らの思いが伝わるような部分もあるが、やはり、第二の道具といわれる非実用の土器や石器にそういった彼らの思いが込められているように思われる。また、ストーンサークル建造の真の目的もこういった彼らの思いや、情念、信仰と深いかかわりがあったのではないだろうか。

10 未解明の土器石器

　縄文時代に生きた人々の暮らしの中でストーンサークルはいったいどんな役割を果していたのだろうか。大湯ストーンサークルや忍路三笠山ストーンサークルを目の前にするとその規模の大きさに驚かされる。このようなストーンサークルを建造するためには、多くの労力を必要としたことだろう。あれだけの大きさの石を数百個集めるだけでも、大変なことである。これだけの規模を持つストーンサークルは明らかに構造プランに基づいて計画的に建造されたものであり、縄文人にとって何か特別に重要な目的があったことを疑うことはできない。ストーンサークルの機能として、忍路三笠山ストーンサークルでは天体との関連が考えられるが、考古学的な調査結果やストーンサークルの形等、様々なことから、おそらく天体との関係はなんらかの信仰と結びついたものではないかと考えられる。

　では、ストーンサークルの真の建造目的（機能、用途）は何であったのだろうか。ストーンサークルの機能、用途を理解するためには、遺跡の調査から得られた様々な資料のみならず、縄文時代に生きた人々の暮らしや、心のうちにまで考察が及ぶ必要があると思われる。ここで、まず最初にお断りしておきたいことは、こういった考察、作業はある程度まで進むと、どうしても推測や推論に頼らざるを得ないということである。したがってできる限り広い視野にわたって推論を進めることが重要であり、そうすることによって始めて確かな理解が得られると思われる。

　さて、ストーンサークルの建造目的を知るうえで、まず参考とな

るのは、ストーンサークルの内外から出土する遺物である。立石遺跡は、その名のようにストーンサークルではなく立石を伴う配石遺構であるが、遺跡からは多くの土偶のかけらが見つかっている。オクシベツ川遺跡では中心部付近にベニガラ、焼土、木炭が動物の骨と共に確認され、湯の里No5遺跡では焼土が炭化物と共に確認されている。このようなことから、これらの遺跡については、祭祀的な場であったと推測されている。野村崇は、配石遺構について次のように述べている。(6)

「配石遺構が墓地か祭祀場かという二者択一論ではなく、墓地にも様々な形態があり、それぞれの特徴と性格を持つように、祭祀場もまたおなじことがいえるのである。永峰光一氏も指摘するように、

写真4　十字形土偶、青森市三内丸山遺跡出土（中期）

両者は何らかのかたちで火を使うことと石を用いて造営するという点において密接な関係を持っている。葬儀と祭儀の場が集落内で区別されあるいは隣接して営まれる中で、両者の機能を併合したような場としての信仰・儀礼・葬儀の体系が存在したと類推することも不可能ではないであろう。」

配石遺構について墓地と祭祀場が併合した機能も考えられ、信仰・儀礼・葬儀の体系が存在したのではないかとの指摘は縄文時代の信仰を考える上で重要な点であると思われる。

縄文時代の遺跡から出土する土器や石器のうち石製の矢じりやナイフ等は実用の道具であり、これらの使用方法は解り易いが、土器や石器のなかに現代に同様のものが存在しないため、その使用方法（用途）がよくわかっていないものがある。こういった非実用具（第二の道具）はストーンサークル内部やその周辺から多く出土していることが報告されている。

このような非実用具である土器や石器の用途について考察することは、ストーンサークルの建造目的を考えるうえで重要なことであろう。縄文時代の遺跡からは多くの非実用具が発掘されている。こういった非実用具の種類や量の多さは現代の我々の生活と比較すると驚くべきものではないだろうか。我々現代人の身の回りには多くの物があるが、そのほとんどは実用具であり縄文時代の非実用具に相当する信仰等のための道具はわずかではないだろうか。

実用具ではない土器石器は縄文人の精神世界とおおいにかかわりがあったと推測することができる。また、実用具であってもその形や文様は彼らの精神性を強く感じさせるものが多い。そしてその種類や量を考えると、現代人が一般的に持っている宗教や精神性よりもはるかに密度の高い信仰（精神世界）を縄文の人々は持っていた可能性がある。いったいこの精神文化とはいかなるものだったのだ

ろうか。ストーンサークルと非実用具の用途はどこに接点があったのだろうか。

　縄文の精神世界を考えるうえで、またストーンサークルの建造目的を知るうえで、非実用具の使用方法について考察することは非常に重要なことであると考えられる。非実用具（第二の道具）と言われるものに、土器には土偶、土版、三角土版などがあり、石器には御物石器、石棒、多孔石、独鈷石、石冠、岩偶、岩版、三角形岩版などがある。[17]

11 舟形石と玉石

　ストーンサークルやその周辺から出土する非実用と考えられる石器のなかで、興味深いものに玉石と舟形石（石皿）がある。石皿と玉石は木の実を磨りつぶしたりする道具として使われたものもあるが、配石遺構から出土する石皿と玉石はその用途がそれらとは全く違うものではないだろうか。

　玉石は写真にあるように、忍路三笠山ストーンサークルの周囲からにぎりこぶし大か、それよりもやや小さいものが見つかっている。（写真5）この玉石は三笠山ストーンサークルの資料館に保管されているものであるが、その形はほぼ球体であり、かなりの数である。また、大湯環状列石については、大湯環状列石発掘史全編のなかに、この玉石について参考となる次のような記述がある。[18]

　「ミタマ石といえば何か神がかり的にすぐ受け取られがちであるが、之を従来の考古学的取扱では、玉石は石器時代人が、木の実などを磨りつぶした石皿と、磨り石のセットというように、兎角食事の関係にのみもってゆくことにしている。この玉石は多量といいたいほど大湯遺跡の周囲に発見される。考古学者のうちには之を簡単に考えて又玉石が出たと、その辺に捨てていたのである。

　ところが之は重大な問題であると私には考えられたのである。それは単に食事に用いた磨りつぶしの玉ならばその辺の川原から拾い集めてくればよかったのであるが、勿論そういう風に川原から拾ったもののようなものもあるが、玉石の中には相当量の花崗岩の磨いた玉石がある。そして金粒か、雲母かはっきりしないが、肉眼にも

見える程付着して磨かれた玉石も出た。これらの花崗岩はこの付近には見当たらないし、米代川の水系を聞き合わせて見たが未だ誰からも花崗岩の玉石の話をしてくれた人もない。花崗岩の玉は北上川上流か馬渕川の上流からはよく見付けられるようである。環状列石時代人は今の岩手県福岡町か、金田一あたりの川から集めてきたであろうと推測される。それは大湯遺跡から北のほうにあたる今の青森県三戸方面へ越える約四キロばかりある折戸という部落からもこの花崗岩の玉が出ているから、古代に有名なライマン山道路によって運んできたのかもしれない。

写真5　三笠山ストーンサークル周辺から出土した四本足石皿と玉石

いずれにしても手近の川原石の玉で結構間に合うはずなのに、わざわざ貴重な金粒とも見える磨いた玉石を、磨りつぶし石に用いたい為に遠方から運んできたとは一寸考えられない。そこでこの磨いたような玉石を運んで来た目的はもっと重要性があったものと考えられるのである。大湯環状列石時代人はこの花崗岩を貴重視したのは単なる玩具でもなさそうであるし、特殊な目的を以っていたのではないかと想像される。その想像ついでに少し飛躍するようではあるが、大湯遺跡人は或一種の直観力を以っていたのではないかと考えて見る事にする。その他の遺跡、遺物等から見て古代人とは言えないような描象的な観念を持っていてこの時代に活躍した高度の文化人であったかも知れないと考えられるのである。」

このように、大湯環状列石においても玉石はたくさん出土し、花崗岩のものを遠方からわざわざ運んでいたことがわかる。そしてそれらが何か特別の意味を持っていた可能性をうかがわせる。忍路三笠山ストーンサークルと大湯環状列石のそれぞれの遺跡から見つかっている多くの玉石はストーンサークルの機能、目的と何らかのつながりがあったと推測できる。

また舟形石（石皿）についても、配石遺構からの出土例の多いことが報告されている。[19]

忍路三笠山ストーンサークルの資料館には多くの玉石とともに、石をていねいにくりぬいて作られた石皿が2個保管されている。それらは、足までも原石から掘り出して造られたものである。ひとつの石皿には足が3本あり、もうひとつの石皿には足が4本ある。（写真5参照）この石器はその特異な形状から何か特別な用途に使われたと考えられる。

この4本足石皿は美しい卵型をしている。この石皿の用途を考える前に、図形的な解析を試みてみよう。図23は石皿の外形を忠実に写

したものである。本物との誤差は2〜3mmと考えられる。この卵型の石器は左右対称形をしていて、ピタゴラスの三角形に基づいて制作された可能性がある。全長は35.5cmであり、全巾は21.0cmである。このような長さをもつ卵形図形として、考えられるピタゴラスの三角形の三辺と3つの半径はそれぞれ次のような長さである。

1単位＝2.1cm

a ＝8単位＝16.8cm　　b ＝32単位＝67.2cm　　c ＝33単位＝69.3cm
r1＝5単位＝10.5cm　　r2＝4単位＝8.4cm　　r3＝37単位＝77.7cm

この図形構造から求められる、全長は35.7cm、全巾は21cmとなり、実物の長さと一致する。ただし、8，32，33の三角形は正確には $8^2+32^2=1088$　　$33^2=1089$ であり、完全なピタゴラスの三角形ではな

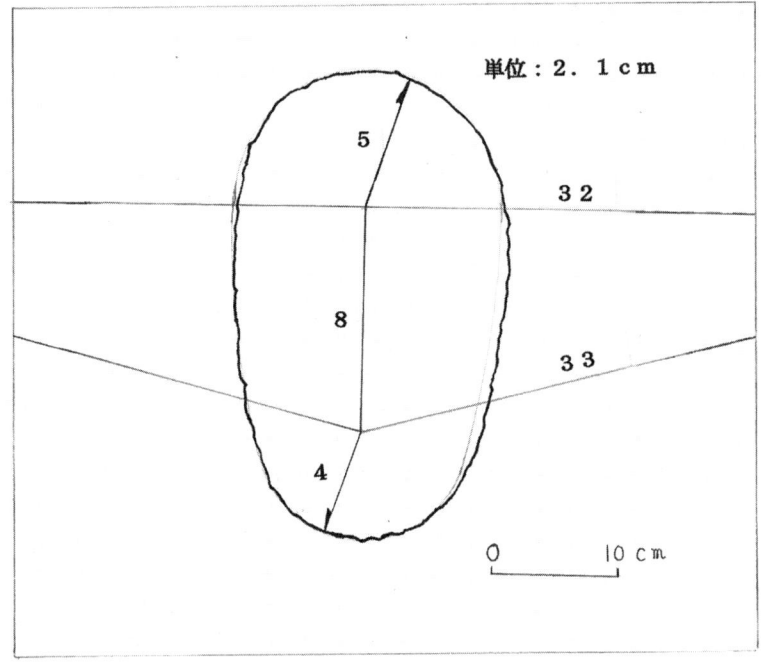

図23　四本足石皿の図形

写真6 大湯野中堂ストーンサークルの舟形石と玉石

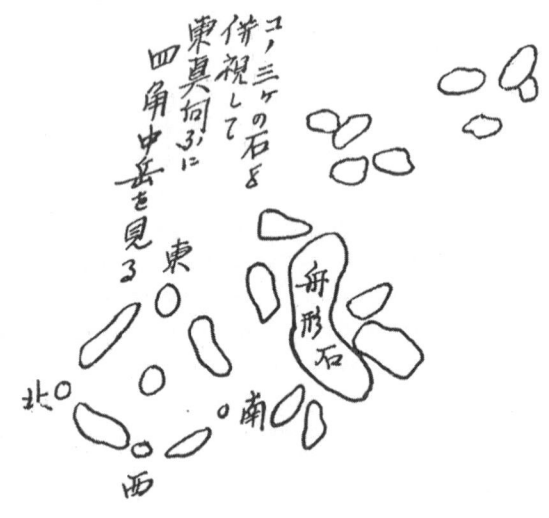

図24 大湯野中堂ストーンサークルの舟形石、昭和17年（大
　　　湯郷土研究会，大湯環状列石発掘史より）

く、わずかであるが、1の誤差を持っている。

　このようにこの4本足石皿は、三笠山ストーンサークル同様、卵形図形に基づいて造形された可能性があり、三笠山ストーンサークルの機能、目的とこの石皿にはのっぴきならぬ関係があることを感じさせるものである。

　一方、大湯野中堂ストーンサークルの内側のサークル（内帯）には、やはり舟形石が存在している。(写真6)この舟形石の上には、写真のように玉石が1個置かれている。この舟形石の発掘当初の図が大湯環状列石発掘史全編に記されていて、昭和17年7月28日に発掘されたことがわかる。（図24）

　このように大湯野中堂ストーンサークルでは、舟形石と玉石は共にストーンサークルの中心部にあり、建造目的とおおいに関係があると考えられる。縄文人はこれらのストーンサークルに残されている玉石や舟形石を、いったいどのようにしてまた、何のために用いたのであろうか。

12 木花之佐久夜比売とまたげ石

　その答えをにぎるカギは意外にも、東北や北海道ではなく、千年の都京都の梅宮大社（うめのみやたいしゃ）にあった。

　梅宮大社の御祭神は、本殿に大山津見神命、木花之佐久夜比売命、ニニギノ命、彦火々出見尊（山幸彦）が祀られ、また、相殿に橘清友公、檀林皇后、嵯峨天皇、仁明天皇が祀られている。その創建について大社案内書には次のように記されている。

　『奈良朝創建の当初から女性の幸福を護る神社として「梅宮」は子孫繁栄を祈願して橘三千代によって京都府下井出町に創設され、その後、嵯峨天皇の妃檀林皇后によって現在の神域に移し祀られ、昔から、子授け安産の守護神として、皇室では皇統護持祈願のため宮中の婦人たちの信仰が特に厚かった神社であったことから、一般の婦人の間でも広く信仰されて来た神社であります。』

写真7　梅宮大社の"またげ石"

この境内には古来から伝わる、不思議な**またげ石**と言う子授けの石がある。(写真7) 大社案内書に次のように記されている。

　『子授けの神　木花之佐久夜比売命は天孫ニニギノ命に召され給うや一夜で御懐妊あそばされ次々と4人の御子をお産みになったと言い伝えられております。これが子授けの神とあがめ奉る由来であります。皇子の無いのを非常に憂い給うた檀林皇后も当神社に祈願せられ、間もなく仁明天皇をご誕生になったのであります。

　当神社、玉垣内にある"**またげ石**"という神秘な石で、授子祈願はその昔、下々にも許され、子宝の薄い夫婦がそろって参拝し、祈願の上、この石をまたげば子宝が授かると古来から言い伝えられ、その霊験は誠にあらたかで、授かったお子さまづれでお礼の参拝にこられるご夫婦が引きつづいております。』

　この子授けの石、またげ石と大湯野中堂ストーンサークル及び三笠山ストーンサークルに残されている舟形石、玉石は同じものではないだろうか。(図25)

　木花之佐久夜比売命は大山津見神命の娘とされていて、その名のように生むとか花を咲かせる神としてよく知られている。木花之佐久夜比売命はもともとこの舟形石と玉石が御神体であったのではないだろうか。大山津見神命は山の神であり、日本各地の山々に祀られている。古事記では、天尊ニニギノ命と木花之佐久夜比売命の出会いを次のように記している。[20]

　『**木花之佐久夜比売**　ここで、邇邇芸命は、笠沙の岬で、美しい女に会った。それを見て、「誰の娘だ」とお問いになると、その女は、「大山津見神の娘で、その名を神阿多都比売といい、もう一つの名を木花之佐久夜比売というものです」と答えた。

　また、「きょうだいはあるか」と問うと、「わたしの姉に石長比売というものがあります」と答えた。

そこで、邇邇芸命が、「おまえと結婚したいと思うがどうだろう」といわれると木花之佐久夜比売は、「そういうことにはお答えできません。わたしの父の大山津見神がお答え申し上げるでしょう」と答えた。

　それで、その父の大山津見神に使いを遣わして、「娘をくれ」と頼まれたところ、その父はおお喜びして、その姉の石長比売を添え、台に乗せたたくさんの食物を持たせて、たてまつったのである。

　ところが、その姉はたいへん器量が悪かったので、姉のほうは結構だといって送り返されたので、大山津見神はおおいに恥じて、つぎのように申し送った。
「私の娘を二人一緒にさし上げましたのは、こういう理由なのです。石長比売を遣わしたのは、天つ神の御子の生命は、雪が降っても、風が吹いても、岩のごとく永遠で丈夫に変わらずに、長くあれと思ってのことです。また、木花之佐久夜比売を遣わしたのは、天つ神のご子孫が木の花のごとく栄えてあれと思ったからです。

　このようなことを神に約束して、さし上げましたのですが、石長比売を

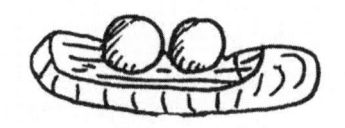

京都梅宮大社

大湯野中堂ストーンサークル

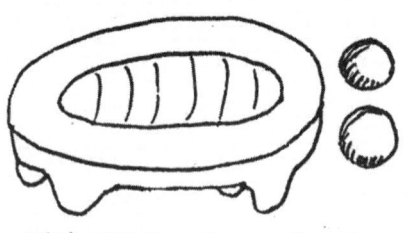

忍路三笠山ストーンサークル

図25　舟形石と玉石

返されて、木花之佐久夜比売ただ一人をとどめおかれたとは。こういうことでは、天つ神の御子のお生命は、木の花のように、もろくはかないということになられるかもしれません」

こういうわけで、現在にいたるまで、天皇たちのお生命は永くはないのである。

しばらくして、木花之佐久夜比売は邇邇芸命のところにやって来て、「わたしはあなたの子どもを孕んだのです。ちょうど、いまは、産月に当たっています。尊い天つ神の御子ですから、黙って産むわけにはまいりません。どうしたらよろしいでしょうか」とおっしゃった。

そこで、邇邇芸命は、「佐久夜比売が一夜契りを交わしただけなのに、妊娠したとは。これは、わたしの子ではあるまい。きっと、国つ神の子に違いない」とおっしゃった。

そこで、木花之佐久夜比売は、「わたしの孕んだ子がもし国つ神の子であれば無事に生まれないであろう。反対に、天つ神の御子であれば、無事に生まれるであろう」といって、すぐに、入り口のない御殿をつくり、その御殿に入り、土でその周りを塗り籠めてしまった。

そして、いま子どもが生まれようとするときになって、その御殿に火をつけて、子どもを産み、三人の子どもを無事に産んだ。その火が盛んに燃えているときに生まれたのが火照命であり、つぎに生まれたのが火須勢理命であり、つぎに生まれたのが火遠理命である。

この火遠理命のまたの名を天津日高日穂々手見命という。』

木花之佐久夜比売命の御子の火照命は海幸彦であり、火遠理命は山幸彦である。3人の御子（日本書紀では4人としている）の名はいずれも、火のつく名であり、木花之佐久夜比売命の御子と火の関係を示している。もちろん古事記には御殿に火をつけて、子どもを産

んだためと記されているが、神々の名をそれだけの理由でつけたのではないと思われる。

　また、姉の石長姫命については、いとみにくく（大変器量が悪い）としている。大山津見神命が妹とともに姉の石長姫命を遣わせたのは、天つ神の御子の生命が雪が降っても風が吹いても岩のごとく永遠で、丈夫に変わらず永くあれと思ってのことですとしている。これらのことと、石長姫命「石が長い」という名を合わせて考えると、石長姫命の御神体として連想されるのは、舟形石及び玉石（木花之佐久夜比売の御神体）と共に存在する立石や組石であり、もし石長の意を石が連なって長いとすると環状列石であったのではないだろうか。また天つ神の御子の生命が雪が降っても風が吹いても岩のごとく永遠にとしていることから、長は永の意であり、その機能をも意味しているのかもしれない。いずれにしても、舟形石、玉石と環状列石、配石との関係を考えさせる姉の存在である。

　また、大湯野中堂ストーンサークルの名の由来となっている野中堂について地元の方から貴重な情報を得ることができた。それは、名の由来となったお堂（観音堂）が野中堂ストーンサークルのすぐ近く（南側）にあって、その御祭神が木花之佐久夜比売命とのことである。〔鹿角市編　民俗調査十和田の民俗（下）〕にも御祭神は木花之佐久夜比売命であり、野中堂の観音さまと呼んで信仰されてきたことが記されている。そして木花之佐久夜比売命の御神体と考えられる舟形石と玉石は縄文人にとって"またげ石"のように子をさずかるための神聖な道具、神器であったのではないだろうか。

13 ストーンサークルの機能

　ストーンサークルに残されていた舟形石、玉石と梅宮大社の"またげ石"そして木花之佐久夜比売命とのつながりから、ストーンサークルでは子授けのための祈りの儀式が行われていたことが推測される。一方、忍路三笠山ストーンサークルの独立立石は天体（太陽、月、明るい星）の昇降点と強いつながりを示すものであった。すなわち独立立石は太陽の昇降点および月、明るい星の降点を示していると考えられる。

　これらのことからストーンサークルで行われていたことを推測すると、その儀式は、夜から明け方にかけて行われ、星、月、の日（火）を生命の根源としてそれらの火が無事地上に届くよう祈り、夜明けに聖なる火が地上に移り終えることにより、子授けの儀式を完了したのではないだろうか。

　ストーンサークルで行われていたことをさらに知るため、日本語を調べてみよう。縄文語が現代に生きていることについて記した書に、小泉保著「縄文語の発見」がある。[21]

　縄文語の復元について次のように記している。

　『縄文語の復元は可能か

　いまから一万二千年前までの新石器時代、それから一万年にわたる縄文時代、いまから二千三百年前に始まった弥生時代、つづく古墳時代という考古学の物的証拠に基づく時代区分はゆるぎない定説である。

　だが、言語面における日本語の系統論では縄文時代の言語がほと

んど欠落している。先に紹介した同系説や重層説などは言語の石器時代に関するものであり、国内形成説は弥生時代の言語から出発している。この意味で縄文語の研究は手つかずという状態にある。考古学の立場から見れば、戦前の水準にしか達していない。

　縄文語への探索をはばむものは何か。それは弥生語が縄文語に入れ替わったという、いわれのない「弥生語交替説」である。この場合の弥生語は奈良時代の先代に当たる言語を意味すると考えてよい。弥生語こそが原日本語であり、弥生語が縄文語を制圧したという憶説は、いまもなお日本語の歴史を考究する際の大きな障害になっている。この憶説の欠陥は、弥生語自体の成立が明確にされていないことと、縄文語と交替したという想定が思い込みの域を出ていないということにある。

　考古学や人類学が縄文時代と弥生時代は連続していると主張しているのに、系統論者は確証もないのに、両者は断絶していると決めてかかっている。二千年前に弥生語が縄文語を一掃するという日本語の運命を劇的に変転させるような大事件が起こったのであろうか。果たして縄文語は全く消滅してしまったのであろうか。日本のどこかに縄文語は残存しているのではないか。改めてこうした疑問を投げかけてみる必要があると思う。こうした問題に答えてくれるのは日本語の方言についての比較言語学的考察であろう。先の日本語系統論諸説を批判した際に、比較言語学の有効射程は紀元前五千年程度と述べたが、それはインド・ヨーロッパ語族とかウラル語族とか治乱興亡の歴史をくぐりぬけた民族の言語の比較検討による成果である。日本列島における縄文時代は、異民族の侵入という人種的葛藤のない穏やかでゆるやかな時間の推移の中にあったと思われる。日本語は南の琉球列島から北の東北地方に至る同系の方言群から成り立っている。こうした日本の諸方言の間に比較言語学的手法を適

用することは可能である。長さ一千五百キロにわたる日本列島において、次の四方言を比較しその原形を復元すれば、本土縄文語の姿を取り戻すことができよう。』

　今ここで縄文語を比較言語学的手法によって復元しようとするものではない。しかし、私たち現代人が縄文人の血や文化を受け継いでいるとしたら、日本語の中に遠い祖先のことばやその意味が残っていても不思議ではないだろう。縄文時代のストーンサークルでとり行われていたと思われる祈りの儀式の様子をことばが語ってくれるだろうか。

　日本語は、一音一音にもともと意味があったと言われている。一音で表されることばは、日本語の中でも最も基本となることばと考えてよいだろう。ことばの起源をたどって行けば、ことばの最小単位である一音の意味にたどりつくことができるだろう。一音で表される基本単語は弥生時代以降に付加された一部の意味を除けば、その意味を縄文時代まで充分にたどることができるのではないだろうか。

　著者は、ストーンサークルで行われただろう子授けの様子を描いたイラストを見ている時に、その中にあることばが常に現われていることに気づいた。それは「あま」や「やま」や「たま」の「ま」である。

　「ま」は広辞苑によると、真、間、摩、磨、魔、目がある。（以下ストーンサークルと関係があると考えられる意味は太字で示した）
【間】は①物と物、または事と事のあいだ。あい。**間隔**。②長さの単位。③家の内部で、屏風・ふすまなどによって仕切られるところ。④日本の楽器の間隙。⑤芝居で、余韻を残すためにせりふとせりふとの間に置く無言の時間⑥ほどよいころあい。おり。しおどき。**機会**。**めぐりあわせ**。⑦その場の様子。⑧舟の泊まる所。

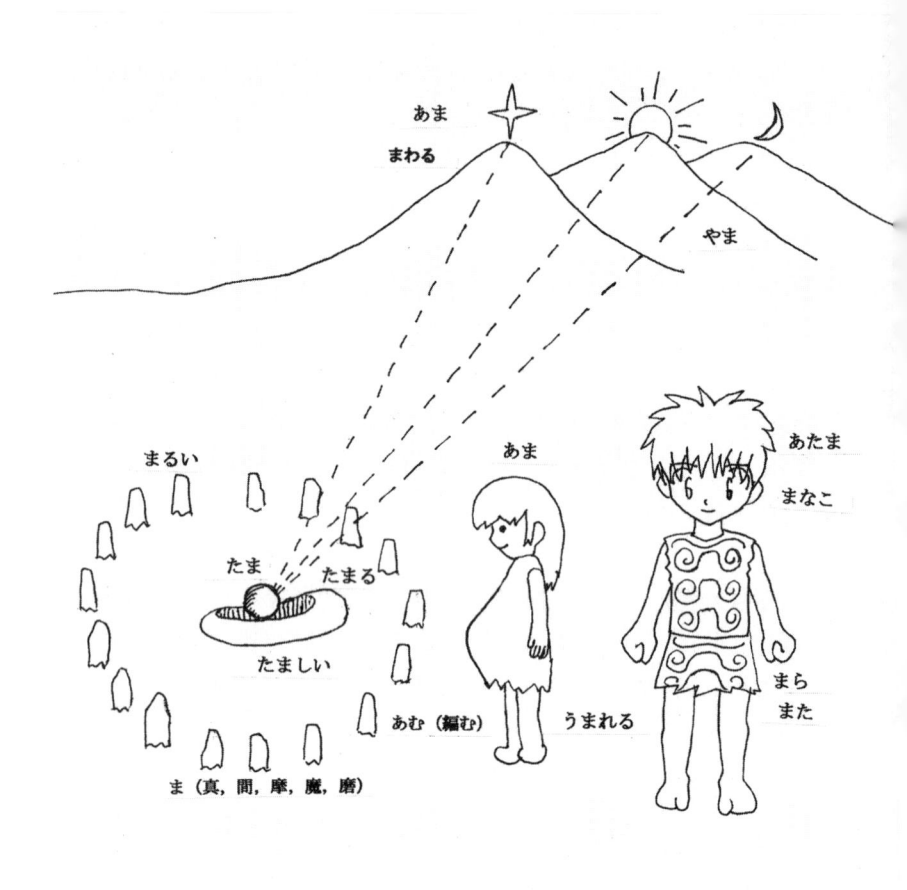

図26 ストーンサークルの機能とキーワード"ま"

【摩】は①なでこすること。②みがくこと。③せまること。とどくこと。
【磨】は①石や玉をこすりみがくこと。とぐこと。②すりへらすこと。
【魔】は①仏教で仏道修行や人の善事の妨害をなすもの。まもの。②不思議な力。神秘的なもの。恐るべきもの。③異常な行ないをする者。
【真】は　まこと。本当。真実。①揃っていて完全である。②純粋さや見事さをほめる意を表す。③まさしく、正確に、の意を表す。
【目】は「め」の古形。

　図26に示したように、あまは太陽、月、星などの天体を表し、その本体の精なる光（日、火）が山（やま）から地上へ降りてくる。まるい卵型のストーンサークルの中に置かれた舟形石のなかに精なる"ま"がたまる。そして、舟形石の上に置かれた玉（たま）のなかに集まって入る。その結果玉のなかにたましいが宿る。たましいの"しい"とは、広辞苑では、（し移）うつること。移転。移し（いし）の意味がある。精なる"ま"は玉へ移ること、移転によってあみだされ、生命がうまれ、その結果として女（あま）の胎内に生命が宿るのである。

　人間をひとと言うのは、こういったことから言うのであろう。ひとの"ひ"は精なるひかりのひ（火，日）であり、"と"は留まるまたは取るの意味ではないだろうか、広辞苑を見ると、止まるは事物の動き・続きがやむ。留まるは（泊まるとも書く）そこにとどまって居る。停まるは後にとどまる。また"取る"は、つかんでそれまでの所から引き離し、または当方へ移しおさめるとしている。このように、（人）ひとは（火，日）がそれまでの所から離れ、移りおさまり、その結果そこに留まっていることを意味すると考えられる。このように、ひとという言葉は人のたましいが日、火から誕生する

ということがもとになっていると考えられる。

　人には目（ま̇なこ）があり、頭（あたま̇）があり、股（ま̇た）がある。人の生殖器を男女とも俗に"ま̇ら"とか"ま̇"という。

　そして、舟形石と玉石が置かれていたストーンサークルの機能は"ま"の意味そのものではないだろうか。すなわち、

【間】は物と物、または事と事のあいだ。あい。間隔。（星や太陽の出没の間合い）、長さの単位。（ストーンサークルの図形は整数が基になっているため基本単位を持つ）、屏風・ふすまなどによって仕切られるところ。（まわりを立石で仕切って生活空間とは違う神聖な場所としている）、ほどよいころあい。おり。しおどき。機会。めぐりあわせ。（精なる光を正しく受けるための機会、めぐりあわせ）、舟の泊まる所。（舟形石のある所）

【摩】はせまること。とどくこと。（精なる光がせまり、とどくこと）

【磨】は石や玉をこすりみがくこと。とぐこと。（玉石をこすりみがくこと）

【魔】は不思議な力。神秘的なもの。恐るべきもの。（生命を宿す不思議な力、生命の神秘、恐るべきもの）

【真】は　まこと。本当。真実。揃っていて完全である。（石が環状に並べられていて、またそれらが図形的に整然としていること）、ま̇さ̇し̇く̇、正̇確̇に̇、の意を表す。（精なる光がまよわず正確にたまることができるように、ストーンサークルの構造は整数からなるピタゴラスの三角形と半径によって建造されている。）

【目】は「め」の古形。（人の目のこと）

　このように"ま"というひとつのことばによって、ストーンサークル内の舟形石（石皿）と玉石の機能・用途は子授けの石"またげ石"と同じものであったことが理解できる。

　いったい縄文人はどのようにして玉石の中に聖なる光がたまると

考えるに及んだのであろうか。丸い石の形がたましいの入れ物であることは理解しやすいが、素材はどうして石でなければならなかったのだろう。この点については、簡単に答えが出るという問題ではなく、深遠な理由があったのだろうと思われる。

　人類の歴史の中で恐らく石が最初の道具であったことを考えると、人と石の関係はひとことではかたづけられないだろうが、著者がこの点について、推測している点を参考のため記しておきたい。それは、たましいを宿す方法と関連があるように感じるのであるが、たましいを宿すときには、精なる光をためることが重要である。そのための素材として石が最適であったのではないだろうか。石は、火打石の使用から、打つと火を発することを縄文人は知っていて、火を発することができる石はまた火をためることができると考えた。たましいの往来を精なる光として見ていた縄文人にとってその光が"しい"してたまるのに一番ふさわしい素材は石であったと思われる。現代でも、光のエネルギーをためる素材として、珪素を多く含んだ石英等はよく利用されている。石英等は光のエネルギーを原子レベルでためることができ、熱をかけてやると逆に光を発する素材として知られている。こういった特性を生かして、珪素を多く含んだ石英等は放射線の測定素子に（熱ルミネッセンス法）利用されている。また、考古学の年代測定法のひとつでもある。

　ストーンサークルの建造に使用される石や玉石の材質は著者の知る限りでは、安山岩や花崗岩のいわゆる火成岩であり、こういった石をわざわざ選んで遠くから運んでいる。忍路三笠山ストーンサークルは輝石安山岩で建造されている。また、大湯ストーンサークルは主に石英閃緑岩で建造されている。このような火成岩はその中に石英、長石、輝石などを多く含み、それらに光を当てると神秘的な輝きを放つ。この石の輝きと、精なる星の光の輝きを彼らはひとつ

のものとして、認識していたのではないだろうか。こうした石の素材の特徴を縄文人は経験的によく知っていて、たましいのいれものにふさわしいと考えていたと思われる。

　石がたましいを宿す素材として選ばれた他の理由について、隕石との関係はないだろうか。隕石は大音響とともに炎を発しながら落下してくる。そして隕石が落ちた時には火災が発生することがあり、焼け跡から石を見つけたことがあったのかもしれない。もし、人類の長い歴史の中で多くの隕石が一度に落ちたことがあるとすれば、古代人がその隕石を見て、天上界と石のつながりを強く感じることになる。そういった経験がもし有れば天上界にも岩石が有ることを知り、具体的なあの世があることを信じても不思議ではない。むしろそう考えるのが自然であろう。ただし、隕石は落下する頻度は極めて小さく、見ることができる可能性は極めて小さい。まして、落下後に石を確認できる可能性はさらに小さいので、こういったことがあり得ることなのかどうかは、隕石についてよく調べなければならないだろう。

14 道祖神と玉石

　玉石が神として現代でも祀られているところを見ることができる。それは古から同祖神として祀られているものである。同祖神は男女双神像として知られるが、玉石（丸石）や石棒そして窪み石（舟形石）が古式のものと考えられている。同祖神について山梨県のものを中心に記した書に「石にやどるもの」がある。中沢厚は山梨県内の同祖神概観のなかで、同祖神の形態について次のように記している。[22]

　「山梨県の同祖神の特色は、ひとくちにいって、長野・神奈川など隣県のものが江戸時代に造られた男女双神像を主とするのと異なり、丸石と石棒・陽石のような得体のはっきりしない神体を祀るものが量的に、はるかに多いことである。筆者はこれらの大部分のものが、神像にくらべて起源が古く、ことによると古代人の信仰遺物ではあるまいかと思っている。（中略）縄文時代の石器の一種である石棒も、また、しばしば同祖神の神体となっている。また男根形の陽石、女性性器に似たいわゆる陰石の類や、そのどちらともいえない異形の天然石なども祀られる。そうした古式濃厚な同祖神が多いということは、丸石を祀ること

写真8　舟形石と丸石道祖神；北巨摩郡高根町紺屋（石にやどるものより）

と相まって、同祖神信仰の古代性を探る貴重な参考であり、同祖神の性信仰との関係を求める資料としても有益である。」

　写真8は、北巨摩郡高根町の舟形石と丸石同祖神である。写真9は、山梨市丸山の窪み石と丸石同祖神である。このように、広く双神像として知られる同祖神は古式のものでは、丸石神を祀り、その台座にしばしば窪み石を伴っている。この窪み石は精なるものがたまりやすいという意味で、舟形石や石皿と同様のものと考えられる。

　このような玉石が縄文時代の遺跡から出土することについて次のように記している。(22)

　『祖型は遠く石器時代に　人工の男根石、天然の男根形の巨石石棒そして丸石を祀る道祖神が山梨には多い。とりわけ丸石神は峡東方面におびただしい。これら道祖神の祖型と考えられる石神は、何でこれが神かという問題もふくめて謎につつまれていた。

写真9　窪み石と丸石道祖神；山梨市丸山（石にやどるものより）

それが昨年（昭和55年）、北巨摩郡大泉村の金生遺跡で縄文時代の一大祭祀場が発掘された。そこに石棒とともに丸石神がぞくぞく発見され、道祖神の石神はすべて石器時代と脈絡するということがほぼ判明した。そういってよい状勢になってきた。』

『丸石が原始時代の文化遺跡や古代遺跡から出土する、その意味はまだ不明ですが、現在の丸石祭祀の形式にも、石器（むろん人工の）との共祭が見られます。例えば人工の信仰遺物である石棒との共存であり、また生活器物の石皿に「たたき石」として配されることであります。』

　また柳田国男・折口信夫の「依り代」説を「石は魂の入れもの」とするのは古来日本人の信仰のあり方であるとして石と魂の関係について以下の説を紹介している。

『玉石は特定の海辺や川底から拾ってくるものでしょうが、海辺の神社などの祭礼で、神輿の海上渡御のおり、海中から拾ってくる特別の玉石もあります。玉石はいつもそういう捧げもので、神聖な清浄なものという点は同じでも、私のいう丸石神は神のご神体なのです。そこの違いは無視できません。「たまごもる石」の問題には、別に、日本各地の「石が成長」したり「石が子を生む」類の説話と、そうした説話に裏打ちされた石の存在もあります。そんな奇妙な石が綾なす不思議な魅力が石信仰論の中心になる感もいたします。

（中略）柳田国男監修の「民俗学辞典」は次のように記します。

　石に神霊がこもるという信仰はわが国民信仰中、顕著なものであり古文献に記述されているものも少なくない。

　今日民間信仰で石を依り代としている神々が多い。出産時の産神、塞の神、エビス神などを始め枚挙にいとまなく（中略）石を神の依坐として考えるにいたった動機は幽遠な問題であるが、神の降臨を願うべき聖地を石をもって築き、石によってその場所を標示したこ

とが考えられる。』

このように民間信仰では石は魂の入れものとして「たまごもる石」「石が子を生む」説話があり、石と子授けが密接に関係していることをうかがわせる。

また、同祖神祭についての記述を見ると、小正月の1月14日、15日頃に行われる行事であるが、祭りをする時に御張屋という縄文時代の復元住居のようなものを造って丸石と一緒に燃やすことをいくつかの例をあげて示している。また、かならずしも丸石を燃やすとは限らないが、とにかく同祖神のそばで燃やしているとしている。(写真10)(22)

この丸石神を御張屋の中で燃やしてしまうことで、思い浮かぶのが、古事記に記されている、木花之佐久夜比売命がいま子どもが生まれようとするときになって、その御殿に火をつけて、子どもを産み、三人の子どもを無事に産んだことである。古事記ではこのとき

写真10　オカリヤに鎮座する丸石道祖神；北巨摩郡上野原町梁川（石にやどるものより）

木花之佐久夜比売命の身の潔白を示すために火をつけたとしているが、たましいを宿した石が子を産むために、火が何らかの役割をもっていて、必要だったとも考えられる。

　同祖神祭で丸石を御張屋といっしょに燃やしたり、丸石のそばで燃やすことを考えると縄文時代にも使われたと考えられるその火は生命を宿すための迎え火と考えるのが自然かもしれない。木花之佐久夜比売がどこかにおられたら、本当の火の意味をお聞きしたいものである。

　もし、縄文時代にも燃やされたであろうこの火が、たましいを宿すための迎え火であるとすれば、送り火もあったのではないだろうか。ここに重要な問題として、たましいを宿す玉石が単に生命を宿したのか、又は再生という宿しかたなのかということがある。もしあらたな生命の誕生が人の生命の再生、復活ということであればたましいを宿す以前にたましいの送りの儀式があったことが推測できる。

15　送りの儀式と配石遺構

　ストーンサークルや配石遺構に送りの儀式の痕跡がないのか、再び目を向けることにしよう。

　ストーンサークルの内部に火を使った跡が残されている例がある。オクシベツ川遺跡では直径約10mのストーンサークルの中心部付近に、径約10cm前後の（朱）ベニガラの集中や、焼土、木炭などが点々と残されている。焼土にはヒグマ、イヌ科の動物、エゾシカ、海獣類と思われる動物の骨が残されていた。(23)　湯の里No5遺跡では、やはり中心部付近に炭化物や焼土が残されていた。(24)　また大湯環状列石では、昭和17年の発掘調査が行われた際に、野中堂遺跡、万座遺跡から炭、朱（ベニガラ）、土偶が発掘されたことが報告されている。(25)　なお、忍路三笠山ストーンサークルについては、発掘調査が行われていないため、火の使用については今のところ明らかではない。

　ストーンサークルにはピットが確認される場合と全く確認されない場合がある。このピットは埋葬に使用されたと考えることができる。しかし、これらのピットからは遺骨が出土した例がない。また副葬品の出土例も少なく、ストーンサークルが最終的な埋葬地であったとは考えにくい。このピットは一次葬または一時的な安置場所として利用されたものと思われる。小林克は東北地方北部縄文時代の墓制（考古学ジャーナル422.1997）において、伊勢堂岱環状列石Aの周囲には多数のピットが残されているが、そのいくつかには外側に柱穴があり、上屋が架けられていたことが推測され、ピットでは

開口状態のまま遺体が一時的に安置されていた可能性があるとしている。こういったことからも、ストーンサークルのピットは一時的な遺体の安置場であったことがうかがわれる。

配石遺構について高山純はいくつかの埋葬様式にかかわる興味深い意見を、大磯・石神台配石遺構発掘報告書のなかで以下のように記している。[19]

埋葬土壙上に石を積むという例は縄文時代後期から現在に至るまでよく見られるとして、配石遺構上の配石の意義について次のような可能性を示している。
1) 遺骸が野犬などによって堀りあらされるのを防ぐため
2) 地下の墳墓の存在を標示する
3) 死人が出てこないように押さえつける
4) 死者の憑り代、霊の憑依するもの
5) 棺が腐って落ち込むのでそれを防ぐため

このことについて次のように述べている。

『広く若者となる成年戒をうける男子が、ある期間山籠りする折に「石こづみ」をした。修験道の行者間には後々までこの習俗が残り、仲間が死ぬと「谷行」といって復活の呪法として谷に落とし、石を振りかけた。なお、悪い所業の者は石こづみにしなければ、世間に災厄を及ぼすので、良い復活を念じて石こづみにする。「こづむ」とは次々と積み上げることで、後に石こづめといっている。』

『もし仮に縄文時代の配石遺構にしろ弥生時代の配石墓にしろ共にその背景にいわゆる「石こづみ」の信仰が付加されていたならば、面白い事例を指摘することが出来るのである。

つまり「石こづみ」の信仰は「石は成長する」という信仰と密接に結びついているということである。これは石の中にタマが入りこむと信じたからである。』

また、土壙内より出土した逆位に置かれた1個の小型壺状土器と入れ子の状態（下向き；著者注）になっていた2個の椀形土器について、他の遺跡にもよく見られる事例であるとして、配石遺構下に埋置された逆位の土器が決して偶然に置かれたり、埋置後、自然にころがったものではないことは出土状況から明らかであるとし、その解釈として次のような可能性を示した。

1) たまたま、偶然に逆位に置いた。
2) 壊したり、底部に穿孔するのには死者に対して、あまりにも愛着が強く残り忍び難かった。
3) 小型すぎるので底部に穿孔しにくかった。
4) 葬式時の作法は一般に常時と逆になるので、通常使用しているのとは逆に置いた。
5) 我国には霊魂は中空・中くぼみのところに溜り易いと考えていたために、茶碗その他の容器を破壊し、十万億土への旅だちを容易にしようとする信仰がある。従って、小型土器を逆さに置き、霊魂が中に入らないようにした。

　これらの解釈のうち、最後の4) ないし5) が最も縄文時代における小型の逆位の土器の存在について説明となり得るとしている。

　また、配石のなかに石皿の破片が混ざっていたことについて、このような石皿、石棒及びその破片が発見されている配石遺跡の例を多く示し、次のように記している。[19]

　『配石遺構に石皿と石棒の破片を置くことは、広義に解釈すればいわゆる「破却」の風習の一種であるが、これらには決して死者に単に物を壊してそなえるという、意味以上のものがひそんでいたのであると考えた方がよいのではないかと思っている。

　民俗学的には臼は女性に、杵は男性にみたてられており、縄文時代において杵に相当するのは磨石や敲石（たたきいし）であり、臼

は勿論石皿である。ここで取り上げなかった磨石、敲石、それに凹石などは、男性を象徴した石棒などと共に生殖作用（強いては生産儀礼）を連想させるものであり、この方面からの追及も必要であろう。』

　また高山は当該配石遺構の中に焼けた石が混じっていて、これと同じような例が、曽屋吹上遺跡や東京都田端遺跡他にもあることを記し、配石遺構に混在している焼けた石は、何か特別な信仰から故意に置かれたものであるらしいということを指摘している。

　配石遺構中に残されていたこれら注目すべき点をまとめると以下のように記すことができる。

1. 配石遺構においては、埋葬土壙上に石を積むという例が多くある。
2. 配石遺構下の、土壙内に逆位に置かれた壺状土器や椀形土器の例が多くある。
3. 配石遺構において、石皿、石棒の破片が配石のなかに混ざっている例が多くある。
4. 配石遺構の配石中に焼けた石が混ざっている例がある。

　この3.と4.については、ストーンサークルの周囲にも普通に見られるものである。これらの状況に加え、ストーンサークルにおいて送りの儀式と関連があると考えられる点を以下のように記すことができる。

5. ストーンサークルにはピットが確認される場合と全く確認されない場合がある。このピットは一次葬または一時的な安置場所として利用されたものと思われる。
6. ストーンサークル内には焼土や炭が残されていることが確認されている。これらのストーンサークルでは一時的に、火の使用があったと考えられる。

ではストーンサークルや配石遺構で、縄文時代にいったい何が行われていたのだろうか。著者の仮説を紹介することにしよう。

その仮説とは、子授けのための方法とは全く逆の方法による送りのための祈りの儀式が縄文時代に盛んに執り行われていたというものである。縄文人は生命が天上界において再生されることを信じ、たましいがこの世と天上界とを往き来すると考えていたのではないだろうか。彼らにとって、たましいを再生させるためにまず最初に行わなければならないのが、正しい道筋による天上界への送りであったのだろう。そして、正しい送りの道とは、子授けの時と全く逆の方法による道筋であったのではないだろうか。したがって、ストーンサークルや配石遺構中に残されている注目すべき点は次のように解釈することができる。(図27参照)

1. 配石遺構において、埋葬土壙上に石を積むという例があるが、これはたましいを宿す時には石に"たま"が"しい"すると考えられ、送りの儀式にはその逆の道筋のために憑依する石が必要となる。高山によると『石こづみの信仰は「石は成長する」という信仰と密接に結びついているということである。これは石の中にタマが入りこむと信じたからである。』との説のように、死者の憑り代、霊の憑依するものとして石こづみがおこなわれたのではなかろうか。

2. 配石遺構下の、土壙内に逆位に置かれた土器の例が多くあるが、こういった中空の土器はたましいがたまりやすいと信じられていて、それをうつ伏せにすることにより、逆意を明確に示し、たましいを地上から容易に解き放とうとしたのではないだろうか。
これは生命を宿す時にたましいを舟形石、石皿にためることの逆を意味している。

3. ストーンサークルおよび配石遺構において、石皿、石棒の破片が出土する例が多くある。生命を宿すために重要な石器である、石

図27　たましいの循環の道筋

皿と石棒を破却することにより、その本来の使用目的と逆の意図を明示し、たましいの解放を行ったと考えることができる。石皿を女性の象徴とし、石棒を男性の象徴とすると、これらの破却は生殖作用の逆を示そうとしているのではないだろうか。真（ま）にまさしく、正確にという意があるが、まさしく彼らは生命を宿すための道筋で行ったことをそのまま、送りの儀式で全く逆に正確に行おうとしたのではないだろうか。

4. ストーンサークルの周囲および配石遺構の配石中に焼けた石が出土する例があることから、この火は石をいっしょに燃やすことにより天上界へのたましいの送りを行ったと考えることができる。その儀式の後に、たましいが地上にとどまることがないように、儀式の場から焼けた石を移動したのではないだろうか。

5. ストーンサークルにはピットが確認される場合と全く確認されない場合がある。このピットは一次葬または一時的な安置場所として利用されたものと思われる。このことからストーンサークルでは一時的に遺体を安置して葬送儀礼が行われたと考えられる。ピットが存在しないストーンサークルの場合には、おそらく地上に一時的な安置場が設けられたと思われる。ストーンサークルには敷石が施される場合があり、こういった一時安置のために石を敷いた可能性がある。

6. ストーンサークル内やその周囲には焼土や消炭が残っているのが確認されている。これらのストーンサークルでは一時的に、火の使用があったと考えられる。このことから、ストーンサークルでは迎え火と送り火が焚かれた可能性がある。迎え火の可能性があるものに、木花之佐久夜比売命がいま子どもが生まれようとするときになって、その御殿に火をつけて、子どもを産み、三人の子どもを無事に産んだ火が思い浮かぶ。また、同祖神祭において丸石神を御張

屋と共に燃やしてしまう火も思い浮かぶ。送り火と迎え火は生命の循環からいえば逆の火であり、どちらがもとになって火が使われ始めたのかについては、もともと星の（火、日）を生命の源としていたであろうことを考えると、送りの為にも生命の源である火を使用したと考えられ、送り火が最初であったのかもしれない。迎え火は送り火の逆を行ったのがそもそもの始まりなのかもしれない。いずれにしても、送り火と迎え火は一対一の相対する関係になっていた可能性が高いと思われる。

このようにストーンサークルにおいて当時、子授けと送りの儀式が全く逆の方法によって行われていたことが推察される。特に縄文時代後期のストーンサークルに見られる様々な状況はこういった儀式の様子をよく示している。

一方このような循環のルートを辿ることができなかった幼児や死産児のために竪穴住居の入り口の床下に甕棺が埋設された。これは母親と父親が毎日またぐところへ埋設して、子供のたましいが直接的に再生することを意図していたと思われる。このまたぐことによって再生するという考え方は、梅宮大社の「またげ石」における子授けの儀式と同様のものであり、またぐことによって子供が授かるとする考え方があったことが理解される。

こういったことと関連があると思われる民俗学の資料に、「東北の習俗・誕生と葬制」がある。[26]現代では一般にお墓は一つであるが、古式では埋め墓と詣り墓とがあったことについて只野淳は次のように記している。

『墓制とみたま様

死者の遺体を埋葬した上に石碑を建て、永くその死者を祭る現代に伝えている習俗は、近世以後のものであろう。昔は両墓制というものが行われていた。遺骸を埋葬した所には木や竹で簡易な墓標を

立て、別の場所に石碑を建てて、それを永く祭りの場所にする習俗である。菩提寺に埋葬して石碑を建てる他、屋敷の内にも石碑を建てる。これを両墓制というが、埋葬地を「埋め墓」第二葬地を「詣り墓」といっている。

　埋め墓の呼び名はいろいろで、辞書によるとサンマイ（三昧）ノバカ（野墓）イケバカ（埋ケ墓）ミバカ（身墓）ナゲショ（投所）ステバカ（浄墓）などといわれている。これに対して詣り墓はラントウ（卵塔）ヒキバカ（引墓）ヨセバカ（寄墓）カラムショ（空無常）などと呼んでいる。その意味するところは埋め墓は穢れた遺体を埋葬するところ、詣り墓は遺体から遊離した霊魂を呼びよせてここで祭りをする、という意識が表現されている』

　このように、両墓制によって昔は死者のたましいと遺体を別けていたことがわかる。埋め墓をノバカ（野墓）ナゲショ（投所）ステバカ（浄墓）ということから、あまり残された遺体について重要に考えていなかったことがわかる。一方、詣り墓はラントウ（卵塔）ともいい、ストーンサークルや配石遺構を想起させるものである。卵は再生復活の象徴であり、たましいの再生復活を意味していたとも考えられる。

　また、死者のけがれと火の関係について次のように記している。

　『このように死によって火が穢れるということはよく聞かれることであって、忌のかかっていることを「火が悪い」とか「火を一つにした」と表現している。よくいわれる日が悪いとは性質が違うが、火は忌を解除するために「火替え」といってイロリやカマドの灰を取り替えて塩で浄めたのである。』

　この（火を一つにした）というのはもともと2つの違う火があったことを物語っており、送り火と迎え火の火が一つになることをきらった。それをけがれと解釈すると、その意味がよく理解できるので

はないだろうか。つまり、たましいを送る火とたましいを迎える火は全く逆のものであり、この二つを混同することをたいへん恐れて厳密に区別していたのではないだろうか。それがけがれのもともとの意味ではないだろうか。「火替え」は火の忌を解除する具体的な様子を表していると考えられる。

　このふたつを混同することを恐れていたことの一端をアイヌ人のけがれに対する意識の中に見ることができる。アイヌ人は葬送の場合と同様に、子供が誕生した場合にも忌がかかることが紹介されている。(27)

　また沖縄地方では出産時にシラ不浄という忌があった。(28)

「昔は産の忌は死の忌よりきびしかったといい、久高島では部落に誕生があると三日間は村人がウタキ（御嶽）へ参拝するのを禁じた。村中産の忌に服したのである。宮古・八重山地方では産の忌をシラ不浄といい、不浄が晴れるまではお産のある家を神職関係者は訪問しない。

　シラ不浄をきよめるために産後4日目、8日目、10日目にソウズバリという行事を行う。生児や産婦がウブカー（産井）の水で水撫でしたり沐浴したり、産の不浄物を洗ったりした。10日目のソウズバリをすますと不浄が完全にとれ、忌があけるので、産屋のしめ縄を取り払った」

16　非実用具土偶の用途

　非実用具（第二の道具）であり縄文時代の精神文化と強い結びつきがあると考えられる土偶について、その用途を考えてみることにしよう。縄文文化の研究9「縄文人の精神世界」において能登健は、土偶について以下のように記している。[29]

　『土偶が原始社会にあって実用的な日常用具でない点では、研究着手の当初より一致した見解がえられている。玩具についても、他にそれと思われる遺物の発見もなく、否定されてよいだろう。土偶が人形（ひとがた）を呈していることについては疑いのない事実である。』

　また、機能と用途では『土偶の破損状態から見て故意に破壊された可能性が論じられている。これを廃棄の結果または行為としてみるならば機能の停止を意味するし、破壊そのものが目的すなわち行為の過程とみるならば用途そのものを意味することにもなる。機能と用途は、ともすれば混同されて論議が進められているといっても過言ではない。その中でも土偶は、縄文時代を通して最も古く、そして長い呪的系譜をたどれるものである。このような呪術具は多岐にわたる機能、用途を示すものではなく、むしろ根源的な意味を強くするものなのであろう。』としている。

　また、能登は女神信仰の系譜について次のように記している。

　『石の系譜は石棒に代表されるが、これに女性表徴としての凹み穴が付与されることによって男女交合の様を呈してくる。そして、この男女合体の系譜はさまざまな様式の変化を繰り返し抽象化の方

向を辿る。(中略)あくまでも、土偶はそれのみでひとつの系譜を辿るものであり、石棒は多孔石（凹み穴）と対になったもうひとつの系譜なのである。これに対して土の系譜には、土器文様と土偶などがあげられる。土器文様は、縄文人の生活総体が抽象的に集約され具体化されたものであり、実利的機能外のものと解される。土偶もまた、土器文様と同一の方向性を示している。しかし、土偶は最後まで土偶としての孤高の位置を守り続けてもいる。縄文時代にあって、社会構造の発展に伴い（それが漸移的であろうとなかろうと）抽象化の方向性を辿りつつ、ひとつの変質もなく継続した信仰の系譜として、土偶は重要な位置を占めていたことになろう。土偶は女性であり、擬人化された地母神である。地母神は、大地の生命力を人間に付与する神であり、人類史上で最古かつ普遍的な宗教活動のひとつである。土偶は、その像形から生命力付与の根源たる神性であるとの解釈が最も妥当と思われる。』

以上のことをふまえ、土偶についてその特徴を整理すると次のように記すことができる。

1. 多くの土偶は明らかに女性を形取っている。女性と判断しにくいものでも、男性の特徴をもったものではない。したがって、土偶は女性像を表している。

2. ほとんどの土偶は破損状態で出土している。土偶を故意に破損させることにより彼らの行為が完結し、目的が果されたと考えることができる。

3. 土偶の表情は実生活に表われるようなものではなく、全身に神妙な表情が感じられる。造形が写実的ではなく抽象的であり、多様である。そういった中に観念的なものつまり信仰を感じとることができる。

4. 土偶の大きさは、手に握って持つのにちょうどいい大きさであり、

それより大きいものや、小さいものは少ない。
5. 土偶はその顔があまりはっきりと描かれていない。特に土偶の目ははっきりしていない。一部の土偶は、まぶたを閉じている。
6. 土偶のおなかは子を孕んだようなおおきなものや、縦に線（妊娠線）が表現されているものがある。また土偶の足はそのほとんどが不自然に広げていて、出産の姿勢を表現していると考えられる。

こういったことから、土偶は死者のための送りの儀式のなかで使われたのではないかと考えられる。（図27参照）土偶の目がまぶたを閉じていたり、はっきりしていないのは、土偶がこの世のものではなく死後の世界にあることを意味している。目（ま）はたましいの（ま）でもあり、縄文人にとって重要であったに違いない。そのため目の部分を死後の世界にあるように造型したのではないだろうか。また、この世の人でない女性を表現しようとした結果、多様な形の土偶が制作されたのではないだろうか。縄文人は、死者のたましいを地上から天へ送るために、土偶へ死者のたましいをいったん託してから、解き放ったのではないだろうか。縄文人は送りの儀式を再生から誕生への第一歩と考え、そのためにま違いがないように、正確にたましいを宿した時の方法と全く逆に行おうとした。すなわち、たましいが石に宿る"またげ石"の場合には、石に宿ったたましいが母の体内に入り込むことにより、最終的に生命が誕生する。そして1年近い妊娠期間を経て子供が生まれる。縄文人はこの事実を重く感じていたのではないだろうか。したがって、死者の送りの方法として、最初に、母の体内を通ってから送る道筋が必要になる。その母の代わりに土偶が使われ、いったん死者のたましいが母である土偶へ入り、次に一定期間の後に破損させることにより、そのたましいを解き放ち、火と共に天上界へ送ったのではないだろうか。その破片は、一カ所に集中させることなく、できるだけバラバラにして

遠くまで運んだと思われる。そうすることによって、この世にたましいが留まることがないと考えられていた。送りの儀式は地上で行われるたましいの再生のための大切な一歩であり、たましいがそのうつわである死体に執着することなく、住み慣れた地上から旅立っていくことが最も重要である。そのため、送りの儀式に死後の母ともいうべき土偶がきわめて重要な役割を果していたと考えることができる。土偶の多くに妊娠や出産の特徴が見られるのはこの世の母の出産の姿を表現したと考えられる。ひょっとして縄文人は、死の床にあって、旅立ちの前にその手に土偶をしっかりと握りしめていたのかもしれない。縄文人にとって、土偶は再生、復活のための護符のような存在であったのではないだろうか。

　その意味において類似の例を琉球の墓所に見ることができる。国分直一は「盃状穴考」(30) 盃状穴の系統とその象徴的意味の中で次のように記している。

　「琉球には墓所を母胎と同様に考える思想が現存している。沖縄の糸満の墓所には、乳房と女陰のくぼみを二次葬の遺骨を納める崖墓の壁に造形した事例がある。琉球の場合、墓所は母胎に帰ることを考える、いわゆる帰元思想を示しているのである。母胎に帰ることは、再生への第一歩なのであろう。」

　このように沖縄には墓所を母胎と考える帰元思想があることが理解される。沖縄は、本州から遠く離れているが、先史時代の文明を現在に残している地域として知られていて、習俗等にその伝統を見ることができる。

17 循環文明の痕跡

　送りの儀式は迎えの儀式と同様にストーンサークル内で行われていたと考えられるが、遺跡の発掘調査では、ストーンサークル内にはあまり送りの儀式に関連する遺物は見られず、土壙を伴う配石遺跡にむしろ多くの遺物が残されている。それはやはり、生命の誕生のための迎えの儀式と死者の送りの儀式は全く逆の行為であり、このふたつを正しく区別することが必要であった。そのために、ストーンサークル内で送りのために使われた土器、石器類はストーンサークル外へ移動し、送りのための土壙を伴う配石へ遺体と共に移動したのではないだろうか。土壙を伴う配石遺構では比較的長期間にわたって送りの儀式が行われたと思われる。そのために配石遺構では石器や土器を移動した形跡が多く見られるのではないだろうか。この点について、ストーンサークルでは迎えの儀式のみが行われた可能性もあるが、ストーンサークルの循環を意味する環状構造を考えると送りの儀式も同じ場所で行われていたと考えるのが自然ではないだろうか。また、迎えの時に使用する土器や石器類も移動して使っていたのではないだろうか。そのためストーンサークル内では遺物（土器、石器類）や人骨があまり出土せず、火の跡と空間のみが残されていて、逆にストーンサークルの周辺では、送りの儀式と迎えの儀式に使われた遺物が多く見られるのではないだろうか。

　忍路地鎮山ストーンサークルでは敷石を伴ったピットが確認されているが遺物や人骨は何も出土していない。[2] 大湯ストーンサークルの内部では一部の組石下からピットが見つかっているが、人骨は

出土していない。遺物としては、出土位置ははっきりしないが、炭、ベニガラ、土偶が見つかっている。(25) また湯の里No5遺跡ではストーンサークルに炭化物や焼土が残されているが、他には何も見つかっていない。(24) また、オクシベツ川遺跡では焼土、木炭やベニガラと伴にヒグマ、イヌ科の動物、エゾシカ、海獣類の骨が残されていた。(23)

　これらの動物は縄文人にとって神聖な動物であったと思われる。そして、アイヌのイヨマンテ（くま送り）の儀式と同様に、ストーンサークルで神聖な動物を送ったのではないだろうか。それらの動物は、大自然の中で身ごもるのであるから、送りの儀式のみを行い、骨がそのまま残されたのではないだろうか。また、これら神聖な動物と共に人のたましいを送った可能性がある。そうすることにより、人のたましいは間違いなく天上界へ行くことができ、良い再生や復活を成し遂げられると信じていたのかもしれない。

　樺太、アムール河流域に住むウリチ人の習俗にくま送りの興味深い行事があることが紹介されている。(31)

　「ウリチ人は、死者のたましいが来世へ行きつく前の2,3年は中間の世にいて、仮小屋で毎月親戚に会って飲んだり食ったりしたあとに、あの世へ旅立っていくと思っていた。葬式の日に家族は小ぐまをかって来て、くまに死者の魂がのり移っているものとして大切に2年間飼育した。2年たって大きくなったクマを弓で射殺し、骨と頭をまいそうした。これで死者のたましいがこの世からあの世へ移ると考えた。」

　このようにウリチ人は死者のたましいが、小ぐまにのり移り、くま送りをすることによって完全に死者のたましいがこの世からあの世へ移ると考えていたことが理解できる。ストーンサークルに動物の骨を残した縄文人はこういった考えによって送りの儀式を行って

いたのではないだろうか。

　アイヌ人は北海道の先住民であるが、最近まで弥生時代以降の文化の影響をあまり受けていないと考えられ、彼らの習俗の中にたましいの循環の思想をかいま見ることができる。藤村久和は、「アイヌ、神々と生きる人々」(27)のなかで、出産と誕生について次のように記している。

　『**出産と誕生**　順序から言うと出産が最初にくるのが普通だが、私はこの一つ前の段階があると思う。すなわち妊娠という段階をどう考えるか、そこから始まるのではないだろうか。性行為をしたから子どもができるというものではない、しかしある日できてしまう。アイヌの人たちも、そこのところを非常に不思議に考えた。生物学的には、受精すればそれで妊娠するのだが、それより以前の問題として、妊娠をどう考えていたのか。誕生してくるという子どもはどこで決まるのか。このことについてのアイヌの人たちの考え方は、たいへん面白い。それは最後の「宇宙観」のところとも関連するのだが、霊というものは不滅で、「この世」と「あの世」とを往復しているとアイヌの人たちは考えている。そして、あの世の話がこの妊娠には大いにかかわってくるのである。

　たとえば、われわれの間でも、子供が生まれて最初のうちはお父さん似とかお母さん似と言っていながら、大きくなってくると、ああ、この子は死んだお祖父さんにそっくりだとか、伯父さんになんとなく似ている、額から目にかけては伯母さんとそっくりねなどと言うことが、しばしばある。同じようなことは、アイヌの人たちにもあり、実はそれは、あの世へ行った自分の家系の誰かが、再生、蘇生してこの世へ戻ってきたと考えているのである。』

　このようにアイヌ人は霊は不滅であり生まれ変わることによってこの世とあの世を往復していると考えていることがわかる。

また、アイヌ人の葬儀に他界観があることについて次のように記している。

　『**葬儀と埋葬**　　老化がだんだん進んでくると当然死が近づく。死というものをどうとらえるかは、たいへん興味深い問題である。死後の世界がどんなものかは、誰でも一度は考えてみたことがあるだろう。アイヌの人たちは、死というのはこの世での任務あるいは、この世で生きることのひとつの終わりであると考えていた。「ひとつの終わり」というのは、死ぬと魂はあの世へ行くのだが、やがては再びこの世へと戻ってくるのであるから、死は、「この世で生きることのひとつの終わり」であって、この世との永遠のお別れではないという意味である。だから葬儀というのはあの世への旅立ちなのであり、けっして悲しいことではない。したがってその人とのお別れ自体は悲しいことなのだが、葬儀全体としてはそんなに陰湿なものではないのである。（中略）

　そして次に、今度は引導を渡す。ある人は、火の神様に、あなたの力であの世にうまく導いてくれと祈り、ある人は、死者に対して、あなたは火の神様が言うとおりに行くのだよと言いきかせる。墓標はイルラカムイ（i-rura-kamuy＝それを—運ぶ—神様）といって、死者をあの世へ連れて行く道案内役とされているので、ある人は墓標に、どうか無事にこの人をあの世に届けてくれというようにお願いする。これらは男の役である。』

　そして再生してこの世へ戻るルートについて次のように記している。

　『この「早く戻る」ということは、玄関をわからないようにしたり、愛用の品を持たせるなど「戻ってこれないようにする」ことと矛盾するように思うかもしれないが、そうではない。「早く戻る」というのは、正規のルートを通って戻ってくることである。死んであ

の世に行く。あの世で生活をする。一定の務めを果したら、その霊魂はこの世へ戻ってきて再生する。』

このように、アイヌの人々にはたましいの循環の思想があり、送りの儀式の中に、火の神様がかかわっていることや再生して戻るための正規のルートが存在していることが、理解できる。こういった信仰は縄文の循環文明に由来していると考えられる。また沖縄にも前章で述べたようにたましいの循環の思想が色濃く残っていて日本の北と南にそれぞれ縄文時代からの伝統が生きつづけていると思われる。

次に伝統行事のひとつである「月待ち日待ち」について考察してみよう。

お日待ちと言えば、一部の地方では今でも町内の親睦会をそう呼んでいる。数十年前までの日本では、お日待ち，月待ちの行事がよく行われていた。月待ち日待ちは村人が一箇所に集まり、夜を徹して月や日が昇るのを待つことを意味していて、大変に興味深い行事である。月待ちを平凡社の世界大百科事典では次のように記している。

「定まった月齢の夜に、月の出を待ってこれをまつる行事。三日月待、十六夜待、十七夜待、十九夜待、二十二夜待、二十三夜待、二十六夜待などがあるがこのうち二十三夜待がもっとも古く、16世紀の頃に京都の公家社会で行われていた。正月、3月、9月の月待が重視され、その夜は家の主人は斎戒沐浴して、翌朝まで起きているのが本来であった。神道的に行う場合は月読尊の掛け軸を床の間に飾り、仏教的に行う場合は勢至菩薩の掛軸を飾った。月待は月祭の意で、二十三夜が多いのは、十五夜の後、半弦になる形を重視した感覚による。民間では、女性の講と重複し、子授けや子育ての祈願をする主婦の集まりである事例が多い。月と女性の生理作用とが関

連することを潜在的に感知していたことの反映と推察される。月の出のもっとも遅い二十六夜待は、江戸の特徴的な行事となっていた。特に正月と7月の二十六夜は高台で海を臨む場所から月の出を待って、徹夜したという。近世には共同飲食や遊びが伴うようになったため、精進潔斎の要素は薄れており、農村の休養をかねたレクリエーションに変化している。」

このように月待ちは江戸時代に盛んであったことが記されている。民間では、女性の講と重複し、子授けや子育ての祈願をする主婦の集まりである事例が多いとしている。このことはストーンサークルでかつて行われていたであろう子授けの祈りの儀式を想起させるものである。

また日待ちについて次のように記している。

「村の近隣の仲間が特定の日に集まり、夜を徹してこもり明かす行事、家々で交代に宿をつとめ、各家から主人または主婦が1人ずつ参加する。小規模の信仰行事で、飲食をともにして、楽しくすごすのがふつうである。神祭の忌籠には、夜明けをもって終了するという形があり、日待もその一例になる。日の出を待って夜明かしをするので日待というといわれる。宗教的な講の集会を一般に日待と呼ぶこともある。集まりの日取りにより、甲子待、庚申待などと称しているが、十九夜待、二十三夜待、二十六夜待などは月の出を拝む行事で、日待と区別して月待と呼ぶ。自治的な村の運営の相談をするような村寄合を日待と称していた地方もある。この種の日待は、旧暦1、5、9月の15日前後に行う例が多い。おそらく村の結合のかなめになる集会が、日待だったのであろう。日待には頭屋制の神祭に準じた厳粛な形態もある。」

この日待ちのもともとの意味を著者は"ひ"に月や星の光（火）も含まれていたのではないかと考えている。なぜなら、もし日の出

のみを拝むのであれば、何もわざわざ前の晩から徹夜する必要はなく、早起きすれば充分なことだからである。つまり日の出を拝むために前の晩から夜通し起きているのには何か大切な別の理由が本来あったと考えられる。夜集まることをおまつり的なものとしているが、何を祀るのかその本来の意味は伝わっておらず忘れ去られている。もともとは太陽の日に限ったものではなく、月や星のひ（火、光）の意味ではなかっただろうか。これは、月待ちのことを日待ちということからも月のひ（火、光）を意味していたと考えることができる。そして月待ち日待ちのもともとの意味は、縄文時代にストーンサークルや配石で行われていたであろう、たましいの再生復活のための祈りの儀式であったと考えられる。

　その祈りは夜から明け方にかけて神器である石器の力を借りながら行われたのだろう。すなわち、再生されたたましいである星や月の精なる光を待って、女性の胎内へと導いた。そして朝日が昇る夜明けは天上界とこの世を分かつため、夜明けがくるのを待って、天上界からこの世へたましいが移ることを完了したのではないだろうか。

　夜通し起きている習わしとして今に残っているものに、葬儀の時のお通夜があるのではないだろうか。このお通夜は葬儀のなかで重要な位置を占めていると考えられる。おそらく、その起源は縄文の循環文明にあると思われる。月待ち日待ちがたましいの迎えのための夜の集まりとすると、お通夜はたましいの送りのための集まりであったのではないだろうか。お通夜はことばの意味として夜通しという意味である。それは夜が重要であったことを物語っているのと同時に夜が明けることに大きな意味があったことをうかがわせる。縄文の送りの儀式についても夜、星の輝く天上界へたましいを送り、あの世とこの世が分かたれる夜明けを待って儀式を終えたのだろう。

このことに関連したことであるが、岐阜地方の方言に"あぬきだま"ということばがある。(32)　その意味は、「あおむけにねていること」を言うのであるが、なぜあぬきだまというのであろうか。あお向けの"あ"とあぬきだまの"あ"は同じ意味であり、あお向けは仰ぐの意味であるので、あぬきだまの"あ"も天を仰ぐの"あ"と考えられる。そしてあぬきだまの"ぬき"は抜きであり、"たま"はもちろん魂、霊の意である。この言葉は、たましいを人の体から抜いて、天へ送るときの姿勢からきている言葉ではないだろうか。
　かつて縄文時代の人々はストーンサークルに集まり、葬儀を執り行っていた。そのときに、亡くなった人をあぬきだまにして（仰向けにして）そしておそらく口をあけて星の世界へたましいを抜いて送ろうとしていたのではないだろうか。

第三部
縄文の循環文明
―縄文から未来へのメッセージ―

18　縄文の循環文明

　ストーンサークルや配石遺構の大きな特徴である立石とたましいの循環との関係について考えてみよう。ストーンサークルに使われている石はほとんどが立てられている。なぜ石を横たえるのではなく、立てたのだろうか。大湯ストーンサークルにはストーンダイアル（日時計状組石）と言われる立石がある。（写真11）石を立てるということは、上下方向が強く意識された結果であり、天と地をつなぐ意味があるのではないだろうか。"立つ"は広辞苑では次のように説明されている。
1　事物が上方に運動を起こしてはっきりと姿を現す。

写真11　大湯野中堂ストーンサークル内の独立立石

2　物事があらわになる。はっきり現われる。
3　作用が激しくなる。
4　（起つ、発つとも書く）ある場所にあったものがそこから目立って動く。
5　物が一定の所にたてにまっすぐになって在る。
6　事物が新たに設けられる。
7　物事が立派になり立つ。保たれる。
8　物が保たれた末に変わって無くなって行く。
9　他の動詞の上についてその行為が表立っていることを表す。

　この立つの4, 8の説明のように、立石は、たましいが地上に留まらず、天上界へ旅立つことを表現しているのではないだろうか。

　また、立つの1, 2, 6の説明のように、立石は、天上界のたましいが地上に降り立って姿を現す様を表現しているのではないだろうか。

　このように、立石の意味は、人のたましいが天上界と地上を往ったり来たりすることを象徴しているのではないかと考えられる。

　そして石棒は遺跡から立った状態で出土することがあるが、おそらくこの立石の意味をそのまま持っている神器であり、石に加工を施すことにより、生命の再生復活をより象徴した形、つまり男根を表現したのだろう。

　そして立つの5, 7の説明にあるように、もうひとつの立石の意味として人間の存在そのものが立石によって表現されているのではないだろうか。つまり、手をもつ人間は二足歩行をして立って生活している。この立つという姿は人間特有のものであり、その姿が立石に重ね合わされているのではないだろうか。ここに人間が他の動物とは違うものであるという考え方があったように思われる。おそらく人間としての尊厳がそこに表現されていたのだろう。

　かつて私が経験したことであるが、ある山中で御神体である立石

を求めて歩いていた。なかなか見つからないのであきらめかけていたときに、突然目の前に2m以上もあるおおきな黒っぽい立石が山の斜面に現われた。そのときその石を見た瞬間に、人が立っているのではないかと感じたのである。もう少し正確にいうと人の巨大なたましいがそこに鎮座しているように感じたのである。こういった意味もストーンサークルの立石にはあるのではないだろうか。

　天上界と地上界をたえず往き来し、循環が目に見えるものに自然界の水があるのではないだろうか。水は人やあらゆる生き物にとって、とても大切なものである。生きとし生けるものにとって水は命そのものでもある。海はあらゆる生き物の母であり、その語源が生むとつながっているように思われる。また、川（かわ）と沢（さわ）の「わ」は循環のわを意味しているように思われる。

　自然界では、天に雲が生まれ、雨が降り、川となって滝を創る。やがて大河となって海へ注ぐ。海には海流があり、また月の満ち欠けにつれて潮の満ち引きがある。水は汲み置いたり煮炊きすれば蒸発してしまう。縄文人は海の水が天へ帰ることもよく知っていただろう。そして水が絶えず循環していることもよく理解していたと思われる。

　このような自然のなかでたえず循環する水とストーンサークルはなにかつながりがあるだろうか。ストーンサークルで行われていたと考えられる迎えの儀式では、たましいを宿す玉石と舟形石が重要な石器と考えられるが、この玉石や舟形石と水とのつながりがあるのではないだろうか。ストーンサークルやその周辺から出土する玉石は真球に近い美しいものが多い。道祖神として祀られている玉石にもみごとな球形をしているものがあり、これらの玉石はほとんどが滝つぼで長い年月を経て造られたもので、縄文人はたましいの再生復活のためにわざわざ、滝つぼやその下流からひろってきたと考

えられる。私も以前渇水期に滝つぼで美しい玉石をひろったことがある。玉石は水の循環の力によって長い年月をかけて造型されたものであり、たましいを宿すのに最もふさわしいものだったのだろう。また舟形石は、その形が舟であることと、水がたまる形をしていることから、水とのつながりがあると考えて良いのではないだろうか。

送りの儀式と循環する水とは関係があるだろうか。忍路三笠山ストーンサークルの北側に隣接する忍路土場遺跡には材木を使った大規模な水場があったことが、湿地部の柵状遺構と作業場跡からうかがい知ることができる。(33) 忍路三笠山ストーンサークルと忍路土場遺跡の概要について"考古学の世界"に次のように記されている。

「忍路遺跡群（北海道小樽市）

この遺構群は小樽市の西部、旧余市湾の最北深部に位置し、標高二十mの丘陵斜面に忍路環状列石（三笠山ストーンサークル）があり、その北五十mの低地には忍路土場遺跡がある。

この忍路土場遺跡から縄文時代後期半ばの作業場七か所、柵状遺構一か所、配石三基、焼土八九か所などの遺構と多量の遺物が発見された。作業場のうち四か所は植物性植物加工を主とするところ、一か所は動物の解体や漁撈関係のもの、ほかは性格不明である。そのうち三か所には作業小屋がともなう。柵状遺構は作業小屋か物干し小棚の施設で食料加工の遺構と考えられている。

出土遺物は多量の縄文土器のほかに木製品・漆工品一〇八一点、ガンピ繊維製品二九二点が出土し、その種類も多い。弓、たも枠、やすなどの狩猟、漁撈具、木皿、鉢、片口、ザルカゴなどの日常用具、ヨコヅチ、石斧の柄、楔などの工具、柱、桁、垂木、角材、板材などの建築材、火鑽棒、火鑽板などの発火具、櫛などの装身具、弦楽器、編布、敷物などの繊維製品、その他祭祀用品と考えられるものなど、その種類と量の多さは縄文時代の正倉院の観がある。

すこし高台からは竪穴住居跡、巨木柱穴、土坑などの遺構、そのさらに上の斜面を造成して環状列石がつくられている。この列石の時期を決定する遺物は現在のところないが、これらの遺跡は縄文時代後期半ばの一連の遺跡と考えられ、この地域の世界を総合的に復元できる要素を秘めた遺跡群である。」

このように大規模な水場の作業場を持つ忍路土場遺跡からは焼土89箇所と発火具など火の使用を示すものが、また櫛、装身具、弦楽器、編布などの祭祀用品と考えられるものが出土していて、わずか50mに隣接している三笠山ストーンサークル（忍路環状列石）と関連する水や火を伴う儀式（祭り）すなわち送りの儀式や迎えの儀式が行われていたことがうかがわれる。

栃木県小山市の寺野東遺跡には巨大な環状盛土とその西側に大規模な水場があったことが明らかにされている、勅使河原彰は寺野東遺跡について火と水の祭りが行われたハレの場所であるとしている。概要は以下の通りである。[34]

「環状盛土遺構は外形南北約165m幅約15から30m、高さ5mの盛り土が半周する。吉田用水の掘削で東側の約半分がカットされてしまったが、本来は環状にめぐっていた。環状の中央部に敷石をともなう約15×20mの不整楕円形の台状がある。盛土は後期前半から晩期前半に形成されたものと考えられている。盛土からは祭祀的遺物が多く出土していて、これらは盛土中に何枚となく存在する大量に火を用いた跡である焼土にともなって出土する場合が多い。そして大がかりな火を用いた祭事が約1000年も継続した特別な場所であったことがうかがえる。

ところが、これこそ縄文時代に類例のない途方もない遺構が、環状盛土遺構の西側の谷からぞくぞくと発見された。それは環状盛土遺構と同じ時期に、自然の河川を南北約八十m、幅約十mにわたっ

て改修して、水場に関連した様々な施設がつくられていた。川岸の両岸を護岸したと思われる木組、水の流れを調節するように何段かに仕切られた木組、井戸枠状に板囲いされた木組などが10組以上も発見され、しかも、それぞれに足場板が組まれ、玉砂利が敷かれるというように、非常に手の込んだ複雑なものであった。寺野東遺跡では、環状盛土遺構での火の祭りと川岸の木組みの遺構での水の祭りという、二つの祭りがセットとなって定期的におこなわれていた可能性が高い。」

ストーンサークルや環状盛土では当時送りの儀式が行われ、隣接する水場（洗い場）では送りに際して聖なる水による死者の清めの儀式（沐浴）が行われていたのではないだろうか。それは、出産の時に産水（産湯）を使うことの裏返しでもあり、たましいの循環が成し遂げられるよう聖なる水による沐浴が行われていたのではないだろうか。

また、ある年月を経た遺体についても、再生復活がま違いなく成し遂げられるように、神聖な水によって洗骨を行っていたのではないだろうか。

縄文時代に見られる改葬の例について小林達雄は縄文人の世界観のなかで次のように記している。(35)

「ときには、福島県三貫地貝塚などにみられるような、頭骨だけを多数集めて一括埋葬している場合があり、特別な事情を示している。あるいは、東海地方には四肢骨だけを集めて井桁状に組んだり、その内部に頭骨を納めたりする例などもある。これらは、二次的な改葬などとも関係するところがあり、やがて東日本の弥生時代に行われた再葬墓、つまりいったん遺体を埋めるか地上に安置しておいて肉の部分を腐らせてから、改めて骨を埋葬した墓に連続させていく、そうした思想に通ずるのかもしれない。

なお、東北北部には成人骨を収納した大型土器の棺（甕棺）が後期前半に一時的に盛行する。これは、埋葬した遺体を一定期間後に掘り返し、骨を集めて改葬したものだ。甕棺も葬るための土器として作り、器面全体を真っ赤に塗ったりしている。しかも板状の石などで甕棺を収める石室を設けるなど独特な葬法である。しかし、東北地方南部にまでは広がらなかった。」

　改葬が盛行していたとされる後期前半の東北北部には時を同じくして比較的規模の大きいストーンサークルが盛んに建造されている。このような改葬を行う際には送りの最後の儀礼として神聖な水で遺骨を洗い清めていたのではないだろうか。

　こういった死者の沐浴や洗骨の例は沖縄の習俗に見ることができる。(28)

　「生児の額にウブミズ（産水）をつかわす時、その水はウブカー（産井）から汲んできた。八重山群島竹富島では死者に浴びせる時に用いる水をシニミズ（死水）といい、それはウブカーから汲まず特定の井戸から汲んだ。宮古島へ行くとお産の神は火の神だということがわかる。シラの神といってジル（地炉）の火を拝んだり、あるいは原始的なかまどをかたどった三個の石を神体として拝むところもある。」「死ぬことをマースン、臨終のことをミーウティーという。死が確認されると女たちは大きな声で泣く。その泣き声で隣近所の人々は死者の出たことがわかり皆が集まって葬式の準備をした。死者は沐浴（もくよく）させてから死装束をさせ西枕にして寝かせた。沐浴のことをアミシーンという。」

　ここにはお産の神が火の神であることが記されている。また洗骨の例について次のように記している。

　「奄美大島と琉球列島の島々には洗骨という風習が見られた。本土には見られぬ風習であったが第二次大戦後は火葬が普及して洗骨

の風習はなくなったようである。しかし宮古島あたり、あるいは他の離島でもまだ洗骨をやっているという報告もあるから、完全になくなったわけではない。洗骨の廃止は衛生上よくないとの理由からであった。洗骨することをチュラクナシュンというが、これは死体をきよめるという意味である。三年目・五年目・七年目の七夕（旧七月七日）に洗骨する風が一般的であるが、久高島では十二年ごとに行ったといい、また、門中墓の分布している地方では三年目にならなくとも次の死者が出ると洗骨する場合もあった。」

　また、渡邊欣雄は沖縄の洗骨が中国南部から伝えられたものではなく、沖縄独自の文化として見る必要があるとして、洗骨を次のように説明している。(36)

「死霊浄化のための洗骨という沖縄の発想は、世界の他の地域にほぼ共通している。

　これらの地域では、死者を埋葬したあと長期の喪に服し、喪明けのころになると遺骨を発掘して洗骨し、特に頭蓋を色づけ飾るなどして、祖先祭祀を行っている。死者を一次埋葬しただけでは死霊のままであり、子孫になんの利益ももたらさないばかりか病や死をもたらす危険な存在だと、彼らは考えている。だから洗骨前までは、子孫たちは謹慎して危険を避けるのである。（服喪）洗骨して死者に＜第二の葬式＞をすることにより、子孫に幸福と豊穣（ほうじょう）をもたらす祖先に変わることになる。いいかえれば、洗骨を経ないと、死者は子孫に良い影響力を行使する＜生命力＝霊力＞が獲得できないのだ。あたかもわれわれが成人式を経て、はじめて＜生命力＞のある大人になれるように。

　こうして世界の類例を見渡してみると、洗骨とは死霊から祖霊への変換行為だということがわかり、祖先に対する＜生命授与式＞だということが、しだいしだいにわかってくる。」

縄文時代に行われていたであろう洗骨もこの沖縄や世界の類例にあるように、死霊から祖霊への変換行為であったのだろう。そしてこの洗骨によって送りの儀式が完結したのだろう。たましいの循環の道筋のなかでは、洗骨すなわち生命授与式を経た祖霊は再生復活が可能になったことを意味していたのではないだろうか。

　水は汲み置けば鏡になる。水は常に水平になるため、水に映る姿は上下が逆になって見える。普通の鏡は垂直に使うため左右が逆になるだけである。この上下逆に移る姿から水がこの世とは別の世界を映す力があると考えられていたのではないだろうか。このような点から水と送りの儀式は密接にかかわりがあったと推測できる。

　ストーンサークルに使用された石はその形が丸みを帯びていることからもわかるように河川から集められた火成岩の自然石である。時には何キロメートルも離れた川からわざわざ重い石を運んでいる。このことはストーンサークルと水との密接なつながり、ただならぬ関係を物語っている。人のたましいの循環は自然界を循環する水に象徴され、重ねあわされ信仰されていたのではないだろうか。

　また天上界には天の川がある。今でこそ天の川は光害と空気汚染のためなかなか見ることはできないが、縄文時代には天の川は天をひとまわりしている姿をはっきりと見ることができ、あの世の川として厚く信仰されていたのではないだろうか。三笠山ストーンサークルの中心軸は天の川の中の南十字星に向いている。このことは循環する川と天の川が共通の信仰にもとづいたものだったことを示しているのではないだろうか。

　一方、縄文時代の循環信仰のなかの立石と水との密接な関係を現代に伝えていると思われる伝統行事がある。それは信州の御柱祭りである。信州の御柱祭りは7年に一度、諏訪湖の南に位置する諏訪上社（本宮、前宮）と北に位置する諏訪下社（春宮、秋宮）において、

それぞれの社に何ヶ月もかけて4本の巨木が立てられる勇壮な祭りである。(37)

　巨木は、八ヶ岳の山中で見立てられ、縄文時代を彷彿とさせるかのごとく、氏子達の人力によって運ばれる。このとき巨木を宮川で清める川落としが行われる。この清めの儀式は巨木と循環する水との関係をよく物語っていると思われる。

　諏訪大社本宮には神が降臨するとされる神聖な巨石が鎮座している。この巨石は硯石と呼ばれていて、水がたまる形状を成している。また、上社と下社はそれぞれ諏訪湖をはさんで北と南に相対して位置しており、太古より水を満々とたたえる諏訪湖そのものが、もともと神聖な湖として信仰の対象であったことをうかがわせる。

　このように、御柱祭りの伝統のなかに縄文時代から受け継がれた循環の思想に基づいた、「立つということ」と「聖なる水」とがつながって生きつづけているのではないだろうか。

　御柱祭りに見られる巨木信仰は縄文時代まで遡ることができると思われる。三内丸山遺跡の栗の巨木の6本柱はよく知られている。石川県都登町の真脇遺跡、金沢市のチカモリ遺跡、富山県小矢部市の桜町遺跡では、たてに半分に割った巨木を10本円形に並べて立てたものが確認されている。（晩期）さらに桜町遺跡では直径1m程の巨大木柱（中期後半）が3本確認されている。また忍路土場遺跡では三笠山ストーンサークルに隣接して巨木柱穴が確認されている。

　ではなぜ縄文時代に巨木が信仰の対象になったのだろうか。それは循環の思想と深いつながりがあったと考えられる。木はその内部に年輪がある。その断面は、幾重にも同心円を描いていて中心がはっきりと見てとれる。特にくりの木はその年輪がはっきりとしていて、たいへん美しいものである。現代人は木の年輪ができるしくみを知識として理解している。しかしそういった知識がじゃまをして

それ以上に年輪のことを理解する気持ちを失っている。

一方、縄文人にとって年輪の輪は四季をかなでる大自然の一年の循環を意味すると同時に、またその一つの環が死と再生を含んだ生命の循環の一回をも意味していたのではないだろうか。そして巨木の数え切れないほどの年輪は永遠の命の象徴でもあった。したがって巨木の幾重にもなる年輪の中心は面積を持たないという意味で無であり、無の中に永遠が存在する生命と神の宿る聖なる点となる。また木は常に垂直に立って生育する。この垂直に立つ姿が天と地をつなぐ神聖なものであったと思われる。さらに栗の木が食料として、とても重要であったことも栗の木に対する信仰と関連していると思われる。

そういった意味でくりの巨木は縄文人にとってたいへん神聖なものであったに違いない。そして巨木を立てるということは天と地をつなぐことを意味していて、たましいの循環と永遠の命の象徴であった。現代において巨木が神社などの神木となって残っているのもそうした縄文時代からの伝統が生きているからだと考えられる。またイギリスのストーンヘンジ遺跡の近くにあるウッドヘンジ遺跡（図4）もそういった信仰によって木柱が幾重にも同心円を描くように建造されたと考えられる。

一方、人体を循環して絶えず流れているのは血である。縄文人は狩猟採集民であり、当然血液の循環についてよく理解していたと思われる。この体内を循環する血を象徴しているのが、大湯ストーンサークルや湯の里NO5遺跡に残されたベニガラの赤ではないだろうか。

再生復活のなかで最も重要な出来事は出産であろう。出産に際しては出血を伴う。出産はたましいの循環のなかで再生復活のクライマックスであり、そのときの血の赤は極めて神聖なものであっただ

ろう。そしてこの出産の血の赤が送りに際してのベニガラや朱の赤につながっているのだろう。こういったことから「二人は生まれる前から赤い糸でむすばれていた」というように神秘的な世界とのつながりを赤で表現したのだろう。

　また赤は夜明けを象徴する朝焼けの色でもある。ストーンサークルや配石遺構で行われた迎えの儀式では、月や星が輝く夜から夜明けにかけて、この世とあの世が分かたれ、たましいの移動が完了したと考えられる。そしてたましいが移り終えたことを示す色が朝焼けの赤であり、神聖な色とされたのではないだろうか。これらたましいが移り終えたふたつの状況"出産と朝焼け"が示す神聖な色としてベニガラや朱が送りや迎えの儀式のなかで使用されたと考えられる。私たち日本人が朝焼けや夕焼けを見て何か特別な感情をもつのは実はこういった遠い昔の記憶が残っているからではないだろうか。

　忍路三笠山ストーンサークルの独立立石のラインが示す太陽の位置は春分を始めとして一年を8等分するような、位置を示していることから、建造者が循環ということを意図していたと考えることができる。また冬至の日の出と日没のそれぞれに配石がなされていることは、冬至を特に重要な日として一年のうち一番弱い太陽の再生、復活ということを意図していたと考えられる。そして、おそらくこのことは、生命（たましい）の循環と再生、復活をも表現しているのではないだろうか。

　また、三笠山ストーンサークルの中心軸であるラインQ―A―B―C―Rは南十字γ星の没する位置を示している。この中心軸が天の川の中にある南十字γ星の没する位置を示していることは、人の死を意味しているのではないだろうか。また、独立立石のラインF―K―Nは南十字γ星が山かげに没した後にもう一度出現する位置を示し

ている。立石で示されたその他の明るい星の位置はすべて没した位置を示していることを考えると、この再出現は特別のものであり建造者の意図として重要であったことがうかがわれる。南十字星の再出現はやはり、冬至の太陽と同様に、生命の再生復活を意味していたのではないだろうか。

　三笠山ストーンサークルの独立立石は天体との関連を示すが、ストーンサークルの列石は天体を観測する上での機能は持たない。(独立立石のみでも、観測できる。)その環状配列は、三つの円弧を重ねた図形プランに基づいたものであり、三つの円弧の中心はピタゴラスの三角形を形成し、その三辺と三つの円弧の半径は整数になっている。また、三笠山ストーンサークルは内側のサークルと外側の二重のサークルに分けて建造されている。このような図形とした理由は、単に天体を観るためのものとしては、説明できないだろう。したがって、ストーンサークルの図形的な構造はストーンサークル建造の真の目的と深く結びついたものと推測できる。

　ストーンサークルの最大の特徴である環状(卵型)構造は、生命や宇宙の循環の様子を表現しているのではないだろうか。そして環状列石の弧の中心がピタゴラスの三角形を形成し、しかも三つの半径が整数となっているのは、天上界へ送られた、たましいが天上界を循環しながら再び正しく地上界へ戻れるように、円弧の半径と中心間の距離を半端な数ではない整数としたのだろう。整数でなければたましいは再生への道筋で迷ってしまうと考えていたのであろう。この整数への彼らのこだわりは、当時、数神秘主義があったことをうかがわせる。

　縄文人がこのような循環の思想を持ったのは、おそらく天上界の星々と地上の生命の移ろう姿の観察によると考えられる。星々はきわめて正確な軌道を天空上に描きながら、毎日昇降をくり返す。

そして季節ごとに少しずつその出没時間を変えていき、一年後に正確に元の位置に戻る。太陽は季節を天空にきざみながら一年の周期で必ずもとの位置へ戻り、月は約29.5日で満ち欠けを繰り返しながら、18.6年の周期でその位置を変えていく。これらのどれをとっても、規則的である。また、生命の営みについても天体と同じように常に循環していることを、自然の中に見てとったのであろう。このように星や月の世界と人の生死すなわちたましいの循環とが深く結びついて信仰されていたと考えられる。そして、たましいの循環も規則正しいものであるとしていた。我々の先祖でもある縄文人はそういった循環の中に同時に永遠の命も見てとったのだろう。

　ストーンサークルの環状構造がたましいの循環を表しているとしたら、その図形構造は具体的に何を表現しているのだろうか。この点について私が現時点で最も可能性が高いと考えているひとつのモデルを参考のため記すことにしよう。(図28)

　人のたましいは環をまわりながら一周することにより生と死を繰り返していると考えられる。生の円の中心（A）とあの世の世界の円の中心（B）は相対してストーンサークルの図形の中心軸上にある。

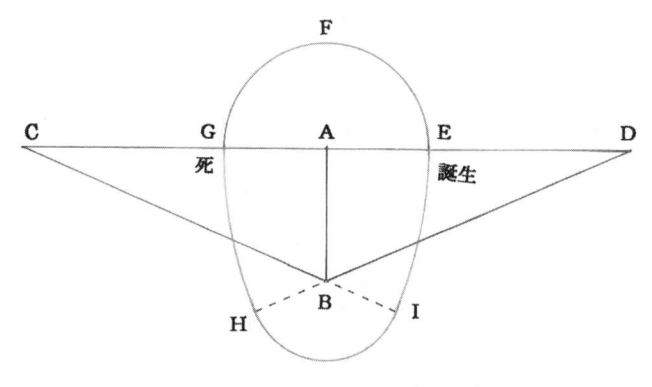

図28　たましいの循環モデル

たましいの循環が右回りなのか左回りなのかわからないので、仮に左回り（反時計回り）とすると、図中Eがこの世に生まれてくる誕生（出産）となる。この時、生の中心はAであり、EからFまでの円弧は成長を表している。Fは一人前の大人となる成人式や結婚に相当する。FからGで老化が進みGで死を迎える。生きている間はA点を中心としていたが、死によって中心がDへ移る。そしてたましいはDを中心とする円弧GHに入る。この間は死から浄化を経て祖霊となる過程であり、亡くなった人のために家族によって送りの儀式やたましいの浄化のための儀式が継続的に行われる。祖霊となる点はHであり、祖霊となったたましいは中心をDからBへ移し、円弧HIの軌道に入る。おそらくこの期間が星の住人として天上界に住む期間と考えられる。Iまで無事に来たたましいは中心をBからCに移すことにより、復活への道、円弧IEの軌道に入る。そしてこの間に子授けの儀式と妊娠期間を経て、再びE点で再生復活を果し、新生児としてこの世に生まれてくる。

　このようにこのモデルでは、たましいは生きている間はE−F−Gの軌道を、死から復活までの間はG−H−I−Eの軌道を動いている。たましいはこの間をひと回りするので、生きている時と、死後ではその動きが全く逆の方向になっている。

　このことにより、送りの儀式において副葬品や様々な祈りの道具を誕生や生きている場合とは全く逆の向きとしたことがよく理解できる。それはたましいが無事再生復活するために大変重要なことであったと推測できる。そして迎えの儀式（IからEまで）と送りの儀式（GからHまで）はたましいの循環の道筋のなかで全く相対する位置にあり、さまざまな儀式が相対するように逆に行われていたと考えられる。

　迎えと送りの儀式の中で相対する逆意と考えられることを整理す

ると次のように記すことができる。

1 火：迎え火と送り火
2 石棒：立てられた石棒と割られた石棒
3 石皿：玉石を持つ石皿と割られた石皿
4 母胎：母と土偶
5 朱：出産の血と送りや埋葬に使われるベニガラ、朱
6 水：産水（産湯）と死水（沐浴）
7 玉：石皿の上の玉石と埋葬土壙上の石こずみ

　この逆意・逆向はもともと循環する天体の動きについて見られるものであり、太陽や月や星の昇降の様子や様々な動きからこのようなたましいの循環の道筋が信仰されていたと推測できる。たましいの循環と天体との関連では、昇ること（生）と没すること（死）が重要であったと考えられる。また循環のなかの転換点として、太陽では冬至、夏至、春分、秋分など極値および中間点が特に重要と考えられていたと思われる。

　このように、たましいの循環の道筋は天体の軌道にその起源を持っていたことが推測できる。このことによって、なぜストーンサークルの立石や中心線が天体の特別な昇降点へ向けられているのか、よく理解することができる。

　このようにストーンサークルの卵型構造は生命と宇宙の二つの循環を現したものと考えられる。ストーンサークルは信仰に基づいて建造されたが、その中に高度な幾何学や天文学の知識が内在している。すなわち、縄文時代の科学や知識は信仰の世界から離れて個別にあったわけではなく、縄文人の日常や祀りの伝統のなかに内包されていたと考えられる。そして当時の高度な知識や技術は、そうであればあるほど直接的に表現されることはなく、秘められたものであるという特徴をもっている。

そういったことが、現代人が縄文の遺跡や遺物のなかに縄文人の高度な知識をなかなか見出せないということに関係していると思われる。そういったものを、総合的に内包していると考えられるのが、縄文人が最も神聖な建造物としていた三内丸山遺跡の6本柱遺構やストーンサークル等であると思われる。これらは、いずれもその基本構造のなかに幾何学（数学）、天文学などを秘めたものであるということができる。

19　世界の中の縄文循環文明

　遺跡構造に見られるピタゴラスの三角形について、よくその意味を説明していると思われる書にジョン・アイヴィミ著"太陽と巨石の考古学"がある。エジプトの大ピラミッドのなかの聖所「王の間」とストーンサークルとのつながりを次のように記している。(38)（図29参照）

　『大ピラミッドの中心に位置する聖所のなかの聖所、すなわちいわゆる「王の間」において、建築家は、外部の設計に用いられた4王室キュビットを対照的に、計測単位として5王室キュビットの係数を

単位：5王室キュビット
1王室キュビット＝52.4cm

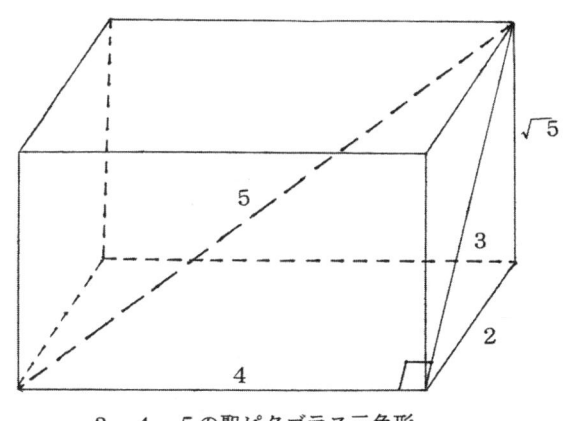

3，4，5の聖ピタゴラス三角形

図29　大ピラミッドの王の間

使った。これは、数神秘主義と一致する。ここでは4が肉体（外装）を表し、5は生命を、すなわち内部を表しているから。

王の間の平面図は2対1の矩形である。床は5王室キュビットを単位とする4単位対2単位の矩形であり、したがって$2\sqrt{5}$の対角線を持っている。室の平均高（象徴的に最も意味深い寸法）はサー・フリンダーズ・ピートリの計測によれば約19フィート3インチ（5.85m）であり、誤差1/2インチ以内で$5\sqrt{5}$王室キュビットすなわち$\sqrt{5}$単位である。かくして、奥壁は2対$\sqrt{5}$の矩形であり、その対角線は正確に3単位である。

室の長さが4であり、奥壁の対角線が3であることによって、床の一角から天上の反対の角に至る大対角線は、したがって5である。かくして、室全体が3，4，5の聖三角形を納めるように設計されたことは明らかである。この三角形は、床と天上の間の距離を横切り、室の三次元を切っている。王の間は王の肉体が副葬宝物とともに埋葬され、室が古代において墓盗人に押しいられて内容品を奪われ、残ったものすべては空っぽの石棺であったと一般に考えられている。

しかし、これが実際におきたことであることを示す証拠はなく、ましてや証明する証拠はない。われわれとしては、王の肉体は慣習的な場所に、すなわち大ピラミッドの下の岩盤の中に掘った地下墓室に（盗人はそこで王の肉体を発見する可能性がおおきかっただろう）埋葬され、ピラミッド内の室と通路は宗教上の象徴主義だけのために建造されたことが、より可能性の大きいものと考える。この解釈に立てば、石棺は何かを中におさめることを意図されたことは一度としてなく、肉体の復活を象徴するために、すなわち死から再生を通じての生の継続を象徴するために、石棺なくしては空っぽとなる王の間に、空のままで置かれたのである。

やっと、われわれは、ストーンリング（ストーンサークル：著者

注）の形状のくだりに到達した。われわれは、ここで、ストーンリングとナイルの文化を結びつける何らかの類似点を識別することができるであろうか。（中略）とはいえ、思想の同一血統性をより直接に示す一つの特徴がある。それは、卵形のリングに見出される。われわれは、すでに、これらのリングが、オシリスの聖三位を表す3, 4, 5、の聖三角形を特に好むピタゴラスの三角形に基礎を置く幾何学的複合建築物であることを見た。今度は、われわれは、卵形自体がエジプトの宗教において、誕生・死・再生のサイクルのシンボルとして、意味を持っていることに気づく。

　こんにち、卵は全世界で、死からの復活のシンボルとして使われている。しかし、その思想はキリスト教よりもずっと古いものであり、十分に巨石時代に起源を持つかもしれない。実際、卵のシンボルはキリスト教信仰にとってよりも、東方の再生信仰にとってふさわしい。なぜなら、キリストの復活は肉体上の再生行為をふくんでいなかったから。イースターで卵を与える習慣は、他の多くの類似の習慣と同じように、初期のキリスト教徒によって採用された異教の習慣なのであった。彼らはキリストの血をあらわすために卵を赤くぬった。あるいはまた、「祝福された乙女マリア」の涙を記念して、さまざまな色の点を卵につけた。古代エジプトの信仰においては、太陽神ラア自身は、卵から毎朝新しく生まれてくるのであった。』

　このように古代エジプトの信仰において卵とピタゴラスの三角形が誕生・死・再生のサイクルの重要なシンボルとされていたことが理解される。長さの単位の1王室キュビットは52.4cmであり、大湯野中堂ストーンサークルの図形プランにもこれと同じ単位が使われている。

　また、この単位が使われたと考えられる建造物が青森県三内丸山遺跡の栗の巨木の六本柱である。この六本柱はエジプトの大ピラミ

ッド内の王の間とその平面が正確に5分の4になっている。つまり王の間が5王室キュビットを単位としているのに対して、栗の巨木の六本柱は4王室キュビット（2.1m）を単位として2×4の平面を持っている。すなわち、柱の間隔は正確に4.2m毎に立てられている。（図30）

この平面の対角線の長さは$2\sqrt{5}$であり、この柱が縄文時代の数神秘主義に基づき、$3\sqrt{5}$の高さを持っていたと思われる。$3\sqrt{5}$は2.1mを単位とすると14.1mであり、この高さは栗の木の太さと、柱穴の土にかかった圧力から木の重さを推定して求められた高さ、約15mによく一致する。そして六本柱は約4.7mすなわち$\sqrt{5}$の高さ毎にけたが渡されて三層構造を成していたと考えられる。すなわち大ピラミッドの王の間を三段に重ね合わせたものと同じである。

このような構造を持った六本柱は図のように、2から7までのすべての整数を持つ建造物となる。一階部分（$\sqrt{5}$の高さの空間）には大

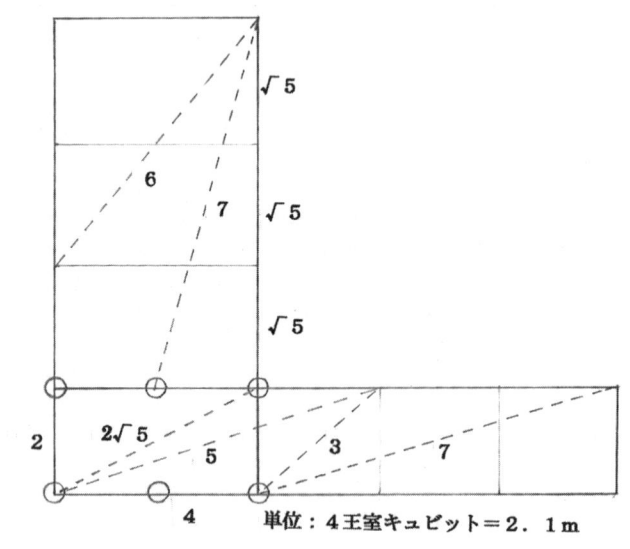

図30　三内丸山遺跡六本柱建物展開図

ピラミッドの王の間と同じように3と5が対角線上に現れる。また6は$2\sqrt{5}$の高さの2階部分への対角線上に現れる。そして7は$3\sqrt{5}$の高さである三階への対角線上（ななめ）に現れる。しかもこの7は柱と柱の間の7ケ所に現れる。この7という数字を秘めるために、高さを$3\sqrt{5}$すなわち14.1mとしたと思われる。7という数字は縄文人にとって信仰上とても重要なものであったことがうかがわれる。そして2と4は平面のたてと横の長さである。つまり、六本柱は三層構造とすることにより、図のように2，3，4，5，6，7の整数をすべて秘めた建造物となる。特に7と5と3は対角線上に現れる奇数であり、信仰上重要であったと考えられる。おそらくこの7, 5, 3は縁起のよい数字として信仰されていたと思われ、それが現代まで伝わり七五三の行事やラッキー7そして冠婚葬祭やその他の様々な機会に縁起のよい数として今でも我々の生活に密接にかかわりを持っている。また6は対角線上に現れていて、しかも柱の総本数でもあり神聖な数であったと考えられる。

　縄文時代にはおそらく、4およびこれらの数は神の世界に通じる数としてとても重要なものであり、厚く信仰されていたのではないだろうか。このような数神秘主義は数を実用的に計算などの道具として使うものとは全く別のものであり、数を神聖なものとし、神々の世界や宇宙（大自然）の法則を示す重要な象徴として認識するものであったと考えられる。

　なお、この六本柱は小林達雄氏も指摘しているように、三本ずつならんだラインが東北東から西南西に向いていて、夏至の日の出を取り込むように造られている。そして栗の巨木はその年輪が循環を現したものであり、永遠の命を意味していたと考えられる。

　このようなことから、この六本柱は神聖な数と天体の重要な日の位置を栗の巨木で現したものであり、大ピラミッドの王の間と同じ

ように死と再生復活に関連した神聖な建造物であったと思われる。

　神の世界と数神秘主義がつながっていることをよくうかがい知ることができるものに、土偶の手と足の指の本数があると思われる。土偶は手や足の指まで造形されていることは稀であるが、造形されたものでは、その手の指は5本ではなく、3本や4本となっている。（巻頭写真参照）また足の指についても5本ではなく、4本や6本となっている。

　複雑な図形や文様を土器の上に自由にあやつって描くことができた縄文人がなぜたいせつな土偶の手や足の指の数を5本としなかったのだろう。それは、土偶はこの世のものではなく、神の世界すなわち黄泉の国にある母であり、その手足の指の数をわざと5以外の数にしたと考えられる。なお土器についてもそういった例がある。下呂石の産地として知られている岐阜県下呂市の峰一合遺跡から出土した小型土器（前期末）にはやはり6本の手の指が描かれている。この手は土器の内側から伸びて出てきたように描かれていて、やはり神の世界から出ている手と見ることができる。（写真12）

写真12　6本指が描かれた十三菩提式小型土器（峰一合遺跡出土）

そして数を神聖なものとし、神々の世界や宇宙（大自然）の法則を示す重要な象徴とする数神秘主義はストーンサークルの構造に端的に現われている。すなわち、ストーンサークルは三辺が整数となる直角三角形（ピタゴラスの三角形）と整数となる半径に基づいて造られている。三辺が3、4、5のピタゴラスの三角形が最もよく使われたことは数神秘主義にもとづいていたのだろう。

古代エジプトと日本の縄文文明は遠く離れていたが、当時、世界的にこのようなたましいの循環の文明があったのではないだろうか。

その文明伝播のルートは旧石器時代の終わりごろから新石器時代にかけて機能していただろうアムール河ルートすなわち、北海道—樺太—アムール河—シベリア平原—カスピ海—黒海—メソポタミア—エジプトの古代ルートが考えられる。

このような循環文明の大きな特徴は、数学、天文学等のあらゆる知識と神秘な神々への信仰の世界とがひとつのものとして存在していて、信仰と科学が同一のものとして文字以外の方法によって表現されているという特徴をもっていると考えられる。そしてストーンサークルは、たましいの循環を主な目的とする神聖な建造物であり、またそこには幾何学や天文学などのさまざまな知識が表現されている。

著者は、ストーンサークルを調べれば調べるほど、縄文人の誕生と死に対する考え方に驚きを感じる。現代人である私たちの感覚からすると、生命の誕生は喜ぶべきことであり、おめでたいことである。それに対して、人が亡くなるということは大変に悲しいことであり、また同時に忌み嫌うことでもある。その二つのことが、一連の儀式として（恐らくストーンサークルというひとつの場所で）行われていることに、驚きを感じるのである。

現代人は生と死を一方通行として考えているのに対して、縄文人

は、その二つの道が環になってしっかり一つにつながっていると信じていた。彼らにとって、生命の誕生と死は逆方向であるが、共に天上界と地上界の境を超える神聖な行為であり、分け隔てがなかったのかもしれない。

　世界各地の思想・宗教・芸術の視点から円を解説した書にマンフレート・ルルカー著『象徴としての円』がある。この書のなかの円についての様々な記述は、世界各地の伝統や信仰・宗教・芸術に基づいたものであり、ストーンサークルがいったいどういう意味を持つのかということについて理解を深めるのに大変役立ち、また実によくその特徴を表していると思われる。(39)

　まえがきを次のように記している。

「円は人類が所有するもっとも古い象徴のひとつで、石器時代の岩絵から現代の様々な美術作品にいたるまであらゆる時代をとおして重要な意味をもってきた。美術上の造形に限らない、信仰や文学や思想においても円はつねにモチーフとして繰り返し現われる。多くは指輪や車輪や花冠に変形され、あるいは立体的な球に移し変えられてきた。その際、円は外側から人間に対峙するのみならず、すでに原型として人間の魂の内部に錨をおろしていたということがわかり、かならずしも厳密に意識されなかったが、二つの円—すなわち、神の知らしめす宇宙という円と私たち自身の生という円のそれぞれの中心を符合させることによって、生存在の不調和と不確実性から脱出することが、幾千年もの間の人間のもっとも深い憧憬であった。(中略)

　円においてあらゆる対立は止揚される。あらゆる力は円の内に包括されるその単一性と完全性において、円は、神や宇宙や人間に関する観念が合流する幾何学図形であり、つまりは存在のもっとも内的な構成原理であり万有の秩序の規範となる神聖なる核の神秘の象

徴である。」

　このまえがきは決してストーンサークルのために書かれたものではないが、ストーンサークルの機能についてその根本原理を示したかのように記されている。二つの円すなわち宇宙という円と生という円を融合し、生存在の不調和と不確実性から脱却するためにストーンサークルが建造されたと考えることができる。もちろん縄文人が円についてすべてこのように考えていたのかどうかは不明であるが、ストーンサークルがなぜ円により構成されたのかを端的に記していて、その環状に並べられた石の意味を実によく理解することができる。

　神話のなかで、神の創造の円から人間が生まれたことについて次のように記している。

　「**神の円**　円においてあらゆる対立は止揚され、同時に力も包容される。しかも求心力と遠心力が相拮抗する。だから円は万有を整序する神聖な中心の秘儀の場所となる。円の絶対的な内部は、あらゆる生命が湧き出、また再び流入する世界の胎内である。神の創造の円から人間が生まれたということについてはオーストラリアのクリーン族の神話がよく教えている。最高の存在であるブンディールは粘土で最初の人間を形づくる。彼は自らの作品を喜び、長く見惚れてその周りを円を描いて踊る。次に繊維質の樹皮をもって来て毛髪をつくる。ふたたびそれを満悦顔で眺めまた円を描いて踊る。最後にその粘土の肉体におおいかぶさり、口と鼻と臍に息を吹き込む、すると人形は動き出す。三たび彼はその周りを円を描いて踊り、人形に立つように命令する。」

　また神話の中の原初の人間について次のように記している。

　『神話の中で語られる原初の人間は完全であった。すなわち全体性を自らの内にもっていた。人間の本来の性質は宇宙の本質や姿と一致していた。プラトンの〈饗宴〉の有名な個所を思い出して見よう。

それによると最初の人間は「球形をしていて、そのために背中と脇腹がぐるりと円を描いていて、手が四本、足も手と同じ数だけあった。」人間の傲慢を罰するために神はこの球形人形を裂き、それ以来人間は男と女に分かれ、調和した和合を求めるようになった。同じような伝説はマライ人の住むニアス島でも語り伝えられていて、天の支配者ロワラニの妻が一人の子を生んだが、それは球形で手足がなかった。夫の命令で母はこの球形の子どもを断ち切り、その二つの部分から最初の男と女ができた。』

このように神話の中で円や球は人間の誕生と深いかかわりを持っていて、なぜストーンサークル内に生命を宿す玉石が置かれたかを理解することができるのではないだろうか。

また、黄泉の国の象徴として円について次のように記している。

『**黄泉の国の象徴としての円**　　月と星は夜の大洋を渡る太陽と同じようにしばしば黄泉の国と関連があると考えられていた。古代メソポタミアの死者たちの審判者ネルガルは黄泉の国の支配者であるが、同時に光り輝く太陽（昼間の太陽）の炎熱を送る地上の神でもあり、この二重の役割は太陽の昼と夜の見かけの円軌道の概念を根拠としている。ピラミッド・テキストの中では星は「ドゥアトの住人」、すなわち黄泉の国の住人と呼ばれる。沈んだ昼間の太陽が夜間に通過する黄泉の国は"地下の"夜の天に他ならない。ドゥアトを表す象形文字は星を閉じ込めた円である。死者の国の支配者は「黄泉の国を取り巻く」オシリスである。』

ピラミッドテキストでは黄泉の国の住人が星であるとされている。このことは人が死後に星になると考えられていたことを物語っていると思われる。こういった黄泉の国の住人が星であることは縄文文明においても共通した認識であった可能性が高いと思われる。

また象徴としての円と時間および永遠との関係について次のよう

に記している。

「あらゆる時間の算定は、天体の運行、すなわち地軸を中心に回る地球の回転（昼と夜）、太陽をめぐる地球の運行（年）、地球をめぐる月の運行（暦の月という語は天体の月に由来する）等によって生ずる周期的な時間体験が根本にあってはじめて可能である。（中略）

（天地創造から黙示録的な世界終末に至るまで）ユダヤ教的キリスト教的時間は、現代科学の進化思想によって決定された時間観と同様に直線的であるが、古代の文化民族のそれは循環的であった。過去はつねに新たにはじまる循環とともに繰り返される、この認識こそがギリシャの思想家たち――例えばソクラテス――を"同じことの永却回帰"という例の有名なテーゼへ導いたのである。」

現代においては、時間は過去から未来へと直線的に進むと認識されている。しかし世界の古代文明や日本の縄文文明ではあらゆる出来事は本質的に繰り返され循環するものとして、永劫回帰の認識が根本にあったと考えられる。そして時間についても過ぎ去っていくようなものではなく、回帰するものとして認識されていたのではないだろうか。この時間認識の違いはひょっとして我々が縄文文明を正しく理解するための大きなハードル（障壁）となっているのではないだろうか。

すなわち現代の直線的な時間によっている価値観は、進歩、向上ということが重要となっていて巨大な都市に象徴されるどこまでも発展する文明といってよいだろう。一方、世界の古代文明や縄文文明では曲線的な時間があり、時が経過すると言うことはまた次に起こるべきことが近づいていることをも意味していた。そして彼らは死の世界や星の世界などを含む神々の神秘の世界と彼らの生をいかにして調和し、一体のものとするのかについて最大の関心を示していた。そのために大きな努力を注いでいたと思われる。そして、ス

トーンサークルは神秘の世界と彼らが一体となり調和することができる完成度の高い神聖な建造物であったと考えられる。

このような循環文明に基づくと思われる卵、環、再生復活、生命の誕生についての信仰は世界各地に伝説として語り継がれていて、有史以前の世界において世界各地に見られるものであり、縄文文明が世界的に共通した文明のなかのひとつの文明であったと考えて良いのではないだろうか。

また世界各地の信仰は、どうくつの壁画や伝説等の内容から考えると、新石器時代よりさらに古い旧石器時代に既にその源となる信仰があったと考えられる。日本においてもおそらく同様であったことが推測される。少なくとも縄文時代を通して循環文明が存在したと考えられる。たとえば、石を環状にならべた配石は縄文時代前期にすでに見られ、中期には中部地方に直径数十mの大きな環状列石が造られている。そして後期にはストーンサークル建造が盛んに行われ、晩期になると環状盛土やウッドサークルが盛んに造られている。たましいの循環と関係が深いと考えられる土偶は草創期から縄文時代を通して作られ続けている。そのほかにも、祈りの道具と考えられている石棒をはじめとする第二の道具も縄文時代を通して多くの種類が盛んに造られている。

送りの儀式と深いかかわりがあると考えられるのが縄文時代草創期から見られる貝塚である。縄文貝塚からは多くの場合、動物の骨、土器、石器等さらに人骨が出土する。貝塚はその形状が通常円弧を描くように造られている。貝は貝殻に一年毎の成長の跡を残してそれが循環の環となっている。その環は木の年輪と同様に大自然の循環と生命の循環を象徴したものであり、生命と宇宙の原理がそこに現われていると見ることができる。海や川から産する貝は聖なる水と関連した循環の象徴としてとても神聖なものであったと考えられる。このような

信仰から貝塚では、さまざまな生き物や物のたましいを送ったと考えられる。また貝塚からしばしば人骨も出土することから人のたましいを神聖な貝殻と供に送る習わしがあったと考えられる。

また、縄文前期後半に土器制作技術が高いレベルに達し、その結果制作された木の葉文浅鉢形土器の詳細な調査から小杉康は木の葉文浅鉢形土器を使用した葬送儀礼が再生回帰を祈ったものであるとしている。[40]

木の葉文浅鉢形土器はベニガラや朱で赤く色づけされていて、その出土状況は遺体に副葬される形で底に穴をあけてうつ伏せに埋葬されていた。また同様にして廃屋儀礼にも使用された。木の葉文浅鉢形土器がもともと諸磯式土器圏で高度な漆の技術を使って制作され、その後北白川下層Ⅱ式土器圏において複製され、その複製品が交換材として再び諸磯式土器圏にもたらされ、儀礼に使用された例を述べ、木の葉文浅鉢形土器そのものが二つの土器圏の間を循環していたことを指摘している。そしてこのような木の葉文浅鉢形土器は循環を象徴したものであり、葬送儀礼において回帰再生を願ったものであるとしている。

このような土器圏の間を循環していた土器の存在は、循環信仰が縄文社会全体でささえられることに大きな意義があったことを物語っていると思われる。

以上のようなさまざまな状況から循環の文明が縄文時代を通して存在したことが推測できる。比較的規模の大きいストーンサークルは縄文時代後期に盛んに建造されるが、このような完成度の高い建造物はこの時期に突然出現したのではなく、縄文時代の中で数千年にわたって循環文明が育まれ、熟成し、その結果として得られたものだったのだろう。

20 縄文の精神世界

　近年多くの縄文遺跡が発掘されるにしたがって縄文の世界が注目され、縄文人の実生活についての我々の理解は少しずつ深まりつつあるかのようである。しかしその割には彼らの信仰すなわち、精神面についてはあまりよく理解されていないのではないだろうか。そのひとつの理由として、精神世界が目に見えるものではないため、遺跡の発掘調査などから直接的にその実像をとらえることが困難なためであると思われる。

　しかしそのことが本質的な理由ではなく、現代人が縄文人を理解できない最大の理由は次のような点にあると思われる。江戸時代に縄文の土器が始めて確認され、その後徐々に縄文時代が存在したことが認められるようになったが、その当初から縄文時代には裸同然の人々が原始的な生活をしていて、古い時代にさかのぼればさかのぼるほど、どんどん生活、文化、文明のレベルが低くなると考えていた。未だにそういった思い込みからなかなか抜け出すことができないからではないだろうか。またその延長線上で、現代人の価値観によって縄文の精神世界を評価しようとしているからではないだろうか。

　一方、縄文時代に現代とは異質の循環文明があったという前提に立って、あらためて縄文人が残した遺跡や遺物を見るとおぼろげながら、彼らの信仰や精神世界が見えてくる。彼らの精神世界について以下に考察を試みることにしたい。

　縄文文明の伝承の方法は文字によるものではなく、口承や儀式、歌やおどり日常生活のさまざまな慣習などの伝統によって大切なこ

とが、親から子へ、人から人へと受け継がれていたと考えられる。

大自然と共に生きた縄文人は豊かな感性や感情に裏打ちされた精神世界を持ち、それが広く地域社会に根付いた縄文世界観を形成していた。そしてその伝統の中心となっていたのが信仰の世界すなわち循環信仰であったと思われる。

このような文明では、知識や技術と情感豊かな信仰の世界とが一体のものとして伝承されていたと考えられる。縄文時代の人々は日本の豊かな四季の中で主に動物や魚を捕り、また木の実など森の恵みを採集することにより生活していた。狩猟採集においては将来の食料確保のために自然のバランスを保ちながら共生していくことが重要である。しかし縄文人であっても周りに棲む動物をとり尽くしてしまい、移動を余儀なくされたことがあっただろう。それは狩猟民の宿命でもあり、時には大型動物を絶滅に追いこんだことがあったのかもしれない。そういった経験や反省から大自然と一体になって生きることのむずかしさや大切さを学んだと思われる。

また狩猟と採集においては動物や植物の命を奪うという行為が直接的であり、毎日の食料確保において生命を奪うことが必要になる。私たち現代人はマーケットで手軽に食材を手に入れられるため食物がもともと生きていることを忘れがちであるが、縄文人は日常的に動物や植物といった命と向かい会っていた。そういったことから動物や植物のたましいを天へ送り返すということがごく自然のものであり、縄文人の信仰の重要な部分となっていたのではないだろうか。

また、縄文人は獲物がいつ頃どこで得られるかについて大きな関心をもっていただろう。そして自然をよく観察しそれら生活の糧となる季節ごとの動植物の動きやその根本原理を理解することを日常的に身に付けていただろう。彼らは天上に広がる星の世界や大自然である河や海、また動物や植物の営みを見続けその結果、自然の中

に永遠の循環の世界を感じ取ったのではないだろうか。

　そのような縄文人の精神世界をうかがううえで参考となるものに、土器や石器があると思われる。考古学では縄文時代の遺跡から出土する遺物について使用方法が実用的でわかりやすいものを第一の道具とし、使用方法が不明もしくは具体的にわかりにくいものを第二の道具としている。第二の道具は主にまつりごとや儀礼に使用されたと考えられている。第二の道具は循環文明に照らしてみると、そのほとんどが送りと迎えの儀式の中で、また結婚式や成人式等の行事に使用されたと考えられる。

　一方、第一の道具は現代の価値観から見ると実用の道具としてのみ考えてしまいがちであるが、縄文時代では実用の道具についても強い信仰心にもとづいて造られていたのではないだろうか。小林達雄は縄文土器と弥生土器の違いについてふれ、縄文土器は世界観を表現しているとして、次のように記している。(35)

「縄文土器は煮炊き用として作られ、単純な深鉢形態を基本とした。やがて、形態にさまざまな変化が生まれ、時期ごとや地方ごとに特色を発揮し、次々と流行を追っていった。底から胴部を経て口にいたるプロポーションにも複雑な屈曲がつけられる。口縁は水平でなく、むしろ上下に波打つ波状口縁や、大仰な突起がつけられたりする。口縁の大型突起は、煮炊きする具の出し入れにはかえって邪魔になる。そして、小さな底部に大きく開いた口とその大突起は、土器全体の重心を押し上げて、不安定にしている。

　一方、弥生土器の形態は、いちいち理にかなっている。余計な突起はない。口縁は水平で、波状をつくらない。縄文土器との大きな差異がある。

　つまり、縄文土器は使い勝手に不都合な形態をつくっているのである。つまり現実の用途にかなった器というよりも、別の意図や理

由から形はつくられていたものといわねばならない。実は縄文土器の形態には、用途一辺倒でなく、縄文人の思惑が表現されているのである。換言すれば、縄文土器は単なる容器や煮炊き用のナベ・カマではなく、縄文人の世界観（イデオロギー）が表現されるべきキャンバスでもあったといえる。（中略）

　弥生造形と縄文造形との対照は、器としての形態のみにとどまらず、器表面に施された文様にも相通ずる。つまり、弥生土器の文様は装飾を目的として施されているのに対して、縄文土器の文様は装飾に第一義目的があるのではなく、世界観を表現することにある。第三者のわれわれ現代人は、縄文土器こそ装飾面において弥生土器を圧倒していると思うのであるが、彼らの意図はむしろ逆で、弥生土器の文様こそ装飾性に由来するものであった。しかしながら縄文土器の文様は世界観を表現しながら、結果的に装飾的効果を高めたのは興味深いことである。」

　多くの縄文土器の象形や文様は現代人でも及ばないような縄文人の非常に高度な技術と豊かな感性を物語っている。なぜ土器に世界観を表現した縄文人は人や動植物その他の様々な日常的なものを写実的に描かなかったのだろうか。それぐらいの技量は充分すぎるほど持っていたことは彼（女）らの作品から明らかである。私たち現代人であれば、土器に花や鳥や魚などの身近なものを描くだろう。

　なぜ縄文人はそれら具象を描かなかったのだろうか。一万年もの間かたくなにほとんど具象を描かなかったのはなぜだろうか。その理由は土器の使用目的と大いにかかわりがある。土器は主に煮焚に用いられたが、食物はもともと生きているものであり、煮炊きして調理するということは、すなわち神聖な水と神聖な火によって生命をあの世へ送ることにほかならない。こういった信仰の世界により、縄文土器の文様や形が写実的なものを廃して、宇宙的な生命の循環

をモチーフとして抽象的に描かれ、形成されたのではないだろうか。そしてこういった信仰のひとつの特徴として、あの世とのかかわりに重心をおいているため、彼（女）らの残したものが曲線によって生の中心と宇宙の中心という二つの中心を表現した形や図となっていることが多いのではないだろうか。

　写実的な表現が縄文時代には全くと言ってよいほど見られないのは、彼らが不器用であったからではなく、写実的なものはあの世へたましいを送るに際しておおいにさしさわりがあると考えていたからではないだろうか。あの世というある意味できわめて観念的抽象的な世界との一体を信仰の世界としていた縄文人にとって、この世にある物の具体的な表現は常にタブーとされていたと考えられる。もしそのようなことをすれば、たましいを送ることに支障が生じ、自然界のバランスが崩れて多くの災いが生じると考えていたのではないだろうか。

　その結果、縄文人は生命の循環と宇宙や自然の循環をモチーフとして、それを信仰心に照らして心のフィルターに一度かけることによってイメージを作り、それを描き、造形していたと考えられる。

　また、縄文土器はバラバラになって出土するのが普通である。そして多くの場合、遺跡全体を発掘しても一つの土器を完形品にすることはできない。それはまるで断片がそろっていないジグゾーパズルのようである。つまり縄文土器は故意に割られ、さらに分散して埋められている。

　なぜそのような面倒なことを縄文人は常に行ったのだろうか。それは、やはり縄文土器が生命（食物）を水と火で送るという神聖な器であったことと深いかかわりがあると思われる。すなわち割ったり分散するということは、生命の循環信仰の中で送るという逆意を明確に示したものと思われる。

また、石皿と玉石（たたき石）も主に調理用として用いられたが、木の実や穀物の種子は天から授かった新しい命であり、この新たな命を食物に加工するときに、子授けの時に神器となる石皿と玉石(たたき石)によって調理するということが、ひとつの神聖な行為として信じられ、縄文人の信仰として重要だったのではないだろうか。必ずしも使い勝手がよくない、まんまるい石をたたき石として使っているのもそのためであると思われる。

　また狩猟にかかわる道具である石器についても同様の考えがあったのではないだろうか。動物や魚などの獲物はたましいを持っている。そのためそれらの生命を奪う（送る）ための道具である尖頭器や矢じりなどの石器も実用に問題がない範囲で信仰にもとづいて整形していたのではないだろうか。一部の石器はその形が上下共、丸みを帯びていて明らかに実用に適さないものが見られる。その形は二つの円、すなわち生の円と宇宙の円を意識して造られていると見ることができる。

　次に時間の認識について考えてみることにしよう。前章でも記したように、現代の時間と縄文時代の時間には大きな違いがあったのではないかと考えられる。現代の時間は直線的であり、いわば実用的なものさしのような観念である。私たち現代人が毎日あくせくと時間に追われて生活しているのもひとつにはこのことが関係していると思われる。

　一方、縄文時代には時間についても回帰性の概念があり、それはすなわち永遠へと続くものであり、精神的な価値観にもとづいたものであったと推測できる。

　もともと時間というものは実在しない観念的なものであり、それが直線的なのか曲線的なのかは物体が本質的に直進するものなのかまたは曲線的に進んで回帰するものなのかという認識の違いによる

と思われる。もし曲線的な時間認識があれば、それは環のなかのどの位置に今あるのかが時間の認識となる。曲線的な時間認識においてはもとに戻るまでの時間が常に意識されていて重要であり、必ずもとに戻るいわゆる永劫回帰の認識があったのではないだろうか。それは永遠とのつながりを意識することができるものであったと考えられる。

　この認識のもとになっていたのは、天体の昇降とその軌道上の回帰であり、また移りゆくあらゆる生命の循環の姿であると思われる。

21　文明の大転換・縄文時代から弥生時代へ

　私たち日本人は一年を通して季節のなかの特別な日を祝ってきた。なかでも、一年の始まりであるお正月の元旦を重要な日としてお祝いする。お正月には、玄関にしめ飾りを飾り、一年間の願い事を神にお願いする。一年の初めに日の出を拝むため、できれば高い山へ登ってその頂から、山の峰々から昇り来る太陽を拝みたいと願っている。また、神棚や火を使う台所には、鏡餅をお供えする。そして、その鏡餅は1月11日に鏡割りするのが習わしである。

　また、お盆には、迎え火を焚いて先祖のたましいを迎え入れ、家族とともに楽しいひと時を過ごし、送り火を焚いてあの世へお送りする。夏の夜の盆踊りの輪には仏教の哲学的な教えとは異質のなつかしい世界がある。広場に人々が集まり、おはやしを中心にして幾重にも環になっておどるさまは、縄文の循環文明を想起させるものがある。

　お彼岸（春分、秋分）にも先祖のたましいがあの世からやってくるので、お墓参りをする。このお彼岸の行事は大陸の仏教には見られず、日本独特の習俗であることが指摘されている。[41]

　これらの習俗は縄文の循環文明とつながっていることを感じさせるものであるが、かなり断片的なものである。縄文時代のストーンサークルが天体と関連があり、なおかつたましいの送りと迎えのための儀式を行うためのものであったなら、現代にまで、たましいの循環についての儀式や星に対する信仰等についてもう少し正確に伝わっていても良さそうであるが、あまり伝わっていない。それはな

ぜだろうか。それは、縄文時代から、弥生時代、古墳時代を経て統一国家形成へと続く日本の歴史のなかにその理由がかくされているのではないだろうか。

その流れはおおよそ次のようなものであったと思われる。縄文時代の前期から中期にかけて気候は温暖で気温は比較的高く、自然の恵みも豊かであった。縄文時代の晩期には、気候は寒冷となり、縄文文明の力も徐々に弱まっていた。

中国大陸ではそのころ湿地や荒地を開墾する技術が発達し、稲作文明が栄えていた。そのなかの一部の人々が中国や朝鮮半島から稲作の技術を携えて日本にやって来た。そのルートは主に大陸から近い九州や中国、近畿地方であっただろう。これらの人々は開墾した土地に集落を形成し、次第に大きな村を形作っていったと考えられる。

弥生時代に始まったと考えられる水田稲作はひとつの管理組織を持たないとうまくやっていけない。稲作のためにはまず、湿地等の荒地を開墾し、水路を廻らさなければならない。そのためには、地域ごとの組織が必要になってくる。稲のための水の引き方にも、どの田から順番に入れるのかについてのルールが必要である。また収穫後にはお米を長期間保管することになる。お米を蓄えることによって貧富の差が生ずることになる。そしてお米や財産や耕地を組織的に守ることも必要になってくる。

このように稲作技術は、単なる農業技術ではなく管理組織を含んだ高度な社会構造を必要としていると考えられる。このような組織では組織の長とそれに従う人々がいて、さらに、それぞれの人の役割分担が生ずることになる。そのため、仕事に応じて身分が決められることになる。おおまかに言って、このような人々が弥生、古墳時代の人々であった。

そして、一方、この頃の先住民である縄文人は基本的には、ひとりひとりが皆天上界から授かった命であり、自由人であった。そして、大自然と一体となった生活を送りたましいの循環を信じていた彼らは、人間本来の姿を完全平等と考えていたのではないだろうか。したがって、稲作を糧とする村人にとって、そういった縄文人の考えは容認されるものではなかったことが容易に想像できる。そのため縄文の循環文明は稲作文明の発展とともに、村の人々と同化していくなかで、その本来の姿をどんどん失って行ったのではないだろうか。そして、日本に統一国家が樹立された頃には縄文の循環文明は一部の地域を除き、ほとんどがその存在感を失っていたのではないだろうか。

　縄文文化の終焉について小林達雄は次のように述べている。[42]

　『縄文文化の終焉の歴史的意味　縄文文化が弥生文化を東海地方より進入を許さずに抵抗した歴史こそ、縄文文化の終焉にまつわる重大な事件であったことを知る必要があります。そして、縄文文化がついに征服されていくというプロセスを直視し、その意味を改めて考えなくてはならないのではないでしょうか。（中略）

　さて、こうして縄文文化を駆逐しながら、弥生文化が本州北端に到達したのは西北九州を発して以来、ざっと二百年以上もの歳月が流れたあとでありました。しかし、なお津軽海峡の北の広大なる北海道の地には、いぜんとして縄文文化の伝統を踏まえて、続縄文文化が続けられていたのであります。寒い北辺の地では、弥生文化の動力源ともいうべき米作りが不可能であったということによるものでありましょうが、かつて縄文文化がその後退の歴史過程において、東海で、関東で、そして東北北部で一時的にも弥生文化の東進を阻止してきた、あの縄文文化本来の力の現れとして積極的に評価されるべきであると思います。』

このように、縄文時代から弥生時代への移行は一万年以上続いた縄文文明にとって重大な事件であったと考えられるが、その移行は一度に起こったのではなく、稲作の進展すなわち農地の確保と伴にゆっくりと進展して行ったと考えられる。しかし、この進むスピードの遅さとは裏腹に、文明の質は劇的に変化したと考えられる。生活については狩猟採取から農耕へと大きく変わって行った。狩猟採集は自然との共生によってその生活が保たれる。一方農業は、その自然を開拓することからその第一歩が始まる。この違いは天と地ほどのものであったことが想像される。

　この劇的な変化に伴って、神々や信仰の世界にも大きな変化があったと考えられる。この縄文時代から弥生時代への信仰の大きな変化を理解する上でたいへん参考となるのが、そのころの日本と同時代のヨーロッパすなわちギリシャに起きた信仰の世界の変化であると思われる。

　現代の我々の生活や思想の多くは論理的であり科学に基づいたものである。このような近代科学は、神秘なるものや神の存在から切り離された知性の世界の産物として得られたものであろう。

　かつて知識や技術は神々の神秘や信仰と共にありそれらは、表裏一体であったと考えられているが、ギリシャ時代以降その二つは、はっきりと別々の道を歩み始めたと言われている。ギリシャ時代に起こったこういった変化について、梅原猛は西洋哲学者の考えに触れ次のように記している。[43]

　「ソクラテス以前の哲学というのはやはり自然哲学です。タレスは万物の根源は水であるといい、ヘラクレイトスは火であるといい、アナクシメネスは空気であるといった。それはつまらん哲学だというふうにいわれますが、そうではない。フォルソクラティーカーと呼ばれるイオニアの哲学者たちは、自然というものは大事だという

ことがいいたかったんです。自然こそアルケーだ、つまり万物の根源であるといいたかったのです。というのはそのときすでに自然破壊が始まっていたからでしょう。なかでもいちばんすぐれた哲学者がヘラクレイトスです。彼は、万物は流転する、自然の本質というものはすべて流転してまた戻ってくるのだ、といった。そういう循環の哲学がヘラクレイトスの哲学であったと私は思うのです。ところがその自然哲学がイオニアからアテナイ（アテネ）へ入ると、人間中心の哲学に変わってくる。ここが西洋の哲学の運命としてもっとも重要なところではないかと思うんです。

　ヘラクレイトスが住んでいたエフェソスの町を今年訪ねたのですが、その町ではアルテミスという神様が崇拝されていました。アルテミスは自然の豊穣の女神です。この神の特徴は胸におっぱいのようなものをいっぱいつけていることです。ヘラクレイトスは自分の著書をこのアルテミスに捧げたという。一方ソクラテス、プラトンが好きだった神様は、アポロンの神とゼウスの神です。ゼウスは戦争の神、アポロンは知恵の神である。ソクラテス以降、戦争や知恵の神が主体になりアルテミスのような神は原始的な卑しい神として退けられるんです。ソクラテスとプラトンは大変すぐれた哲学者で、私も多くのものを学びましたが、彼らには大きな間違いもあったのではないかと思う。」

　イオニアの自然哲学者であるタレスは万物の根源は水であると言い、ヘラクレイトスは火であると言い、アナクシメネスは空気であると言った。火と水と空気（風）はいづれもストーンサークルにおける循環の思想とかかわりが深いものであったと考えられる。このような自然哲学はギリシャ時代以降退けられ、人間中心の哲学に変わって現代に至っていると思われる。

　ギリシャ文明はメソポタミア文明（シュメール文明）やエジプト

文明から大きな影響を受けたとされている。そして、このようなギリシャ時代に起こった大きな変化すなわち、知識や技術と神々の神秘や信仰の世界との分離もギリシャ時代以前の文明において、人の生活が大自然から遊離していく段階において徐々に始まっていたと思われる。そのことをよくうかがい知ることができる資料として世界最古の文学といわれるギルガメッシュ叙事詩がある。

シュメールの王ギルガメッシュは紀元前2700年頃にウルクに実在した王であることが史実からほぼ確実視されている。シュメール文明は、チグリスユーフラテス河流域に栄えた文明であり、紀元前5000年頃に麦の栽培が始められ、紀元前3500年頃には、神々を祀った神殿を中心とする都市が建設され、紀元前2800年頃には王による統治が行われていたとされる。また、シュメール人は、文字を使用し、法による統治を行い、天文学、幾何学、数学等にすぐれていたとされる。ギルガメッシュ叙事詩は次のような物語である。

「ギルガメッシュはウルクの城主で、3分の2が神で、3分の1が人間であった。はじめ、暴君だったので天神アヌによって粘土から野人エンキドウが創り出された。エンキドウは遊び女によってウルクへ連れてこられ、ここでギルガメッシュと力比べをした。戦いの後、互いに力を認め合って友情が生まれた。こののち二人は斧と剣をもって、杉の森の怪物（神）フンババ退治の遠征に行き、やっとのことでフンババを退治した。

美の女神イシュタルはギルガメッシュの雄々しさをみて、夫になってくれるよう頼むが、ギルガメッシュは女神の移り気を知っていたので、その願いを退けた。イシュタルは怒り、父の天神アヌに天の牛をウルクへ送って滅ぼすようたのんだ。ギルガメッシュとエンキドウは天の牛と戦いこれを倒した。神々はその罰としてエンキドウの死を決定し、エンキドウは熱病にかかって死んだ。

ギルガメッシュは涙を流し、命のはかなさを知り永遠の生命を求めてさまよう。ついに永遠の命を得たというエトナピシュテムを探し当て、その昔生じた大洪水や箱舟の話を聞いた。ギルガメッシュはエトナピシュテムから若がえりの草を授かるが、帰路でその草をヘビに食べられてしまう。ギルガメッシュは失意のうちにウルクへ戻った。」

エンキドウはギルガメッシュと対照的に野人として描かれていて、遊牧民のことではないかといわれている。二人は杉の森の神フンババを退治するため森へ入る。杉の山で二人は、神の住まいイルニニ（イシュタル）の玉座を見た。このことからフンババとイシュタルは共に森の民によって信仰されていたことが推測される。二人は森で悪い夢を見るが、なんとかフンババを退治する。

当時、チグリス＝ユーフラテス河流域には広大な森があり、そこには狩猟採集生活を営む人々がいたと考えられる。森の民は自然と一体となって生活し、生命循環の信仰を持っていたと考えられる。フンババの叫び声は洪水でその口は火その息は死であることが記されている。このことからフンババが送りの神であった可能性も考えられる。森の神フンババを退治したことは、それまでは神が支配していた木を都市の建築のために使用したのと同時に、森を切り開いて麦の栽培のための農耕地や、牧畜のための牧草地としたことを物語っていると思われる。

そしてギルガメッシュは女神イシュタルを遠ざけた。この物語の最大のテーマは永遠の命についてであると思われるが、ギルガメッシュは永遠の命を求めて、エトナピシュテムに会う。しかし、ギルガメッシュはへびに大切な草を食べられ、永遠の命をあきらめなければならなかった。ヘビは脱皮をすることから再生復活の象徴とされていたと思われる。女神イシュタルを遠ざけたことと、永遠の命を

あきらめたことには関連があるのではないだろうか。

　ギルガメッシュから遠ざけられたとされるイシュタルにはギルガメッシュ叙事詩の他にイシュタルの冥界入りという次のような古文書がある。

　「イシュタルは冥界へ行かなければならないと考えた。冥界には七つの門にそれぞれ門番がいて、イシュタルはそれらの門を通るため、大王冠、耳飾り、首環、胸飾り、腰帯、腕環と足環そして腰布を順に門番に渡した。冥界の女王エレキシュガルは裸で来たイシュタルを冥界の裁判にかけ殺してしまう。イシュタルがいなくなった地上では人や動物に子供が全く生まれなくなり、作物も全く実らなくなってしまった。こまった天神アヌと月の神シンは冥界の女王エレキシュガルを説得し、彼女はしぶしぶ生命の水をイシュタルにふりかけて蘇生させる。イシュタルは7人の門番から大王冠、耳飾り、首環、胸飾り、腰帯、腕環と足環そして腰布をそれぞれ返してもらい解放された。その結果地上では人や動物に子供が生まれるようになり、作物も実るようになった。」

　この文書には誕生・死・再生と女神イシュタルとの関係が記されていると思われる。イシュタルが冥界へ行くために門番に渡した大王冠、耳飾り、首環、胸飾り、腰帯、腕環と足環そして腰布はいずれも環である。この7つの環は生命と宇宙の象徴であり、この物語では生命循環の環の象徴として記されていると思われる。イシュタルは身につけていたすべての環を門番に渡したことによって冥界で殺されてしまう。それは生命循環の環が失われたことを意味している。そして、蘇生した後地上に戻るときに再びこれらの環を身につけることにより、生命の循環の環が復活したと考えられる。

　このような生命循環の女神イシュタルを遠ざけたギルガメッシュは永遠の命をあきらめざるを得なかった。そしてギルガメッシュが

イシュタルを遠ざけたことから当時の社会が女性中心から男性中心へと変貌していったことがうかがわれる。

一方、日本では縄文時代の晩期から弥生時代にかけてシュメールで起きたこととほぼ同様のことが起こったと考えられる。ギルガメッシュ叙事詩およびイシュタルの冥界入りのなかの男神（王）、女神、森の神にまつわる物語ときわめて類似した物語が古事記のなかに記されている。それは、イザナギの命、イザナミの命による国生みとその後の黄泉の国の物語であり、次のように記されている。[20]

『こうして二柱の神は大八島の国以外にも吉備の児島など六つの島を生んだ。そうして、その後、山の神や海の神や風の神など、三十五柱の神を生んだ。ところが、イザナミの命は、最後に火之迦具土神をお生みになって、女陰を焼かれて亡くなられた。そこで、イザナギの命は怒って、火之迦具土神の首を切りなすった。すると、火之迦具土神の流した血や死体から、多くの神がお生まれになった。

黄泉の国

イザナギの命は、妻のイザナミの命にもう一度会いたいと思われて、黄泉の国に妻を追っていらっしゃった。

そして、御殿のしまった戸からイザナミの命が出迎えられたとき、イザナギの命はなつかしそうにおっしゃった。「愛しいわしの妻よ。わしとおまえが一緒につくった国はまだ完成していない。だから、どうか帰ってくれ。」こういうお言葉を聞いて、イザナミの命は答えておっしゃった。「残念ですわ。あなたはすぐにいらっしゃらなかった。わたしは、もう、黄泉の国の食べ物を食べてしまいました。もうここから出ることはできません。しかし、愛しいあなたが来てくださったのは、うれしくて畏れ多いことです。だから、何とかして地上の国へ帰りたいと思いますので、黄泉の国を支配する神と談判したいとおもいます。どうかわたしの姿を見ないでください」

このようにおっしゃりイザナミの命は、その御殿の中に帰っていかれた。

　いつまでたっても出てこられないので、イザナミの命は待ちかねなさった。そこで、角髪に結った髪にお刺しになっていた神聖な櫛の端の太い歯を一つ折って、火をともしてはいってごらんになると、これはこれは、イザナミの命の身体には、蛆が集まってコロコロしていて、頭には大きな雷、胸には火の雷、腹には黒い雷、女陰には裂けた雷、左手には若い雷、右の手には土の雷、左の足には鳴いている雷、右の足には伏している雷合わせて八種類の様々な雷が身体から出現していたのである。

　これを見て、イザナギの命は恐ろしくなって逃げ帰られたときに、その妻のイザナミの命は、「わたしに恥をかかせたわね」とおっしゃった。

　すぐに、イザナミの命は、黄泉の国の醜い女を遣わして、イザナギの命を追わせた。イザナギの命は逃げに逃げたが、醜女は追ってくる。そこで、黒いつる草の髪飾りを投げ捨てると、それがすぐに山葡萄になった。醜女がそれを拾って食べているうちに、イザナギの命はどんどん逃げた。しかし醜女はすぐに追いつく。そこでまた、右の角髪にお刺しになっている神聖な櫛の歯をとって投げると、それがまた、筍となった。醜女がそれを抜いて食べているうちに、イザナギの命はまたどんどん逃げた。

　しかし、それでもまた、イザナミの命は、あの八種類の雷に無数の黄泉の軍を添えて、追いかけさせた。イザナギの命はそのさしている十握の剣を抜いて、後ろ向きに剣を振りつつ、どんどん逃げた。それでも、やはり追ってくる。黄泉の国の急な坂の麓に来られたとき、その麓にある桃の実を三つとり、坂の上で待ちかまえて撃つと、この桃の呪力によって、黄泉の国の者たちは、すべて坂から帰って

いった。
　それゆえ、イザナギの命は桃の実に、「お前は、わたしを助けたように、この葦原の中つ国にいる、あらゆる生きている人間たちが苦しいことに出会って、憂い悩むとき、助けてほしい」とおっしゃって、桃に意富加牟豆美命という名を賜った。
　とうとう、妻のイザナミの命が自分で追い駆けて来た。そこで、イザナギの命は千人引きの大きな石を、その黄泉の国の急な坂に置いて、その石を中にして、イザナミの命と対面して離婚をいいわたした。そのときに、イザナミの命は「愛しいあなたが離婚なさるなら、わたしはあなたの国の人間を一日に千人絞め殺してしまいましょう」とおっしゃった。
　そこでイザナギの命は、「愛しいわたしの妻よ。おまえがそんなことをするなら、わたしは一日に千五百人の子を生ませよう」とおっしゃった。
　こういうわけで、この世では、一日にかならず千人が死に、千五百人が生まれるのである。そこでイザナミの命を名づけて、黄泉津大神といい、また、追いついたことにより、道敷の大神という。また黄泉の国の坂を塞いだ石は、道を引き返させた大神といい、黄泉の国を塞ぐ戸の大神ともいう。なお、その黄泉津比良坂というのは、いまの出雲の国の伊賦夜坂である。』
　火之迦具土神は著者の家の前の小高い丘にも祀られているように現在でも多くのところで祀られている。また、古事記では火之迦具土神が切られた時にその血や体から多くの神々が生まれたとされている。そして火之迦具土神が火の神という古代人にとって大切な神であったということから考えても特別に何か重要な神であったことが容易に想像される。
　ではなぜ、そのような大切な神の首をイザナギの命は切ったのか。

古事記のなかのたいへん大きな謎であると思われる。実は、火之迦具土神は縄文循環文明のなかでたいへん重要な役割を持っていたと考えられる。かぐ(加供)とは広辞苑では「仏にそなえものをしたり、僧に布施したりして供養を行うこと。」すなわち、供養することをいい、火之迦具土神は火や土による送りの神という解釈が最もふさわしいと思われる。すなわちたましいの送りの神様であったと考えられる。そのためイザナギの命が火之迦具土神を生んだ時に女陰を焼かれて自らがあの世へ逝ってしまう。

縄文時代のストーンサークル等の配石遺構には女性を象徴していると思われる石皿(舟形石)を割ったり、焼いたりした例がたくさんあり、それらは当時送りの儀式が行われた跡と考えられ、それがこういった表現につながったと思われる。そう考えるとなるほど、イザナギの命といっしょに国生みに携わったイザナミの命ほどの神がなぜあんなに簡単に黄泉の国へ旅立ってしまったのかが理解される。

そして、イザナギの命は火之迦具土神の首を切ってしまう。このことは縄文時代の循環文明の環の大切な部分を男の力によって切ったことを意味していて、縄文の女性社会から弥生の男性社会へと移行したことを物語っている。縄文の循環文明においては信仰の面からも女性の生むということが重要であり、生命の再生・復活・誕生と言う点から女性が中心であったと思われる。

黄泉の国の食べ物を食べたことによりイザナミの命はこの世には帰ることができず、イザナギの命は黄泉の国の急な坂でイザナミの命に離婚をいいわたした。その後イザナギの命は男神の単独の力で(単生殖)その後の日本の国づくりにとって重要な天照大御神やスサノオの命などの神々を生んでいくことになる。

火之迦具土神の首切りとイザナミの命の引退は弥生社会を構築す

るために旧勢力である縄文人の循環信仰を否定したことの表われであり、縄文時代から弥生時代そして古墳時代にかけて日本の社会が大きく変わって行ったことを物語っている。

　イザナギの命が黄泉の国から逃げ帰る時に醜女が追ってくる。この醜女というのは、土偶のことではないだろうか。縄文人にとっては死後の母である土偶も弥生人にとっては醜女としか見られなかったのだろう。土偶は先の章で記したように循環信仰にとってとても重要なものであり、あの世の母として送りの儀式に使われたと考えられる。その土偶は縄文時代後期から晩期にかけて一部の地方で盛んに作られている。土偶が縄文文化と弥生文化が対峙する前線地域において盾のような役割を果していたことが、次のように記されている。[35]

　「後期後半の西北九州では、突然それまでほとんど見向きもしなかった土偶作りを活発に繰り広げる。熊本県三万田遺跡や上南遺跡のように100個以上を保有する例さえ出現した。この異常事態にはそれなりの理由がなければならない。（中略）

　しかしながら、時勢に抗しきれず、晩期になると土偶作りははたと途絶え、新しい弥生文化に圧倒されてしまう。西北九州での勝負は結着して、縄文勢力は大きく東に後退した。奈良県橿原遺跡で大量の土偶が作られたのは、抵抗の中心が近畿に移ったことを物語っている。

　この西日本の激しい歴史の動きが、ついに東日本にも影響を与えた。東海から飛騨を通って越前に抜ける西方文化との境界沿いの地域で、石冠・石剣・御物石器など特殊な第二の道具が盛んに作られ、縄文文化の擁護の旗幟を明らかにした。東北地方は依然として、縄文文化の安泰が続いていたが、このころの中部・関東地方では以前よりも石鏃を大量に保有するなど、緊張する世情に敏感に反応して

いた。
　また、やがて関東地方における当時の代表的な第二の道具である土版も、土偶とともに姿を消すにいたった。縄文世界観が根底から揺さぶられ、崩壊しつつあった証拠である。」
　このように縄文文明存続の危機に際して石冠、石剣、御物石器、土版などが盛んに作られ、特に土偶については縄文擁護運動の旗手的存在であったことが推察できる。
　シュメール文明ではウルクの王ギルガメッシュがイシュタルを遠ざけ、森の神フンババを切ったが、フンババの像は今の時代にもたくさん残っていて、当時から民衆の間では、厚く信仰されていた神であることがうかがわれる。
　日本では、イザナギの命が火之迦具土神を切り、その後イザナミの命はあの世へ逝ったまま引退することになる。イシュタルの冥界入りとイザナミの命が黄泉の国へ逝ってしまう話とその内容がたいへんよく似ていて、ほぼ同じような出来事が、日本とメソポタミアで起こっていたことが推測される。
　シュメール時代にはチグリスユーフラテス河流域周辺地域にまだ多くの森が存在していたと思われ、その森を小麦の栽培のための農地や牧草地として開墾するために森の神フンババの存在が王にとって不都合であったと考えられる。
　日本では、弥生時代に入り、農地の確保のため、縄文人の狩猟採集の生活圏であった土地を開墾する必要があった。そうしたことが、縄文の循環文明を否定することにつながったと考えられる。ただし、年代的には千〜二千年ほど日本での出来事のほうが新しいと思われる。
　縄文の循環文明では生命の循環の象徴として女神が重要な役割を果たしていると思われるが、その女神を黄泉の国へ引退させ、送りの

神である火之迦具土神を男神によって切ることにより、信仰の世界がそれまでのたましいの循環から田の神等の生産性や豊穣へと大きく変わっていったことが推測される。

イザナミの命が一日に千人を絞め殺してしまいましょうと言われたのは、つまり生命の循環の環が切れるのであれば人の永遠の命が奪われ、再生復活しなくなるという意味であったと考えられる。永遠の命を奪われた人は精神的に、もがき苦しんで死ななければならなくなり、それが絞め殺すというおそろしい表現になったと思われる。

イザナギの命がそれに対して、一日に千五百人を生ませようと言われたのは、土地の開墾によって得られる生産と豊穣によっていままでより多くの人を生ませようという意味があったと思われる。

このようにシュメール文化やギリシャ文化に起こった大きな変化と同様に日本においても弥生時代から古墳時代にかけて神々の世界や信仰の世界が大きく変わって行き、知識や技術がそういった世界から分離して実質的なものになっていったことがうかがわれる。

なお、循環信仰のなかの永遠の命については、弥生時代以降の人々にとっても魅力的なものであったに違いない。したがって縄文の循環信仰から分離した果実として永遠の命が信仰され、次第に権力と結びついて特権化されていったと思われる。その結果として送りと再生復活のために古墳が盛んに築造されたのではないだろうか。

こういった大きな変化のなかで、たましいの循環に関連する儀礼や信仰の本質が徐々に人々の間から忘れられ、現在に至ったと思われる。

そのことに関連することとして、日本各地に残るあまごい伝説があるのではないだろうか。現代に伝わっているあまごい伝説は、雨乞いであり、天に雨を降らせてくれるよう祈るものであり、生産と

豊穣を祈る農業中心のものである。しかし、雨乞いはもともと天ごいであり、たましいの循環信仰がもとになって天上界の星々に再生復活を祈ったのがはじまりではないだろうか。

たましいの循環信仰と雨（水）とは先の章に記したように深いつながりがあったと考えられる。そして、山の頂に降る雨はとても神聖なものであった。このように縄文時代には雨乞いは天ごいの中のある一部分をしめていたと思われる。弥生時代以降には宇宙や生命の根源に対して祈る循環信仰が忘れられ、天ごいが雨ごいに限定され、そして雨ごいが豊穣や生産と結びついて、めぐみの雨として祈りがささげられてきたのだろう。

あまごい伝説が残っていると思われる日本各地の雨乞山は東日本の山岳地帯に多く、農耕地から随分と離れた所が多い。それらはどうみてもかつての弥生文化圏の中心部からははずれていて、かつての縄文文化圏の中心部の山がく地帯に多い。南アルプスの北、八ヶ岳の南西約20kmに標高2037mの雨乞岳がある。鈴鹿国定公園の御在所岳の西に標高1238mの雨乞岳がある。山口県には日本海に面して標高347mの雨乞岳がある。別府市の南西約10kmに標高1074mの雨乞岳がある。愛媛県の佐田半島の付根部分に標高499mの雨乞岳がある。山形市の北西約15kmの蔵王国定公園内に標高906mの雨呼山（あまよばりやま）がある。

岐阜県上宝村に標高1,336mの大雨見山という山がある。この山にも雨乞いの伝説が伝わっている。この山頂には京都大学の飛騨天文台が設置され、世界最高水準の太陽望遠鏡が観測を続けている。この山は大雨見山という名に反して、晴天率の特に高い、空気の澄んだ山であり天体観測に適している。もし雨乞いするのであれば、わざわざ村から遠く離れたしかも一番雨の降りそうにない山でなぜお祈りをしたのか不思議である。もともとは星に手の届きそうなこ

の山では、縄文人が再生復活を願った天乞いが行われていたと考えられる。その後弥生時代以降の歴史のなかでたましいの循環のための天乞いから雨乞いへそして豊穣のための雨乞いへと伝説自体が変わってしまったと考えられる。

22 エピローグ

　縄文時代に建造されたストーンサークルは従来、お墓であると言われたり祭祀のための場所であると言われたりしてきた。しかし、お墓と考えるのには疑問な点が多い。たとえば、他にもお墓と考えられる場所があり、それらはたいていストーンサークルからは少し離れた場所にあり、その形状はストーンサークルと違うものである。確かにストーンサークルには埋葬用と考えられるピット（土坑）が存在することがある。しかし、私の知る限りではこれらのピットから人骨は見つかっていない。ストーンサークルやその周辺のこういったピットは存在する場合と全く存在しない場合があり、縄文時代の葬制を考慮すると、このピットは一次埋葬場または安置場であった可能性が高い。ストーンサークルを墓地とするには遺跡の様々な状況を理解する上で無理があると思われる。

　また、ストーンサークルは祭祀のための場所であると考えられている。しかしながら何を祀ったものなのか、それがどういった信仰にもとづいたものなのかということすなわち、縄文時代の精神世界や世界観については、その本質がほとんど明らかにされていなかったと思われる。

　縄文時代にたましいの循環信仰があり、ストーンサークルはたましいの迎えと送りのための神聖な建造物であるという仮説によってストーンサークルの機能や用途そして縄文の精神世界が総合的に理解できると思われる。なぜ、ストーンサークルが円弧の重ねあわせによって形成され、その円弧の中心がピタゴラスの三角形を形成す

るのか。なぜ、ストーンサークルは輝きのある安山岩等の火成岩でしかも河原から集めた自然石を立てて造られているのか。またストーンサークルの内部になぜ、一時的に焚かれたと思われる火のあとや炭が残っているのか。また、ベニガラがなぜ使われたのか。ストーンサークルやその周辺にはなぜ、玉石や石皿そして石棒が多く出土するのか。そして多くの石皿や石棒が割られたり、焼かれたりしたのか。ストーンサークル内にはなぜ、副葬品の出土がほとんど見られないのか。またストーンサークルには埋葬用と考えられるピットが存在することがあるが、それらのピットになぜ遺骨が残されていないのか、ストーンサークルがなぜ見晴らしの良い小高い場所に建造され、その中心線や独立立石が星や月や太陽などの特別な位置を示しているのか。またストーンサークル周辺にはなぜ、土偶等の第二の道具が多く出土するのか。これらのすべての点について縄文時代に循環文明があったと考えることによって矛盾することなく、よく理解することができる。

　比較的規模の大きいストーンサークルは主に縄文時代後期前半に建造され、それ以降数百年にわたり建造が続いたと考えられるが、それらは星や月や太陽を観測し、季節や時を知る聖なる場所であり、これらの星々を拝むための聖なる場所であり、また死者のたましいの送りの儀式を行う聖なる場所であり、さらに再生されたたましいの復活誕生のための聖なる場所であったと考えられる。

　今後この仮説にもとづいてさまざまな面からの研究が成され、縄文時代に循環文明が存在したことがより確かなものとなっていくことを期待したい。たとえば、ストーンサークルや環状盛土などにおいて、冬至・春分・秋分・夏至の日の出や日の入りと遺跡との関連が見出されることが期待される。また遺跡から出土する土器や石器そして遺跡全体の機能などについてもこういった面からの研究が行

われることが期待される。

　ストーンサークルという神聖な場所に立てられた石はその環状構造と石を立てるということにより、生命と宇宙の循環を現しているのと同時に永遠の命を表現したものと思われる。この永遠を表現するための素材として硬い石が最適であった。そして不変なものの象徴として硬い石がストーンサークルに利用されたと思われる。送りや迎えの儀式に使用されたと思われる石棒、石皿、玉などの石器もこういった永遠の命を表現するために石を素材としていたと思われる。またストーンサークルには火成岩質の自然石が使われている。その中にはキラキラひかる石英や雲母などが含まれて、生命のひ（日、火）を現していたと思われる。

　冒頭で記したように、三笠山ストーンサークルでは明治の初めごろまでアイヌ人がサケを供えていた。私は、最初このことを聞いた時にストーンサークルが神聖な場所であることは理解できたが、サケという供え物については、たいした意味がないと思い込んでいた。ところが、よく考えてみると、サケという魚は命の循環をそのままに現したような一生を送る生き物であったことに気づく。

　サケの一生は森の中の源流で卵から孵化することによって始まる。サケの稚魚は川を下り、海へ出て何年もかけて大きくなって再び生まれ故郷の母なる源流へはるばる海から溯上して来る。そして自らの命を卵に託して森でその一生を終える。川は縄文人にとって循環を現したとても神聖なものであった。その川の源流部には森があり、縄文人にとって大木は循環を現したものであり、源流部の森はとても神聖な場所であったと思われる。サケは聖地である深い森の中で生まれ、海への循環を果し、次の世代に命を託すために回帰して森でその一生を終える。このようにサケは循環と永遠の命を具現した神聖な生き物であり、ストーンサークルへの供え物としてはこれに

勝るものはないことが理解される。

　縄文循環文明の詳細なことすなわち、たましいの送りや迎えの儀式の具体的な方法や期間についてはまだまだよく解らないことが多い。しかしその本質については次のように理解することができるのではないだろうか。縄文の循環信仰のもとになっていたのは、大自然とのつながりや一体感であったと考えられる。

　私たち現代人はこのことを共生という言葉で理解するかもしれない。共生というのは自然と人間が別々にあって共に生きるという意味があると思われる。また循環という意味も一般的には人を除いた自然の循環をいうのではないだろうか。縄文の循環信仰では自然と人間が相対するものではなく、縄文人の生そのものが大自然すなわち神々の世界のふところの中にあった。そして循環についても自然と一つになるつまり宇宙や神秘的な神々の世界との融合が本質的であったと考えられる。

　そしてもうひとつ循環の信仰の本質として重要なのは永遠の命なのではないだろうか。現代人は子供を授かる場合でも単に科学的に精子と卵子が結びついて誕生すると考える人が多いと思われる。循環の信仰では生命の誕生や死は宇宙の神秘と直接つながったものであり、永遠から生まれ永遠の神秘なるものへとつづく命であったに違いない。

　この永遠の命は縄文人一人によって達成されるものではなかった。すなわち循環の信仰が家族や地域社会さらに縄文社会全体として信仰され、数々の儀礼などによって信仰が伝統としてささえられ、その結果として永遠の命がより確かなものとされていたと考えられる。永遠の命とは自己を超越したものであり、家族や第三者によってそれが認められ信じられることによって初めて新たな命として生まれ変わることができ、真の永遠を得ることができたと考えられる。

縄文時代には大きな争いごとや犯罪が無かったと言われている。このことと永遠の命が深くかかわっていたことが推察される。彼らは家族や地域の人々の協力によって初めて生まれ変わることができたのであり、大きな罪を犯せば当然のこととして永遠の命がつきてしまうことになる。そもそも彼らにとって現世における利害はあまり重要なことではなかったのかもしれない。循環信仰は縄文社会の平和に大きく貢献していたと思われる。

　このように縄文人は現代人とは異質の精神世界を持った人々であったと思われる。この異質と言うのは現代人にとってあまりにも価値観が違いすぎて理解しがたいという意味が含まれている。つまり、縄文人から見た場合、現代人はあまりにも合理的、実質的、現実的なのではないだろうか。縄文人はそういったものから遠く遠く離れた世界に住んでいたのだろう。現代では芸術の世界が縄文の世界に近いものかもしれないが、たとえば音楽があるが、彼らの芸術はやはり芸術とはいえないものであり、宇宙や神々の世界を語る手段であったに違いない。そういった確かな縄文人の価値観がそこにあったと思われる。

　現代文明が方向感を亡くしているこの時代において、現代とは全く異質の文化をもった縄文人の循環信仰は私たちにとって示唆に富んでいると考えられる。異質なるがゆえにその価値は計り知れないものがあると思われる。ストーンサークルは大自然と一体になって一万年を生き抜いてきた縄文人が私たちに残してくれた、かけがえのない大切な遺産ではないだろうか。

　日本には、まだまだ十五夜や二十三夜の月に親しむ風土が残っている。お盆には毎年帰省のための大移動が繰り広げられ、日本中の交通機関の輸送能力を大幅に超えて人々が移動し大渋滞を引き起こしたりする。こういったエネルギーがのこっている国はまだまだ見

捨てた物ではないかもしれない。ストーンサークルという遺産を真に価値あるものとすることができるかどうかは、現代に生きる私たち自身にかかっているのだろう。

あとがき

　縄文時代の精神世界を明らかにすることは縄文時代の理解には欠かせないことであろう。しかし、精神や信仰の世界は直接的に形があるわけではなく、目に見えないものである。その解明には間接的ではあるが、さまざまな面から調査研究を行うことが必要とされる。また、それらを総合的に推論することが必要となってくる。いわゆる学際的な調査研究が必要とされる。そういったむずかしさから、この分野の研究は踏み込んだものが見当たらず、ほとんど手つかずの状態であると言えるだろう。筆者は自身の未熟をかえりみず、さまざまな分野についてのこれまでの研究成果を参考にしながら、ひとつの仮説にもとづいてその可能性を探ってみた。それはストーンサークルといういかにも未解明のままの遺跡が約25年前に私の目の前に現れそして何か得体の知れないものを感じてからの大きな課題であった。

　しかし、いまではストーンサークルという現代にない不可解な遺跡が縄文の精神文明への入り口でありまたカギであることを信じている。そして縄文の精神世界や縄文の人々が現代によみがえるかのように月や星の光に照らされて、ぼんやりとその全体像が見え始めたのではないかと考えている。

　ニューヨーク州立大学のライル・ボースト先生には研究調査の方法について多くのアドバイスをいただきました。

　京都産業大学の山田治先生とそのゼミナールの学生（当時）の方々には忍路ストーンサークルの測量と調査について大変御協力いただきました。

　忍路ストーンサークルを永年にわたって管理してこられた故中村

子之吉氏には遺跡のことについてご教示いただきました。
　北海道余市町の青木延広氏には忍路ストーンサークルに関する情報を提供していただきました。
　井上隆雄氏には貴重な写真を提供していただきました。
　内藤啓氏には本書のイラストの多くをお願いし、快くひき受けていただきました。
　また、この他にも多くの方々に御協力いただきました。
　本調査に御協力いただいた方々に心より感謝の意を表したいと思います。
　叢文社伊藤太文氏には本書の出版に理解と協力をいただきました。心より感謝いたします。

参考文献

1 左合勉；JOMON STONE CIRCLES IN NORTHERN JAPAN,1995.
2 駒井和愛；日本の巨石文化，14，1973.
3 A.Thom；Megalithic Sites in Britain 1967.
4 加藤晋平；縄文文化のあけぼの，（植原和郎編，縄文人の知恵，9，1985.）
5 文化財保護委員会；大湯環状列石，1953.
6 野村崇；考古学ジャーナル，No254，11，1985.
7 斎藤忠；考古学ジャーナル，No254，2，1985.
8 江坂輝弥；考古学ジャーナル，No254，7，1985.
9 中野益男：配石遺構の土こうに残在する脂肪の分析（秋田県鹿角市教育委員会；大湯環状列石周辺遺跡発掘調査報告書(1)，46，1985.）
10 遠藤正夫；考古学ジャーナル，No412，2，1997.
11 宮尾亨；自然の中に取り込んだ人工空間としての記念物（小林達雄，縄文学の世界，61，1999.）
12 G.ダニエル；ヨーロッパの巨石遺構、（日本経済新聞社；サイエンス日本版9，88，1980.）
13 Borst,L.B.；Megalithic Software, Part 1,England,Part 2,Europe,Part 3,The Orient,1975－1982.
14 A.Thom；MEGALITHIC LUNAR OBSERVATORIES，15，1971.
15 Hawkins G.S.and Rosenthal S.；5000 and 10,000 Year Star Catalogs,Smithsonian Contributions to Astrophysics 144 1967.
16 小林達雄；縄文カレンダー（植原和郎編，縄文人の知恵，93，1985.）
17 縄文文化の研究9，縄文人の精神文化，73，1983.
18 大湯郷土研究会；大湯環状列石発掘史全編，81，昭和48年
19 高山純；大磯・石神台配石遺構発掘報告書，50，昭和50年
20 梅原猛；古事記，2001.
21 小泉保；縄文語の発見，132，1998.
22 中沢厚；石に宿る物，18，60，261，1988.
23 斜里町教育委員会；オクシベツ川遺跡，12，1980.
24 畑宏明他；湯の里5遺跡，1985.
25 大湯郷土研究会；大湯環状列石発掘史全編，20，昭和48年
26 只野淳；どるめんNo23，103，昭和54年

27 藤村久和；アイヌ、神々と生きる人々，65，167，1985．
28 源　武雄；日本の民族　沖縄，1972．
29 能登健；土偶（縄文文化の研究9，縄文人の精神文化，74，1983．）
30 国分直一；盃状穴考，17，1990．
31 ゾーヤ・ソロコワ；北の大地に生きる，290，昭和62年
32 岐阜新聞社；飛騨弁美濃弁，平成13年
33 種市幸生；忍路土場遺跡・忍路5遺跡、1988．
34 勅使河原彰；ケとハレの社会交流（戸沢充則編，縄文人の時代，179，1995．）
35 小林達雄；縄文人の文化力，54，125，133，1999．
36 渡邊欣雄；世界のなかの沖縄文化，1993．
37 上田正昭監修；御柱祭，1998．
38 ジョン・アイヴィミ；太陽と巨石の考古学，176，昭和51年
39 マンフレート・ルルカー；象徴としての円，1991．
40 小杉　康；縄文のマツリと暮らし，2003．
41 小林達雄；縄文人追跡，163，2000．
42 小林達雄；縄文文化の終焉，（植原和郎編，縄文人の知恵，31，1985．）
43 梅原猛；共生と循環の哲学，135，1996．

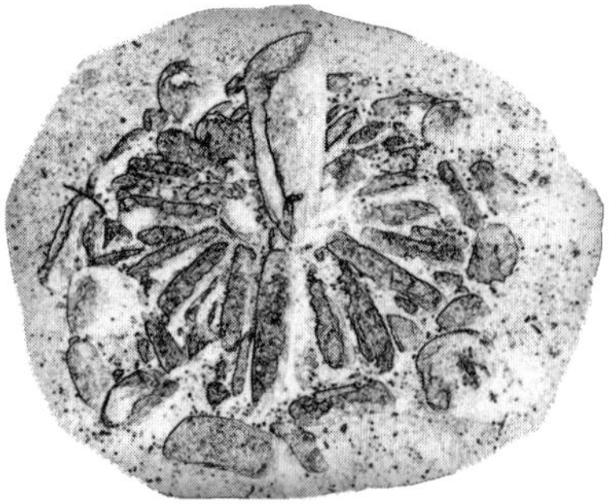

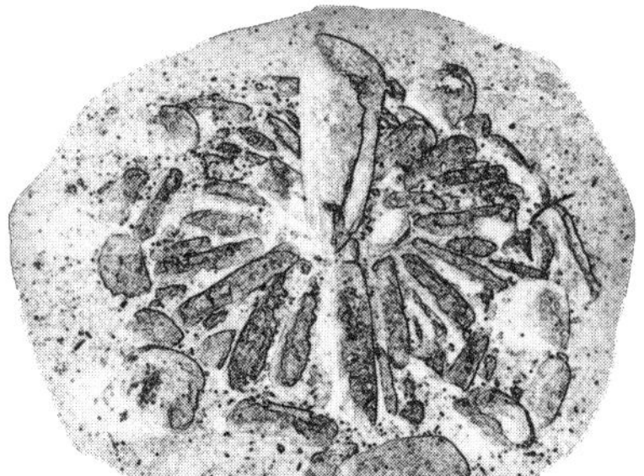

著者・左合　勉（さごう　つとむ）
1950年愛知県に生まれる。
1973年京都産業大学理学部卒。1974年から89年まで京都大学放射線同位元素総合センター。1989年から岐阜大学。現在はフリーの歴史研究家として活躍している。主な論文に
「JOMON STONE CIRCLES IN NORTHERN JAPAN」「高山市上野平の環状列石と巨石文化」「岐阜県小坂町濁河河流域に分布する御岳火山噴出物から産出した炭化木片の加速器14Ｃ年代」「低レベルγ線（Ｘ線）放出核種を含む水の蒸発乾固による簡易モニタリング」等多数。飛騨歴史民俗学会会員。
現住所　岐阜市長良2444-20

縄文の循環文明ストーンサークル

発　行　2005年10月1日　初版第一刷

著　者／左合　勉
発行人／伊藤太文
発行元／株式会社叢文社
　　　　東京都文京区春日2—10—15
　　　　〒112—0003
　　　　電話　03（3815）4001

印刷・製本／P-NET信州

定価はカバーに表示してあります
乱丁・落丁はお取り替えいたします

SAGOU Tsutomu ©
2005　Printed in Japan.
ISBN4-7947-0518-2